KLEINE TEXTE FÜR THEOLOGISCHE UND PHILOLOGISCHE VORLESUNGEN UND ÜBUNGEN
HERAUSGEGEBEN VON HANS LIETZMANN
62

VULGÄRLATEINISCHE INSCHRIFTEN

HERAUSGEGEBEN
VON
DR. ERNST DIEHL
A. O. PROFESSOR IN JENA

BONN
A. MARCUS UND E. WEBER'S VERLAG
1910

Die 'Vulgärlateinischen Inschriften', im wesentlichen dem Corpus Inscriptionum Latinarum (= CIL) entlehnt unter berücksichtigung der grundlegenden sammlungen der Carmina Epigraphica von Fr. Buecheler (= CE), der Inscriptiones latinae selectae von H. Dessau (= De), umfassen die wichtigsten heidnischen denkmäler des vulgärlatein vornehmlich auf stein oder erz aus den ersten 4 jhh. unserer zeitrechnung nebst einem anhang offizieller dokumente mit vulgärem einschlag aus der gleichen epoche. Christliche inschriften, die zum grossen teil einer noch spätern zeit angehören, wurden mit rücksicht auf das bereits vorliegende bändchen der 'Lateinischen christlichen Inschriften' (heft 26/28 der sammlung) nicht aufgenommen, also nicht wiederholt, zumal ein vollständiges corpus aller christlichen inschriften bis ca 600 nach Chr., bei denen stets sachliche und sprachliche observationes hand in hand gehen, vorbereitet wird.

Die auswahl ist in ihren grundzügen nicht nach lokalen oder chronologischen gesichtspunkten geordnet, sondern nach den grammatischen prinzipien der lautlehre, formenlehre und syntax, denen als beilagen lateinische inschriften mit griechischen lettern, verwünschungstafeln sowie lexikalisch und semasiologisch bedeutsame texte angegliedert wurden: die aufgenommenen carmina ermöglichen die erörterung metrischer und prosodischer probleme der vulgärsprache. Eine gruppierung der einzelnen inschriften nach ihrem jeweiligen fundort [1) Rom, Latium und das übrige Italien, 2) Gallien, Germanien, Britannien, 3) Spanien und Afrika, 4) die länder griechischer zunge], wie sie innerhalb der einzelnen unterabteilungen nach möglichkeit durchgeführt wurde, wäre nur dann zu rechtfertigen, wenn die sprachlichen differenzierungen insgesamt oder doch in vorwiegender zahl sich prima vista lokalisieren liessen, und umgekehrt würde eine örtliche scheidung den eindruck erweckt haben, dass die phonetischen und grammatischen eigentümlichkeiten sich auf bestimmte gegenden beschränkten: dass dies, wenigstens grundsätzlich nicht der fall, lehrt ein blick auf das dargebotene. Zudem bleibt stets zu bedenken, dass ein zwingender rückschluss aus dem fundort eines steines auf den heimatsdialekt des auftraggebers, also dessen, der dem steinmetz das concept gegeben, keineswegs gemacht werden kann. auch die zeitlichen grenzen für die datierung der denkmäler sind im einzelnen vielfach zu unbestimmt, als dass sie als normen für die anordnung des ganzen hätten dienen können.

Aus dem gesagten darf aber nicht gefolgert werden, dass zeit und ort für einzelne beobachtungen völlig belanglos wären. Das gegenteil ist vielmehr wahr. Doch schien im hinblick auf den zweck der sammlung zu übungen und zur endlichen verfolgung der zahlreichen phonetischen und grammatikalischen probleme im engern rahmen der epigraphik und im grössern zusammenhang der sprach- und überlieferungsgeschichte möglichste zurückhaltung in der formulierung von beobachtungen und urteilen geboten.

Die abkürzungen entsprechen im allgemeinen dem in den andern inschriftlichen heften befolgten prinzip. Zu beachten: Di = E. Diehl de *m* finali epigraphica Leipzig 1899, Prosk. = C. Proskauer Das auslautende *s* auf lateinischen Inschriften Strassburg 1909, Mo = Mommsen.

1 Arsinoe Scaripi, tabul(arii) C. Caeseris, verna | annoru XXII

2 d(is) m(anibus). | Licinia Itali. | Calisto ser. | Ceseris, || coiugi | b. m. f.

3 pro salute | imp. Caesaeris | M. Aureli Seve|ri Alexsandri || pii felicis Aug. | Iovi optimo maximo Doliceno

4 leg. XXII Deioter(iana) | (centuria) Caeselli Fusci | M. Pontius M. f. Col. Saburianut Gaia || vixit anis XXV, | militavit anis II, hic | situs. | h. e. s.

5 d. m. s. | Voconiae Ma|ternae Uxenen|si C. Porcius || Marinianus | Dieniensis uxori. [vi]vit

6 d. m. | Afiniae Ienua|riae C. Vibius | Cresces coiugi || incomparavili | b. m. f.

7 M. | Sudio Ienuari|o, qui vixit an. | VII meses VI. || Sudius Ercul|anius pater | et Veneria m(ater) | filio infe(licissimo)

8 [. . .] | a. VIII m. II d. VII et in|nocentissimo | pusino Ienua[r]io | filio eius. vix. an. || II m. III d. XVII. Secun-|dianus et Ianua|ria parent. filiae | et nepoti fec.

9 d. m. | Aurelio | Sabiniano | Aurelia || Iemnuara | fecit coniugi | benemerenti, | [qui] vixit annis LI

10 Victor Arthemio fratri benemerenti, | qui vixit annos quinqueginta et | menses quattuor die[. . .]

11 L. Sept. Fusco scolestico, | qui vixit ann. XVIII | mens. VIIII dieb. XIIII. | L. Sept(imius) Fuscinus dec. mun. || Mog(etianae) et Iulia Maximilla | parentes filio karissimo | memori(ae) dulcissime

---

1 CIL VI 5822 (columb.) 2 vgl. CIL VI 9492. 27772 Tab. cer. Pomp. 33, 1 Pomp. wandinschr. 411 **2** CIL XI 3539 (Centum Cellae) 2 f *Italica Calisto* 3 *ser(vo)* 6 *b(ene) m(erenti) f(ecit)* **3** CIL V 2313 (Atria) 2 vgl. CIL VI 33745 **4** CIL III 6598 (Alexandrien) 4 verb. *Saburianus* Mo. verm. *Garasa* d. i. *Gerasa Syriae* 8 *h(ic) e(st) s(itus)* **5** CIL II 3125 (Tarraconensis) 2 f statt *Uxamensis* 6 statt *Dianiensis* **6** CIL IX 1209 (Aeclanum) **7** CIL IX 4032 (Alba Fucens) 1 oder *m(anibus)* **8** CIL III 12711 (Dalmatien) 3 vgl. CIL III 14848[2] und anderwärts **9** CIL VI 34639 5 *Ianuaria* **10** CIL V 4766 (Brixia) 2 nach *quinque* **11** CIL III 15166 (Pannonien) 1 *scholastico* 4 *dec(urio) mun(icipii)*

12 C. Iulio Ag[e]dilli [f. Voltini?]a Macro | Sant(ono), duplicario alae Atectorigianae | stipendis emeritis XXXII aere incisso, evocat[o] gesatorum DC Raetorum castello Ircavio, clupeo, || coronis, aenulis aureis donato a commilitonib. | Iulia Matrona f(ilia), C. Iul. Primulus l(ibertus) h(eredes) e(x) t(estamento)

13 d. m. | T. Iotelus | citirva|rius v. || a. LXXXI | h. s. e. | o(ssa) t(ibi) b(ene) q(uiescant). f(ilius fecit?)

14 d. m. | M. Aebutius M. f. Ulp. | Papiria Troiana Vic-|torinus Poetovio. || stip(endiorum) XIV (?), an(norum) LXIII, m(ensum) II, | [Ↄ·] leg. X g(eminae), Ↄ· leg. XI Cl(audiae), | [Ↄ·] leg. XIIII g., Ↄ· leg. I Mine(rviae), | [Ↄ· l]eg. XXII pr(aetoriae), Ↄ· leg. XIII g., | [Ↄ· leg.] VII Cl., Ↄ· leg. XV Ap(ollinaris)

15 Cuspio Rufino et | Statio Codrato | cos. | Cladius Posidoni || consacrav[it] | [. . .]oc[. . .]

16 pacatori | et ristito|ri orbis | imp. Caesri || L. Domitio | Aureliano | p. fel. invito | Aug. Cer. | max., Coth. max., || Carp(ico) maxi(mo), | Pers(ico) max., pont. | [max. . . .]

17 [. . .]|ndus Vali|e Trepteni | u(xori) carissime | et in locum s(e)pu||lture a Iulio Ac|temero emtum se|stertio nummo un[o] | P. Dec[. . .] alum(nae?) | p(iae?) m(erenti?)

18 d. m. | Iuliae Iuliane. vix. ann. | XX m. XI d. VII. |
possidet non merita || locus hic cito corpus | iniquum,
quae talem vi|tam meruit, ut curva senectus:
noluerunt superi, | cito reddidit vita ne||fandis.
quod fuit ad | superos, inimica ne|mini vixit. |
C. Iulius Victorinus | et Aelia Theodote et || C. Vicirrius Soter | coiux | b. m. f.

---

12 CIL XIII 1041 (Saintes, aus augusteischer zeit) 4 in Raetien? 5 *aenulis* vgl. *aennus* statt *annus* in christl. inschr. Galliens **13** CIL VIII 7413 (Cirta) 3 f *catervarius.* s. Thes. III 610, 51 ff **14** CIL III 6761 (Ancyra in Galatien) 2 ff er gehörte der *tribus Papiria* an und stammte aus *Ulpia Traiana Poetovio* (zu *Troi.* vgl. u. a. CIL XIV 3626) **15** CIL III 12495 (bei Tomi) 1 ff i. j. 142 2 vgl. CIL III 6581 b 14. 15 (i. j. 199) *Quodratus* V 7465 (nro 105) *voleas* neben *valeas*, XIV 785 *Naeacore* (= *Neocore*) und Lindsay-Nohl s. 19 **16** CIL XII 5561 (meilenstein vom wege von Vienna nach Turnone) 2 *restitutori* vgl. *Restutus* 3 vgl. Pomp. wandinschr. 92 7 *invicto* 8 *Germanico* 9 *Gothico* 10 i. j. 272 **17** CIL XII 1210 (Carpentorate) 6 f *Agathemero* **18** CIL X 2598 CE 509 (Neapel) 1 *meritam* viell. *iniquus* 2 zu *curva senectus* vgl. Thes. IV 84 ff 4 *quoad*, wie z. b. CIL III 6593, und CIL XI 947 *qua ad*, CIL XII 915 (CE 470) *quat*

19 Septimia Dionisias ius liberorum ha|bens in hac custodiolam Peladiana | cum edificiolo et monimento, qut | de frugalitate meam fabricavi a || solo mi et coiugi meo Aug. lib. Tito et filis | meis Setimio Venerio et Septimie Efesie, | et iubeo ne de nomine meo excidat. quot | si quis eruperit legem preteriti mei, | poene nomine inferiet ÐL milia liber(tis) lib(ertabusque) pos(terisque) aeorum

20 Primitivus pater | fecit Primitive | filie sue, que vi|xit ann. XI mens. VII

21 d. m. | Flavie Primitibe | M. Iunius Theon | coniugi bene me||renti, con quen | vixit anis XVII

22 d. m. | Aurelie Fortu|nate Aurelius | Pardus coiugi || rarisime cum | Aureli(a) Secunda | filia b. m. p. c.

23 imp. Ces(ari) Gal(erio) | Val(erio) Maximiano | p(io) f(elici) invic(to) Aug. | et Maximino || nob(ilissimo) Cesari

24 d. m. | et quieti eternae | Rebrice Divixti fil., | femine incompa||rabili, que vixit | sine cuiusquam | animi lesione. | Camilia Maria | et Martius Saturni. || matri karissim. p. c. | et s. a. d.

25 Aelie Datibe coni|ugi carissime et | Lucrioni filio | dulcissimo Lucrio || Aug. [n.] disp. bene m.

26 d(ive) D(iane) d(edicatum). | Lucius et Cornelia | con[c]uies|cen[t]es || in locum decime sac|re dive Diane predium | dicarunt. hic siti sunt. | sit omnibus terra levis

27 [. . .] | sacerdoti magne | Cererum castis|sime, matri caris|sime. cura ege||rum fili eius

28 d. m. | Valentine | alumne et de|licate, filie Va||lentionis ser|bi vilici infeli|cissime, que vi|xit ann. IIII. Ce|lerinus domn||us posuit

29 d. m. | Silvinu Stai | Flavie Lepid|ine et Silvine ||⌈ file et Sulpicie | Secundine | [c]oiugi et Ae|[. . .]

30 Escula|peo | et Y|gie || Resti|tuta

---

19 CIL VI 10246 3 über *ae* zu *ē*, wol die häufigste inschr. und handschr. orthogr. variante, insbes. im gen. und dat. fem., s. Lindsay-Nohl s. 47 f 7 *excedat* 8 *ruperit praeteritum* = *cautio qua heredes a monumento arcentur* (Mo.) 9 vgl. *inferevit* VIII 19174 **20** CIL VI 24972ª **21** CIL XIV 2346 (im ager Albanus) **22** CIL IX 5908 (Ancona) **23** CIL XII 5517 (meilenstein) i. j. 305/308 **24** CIL XIII 2531 (Ambarri) 9 *Saturni(nus)* 10 f *p(onendum) c(uraverunt) et s(ub) a(scia) d(edicaverunt)* **25** CIL XIII 5697 (Langres) 5 *Aug. ti* der stein **26** CIL II 3015 (Tarraconensis) 3 ff s. Thes. IV 353, 65 ff **27** CIL VIII 11306 (Cillium in Byzacena) **28** CIL III 2130 add. p. 2135 (Salonae) **29** CIL III 5967 (Regensburg) **30** CIL III 12558 (Apulum)

31 d. n. | Flavio Crispo | patre avo ma|ioribus inpp. || nato nob. Cees. | m(ilia) VIIII

32 Dama Caseris | ex hortis Salusti(anis) | ab hortu nov.

33 Laribus | Agusto|rum do|mino||rum nostro|rum et Ca|sarum

---

34 C. Pomponius C. l. Pal. | Sacco copo | hic, dominus tituli nótá | [. . .]

35 Ti. Cludio Eustocho | Cludia Chrysis | fecit coiugi suo | bene merenti

36 et hic locus | macereola clusus | ad familiam | Messianam et || Clodianam | pertinet

37 maesolaeu. Heren|nia M. f. Tertulla | sacerdos Cere|ris, vixit a. ( ), || sacerdotium ges|sit a. ( )

38 d. m. | Q. Caecili|us P. fil. Quir. | Victori||nus, qui pre|cepto patris | carissimi | paruit et meso|leum cum trib||unal et aralibus | perfecit. v. a. LV. h. s. | e.

39 [. . . i]n his praedi[s] | [. . .] Valeri Ianuari ho[. . .] [. . . argen]ti Ð mesolaeum fa[ctum est]

40 menseleu Salcamaris. | Salgamar Aulivei fi|lius, mater Gellia Dul|cis Ausnufae, vixsit || anis LXV. fecerunt Funda|[n?]us ed U[. . .] fili et Vertum|[. . .] an. pr. CLXXXXII

41 d. m. s. | Nampha|mo Homul|li fil. sibi || et uxori | moesoleum | [fecit] usque | ad murum | [p]ublicum || et [s]emitam vi|cinalem

42 d. m. s. | L. Attius Nisus | vixit annis LII | mens. I dies V. || h(ic) s(itus) e(st), s(it) t(ibi) t(erra) l(evis). | hoc misolio | sub ascia est

43 pontem, portas, aquiduct., quaru r[erum] | uṣus longa incuria et vetustate co[rrue]|rat civitati restauravit ac reddi-[dit] | et ad praeturianam Gall. prefect[uram] || iudicio Aguste remuneratio[nis causa] | evect[us est]

---

31 CIL XII 5502 (meilenst.) i. j. 317/326 **32** CIL VI 8670 1 *Caesaris* 3 *ab hortu(m) nov(um)* **33** CIL V 3259 (Verona) **34** CIL V 5931 (Mailand) 2 zu *au* = ō s. Lindsay-Nohl 43. 46 **35** CIL VI 4550 (columb.) 1 f zu *clud-* s. Thes. III 1300, 43 ff Lindsay-Nohl 45 **36** CIL VI 22437 De 8335 **37** CIL VIII 20686 (Mauret. Sitif.) 1 *mausoleum* vgl. CIL VI 2120 XII 3861 und Kretschmer Gesch. d. gr. Spr. 327 **38** CIL VIII 19929 (zw. Chullu und Milev) 8 f s. CIL XII 1751 9 f vgl. CIL IX 1729. 2093 Tac. ann. 2, 83 **39** CIL V 3801 (Verona) **40** CIL VIII 20734 (Mauret. Caesar.) 1 vgl. CIL VIII 21532 7 i. j. 231 **41** CIL VIII 688 (prov. Byzacena) **42** CIL II 5144 De 8100 (Lusitanien) 7 vgl. CIL XIII 2494 und Thes. II 762, 72 ff **43** CIL XII 4355 add. p. 845 (Narbo, IV jh.) 1 vgl. *acquidotto* 4 Hirschf. vgl. Aur. Vict. Caes. 10, 4 5 zu *Agustus* u. ä. vgl. nro 33 und Thes. II 1379, 32 ff Lindsay-Nohl s. 43. 47

44 Iulia Fastila | Iuba l. hic | sitas, annoru | fuit XXII

45 [. . .] | sacta vixit. | liberta ex sua | papertat. | digina

---

46 P. Sullius Zoticus et Sullia Nice | se vibi fecerunt et fil. et lib. libetb. q. | posterisq. aeorum et allia coniugi Iulia[e] | [T]atiane et lib. libertab. q. poster. q. aeorum et [. . .]||[. . .] Sullius Istefanus et lib. huius et in conti[nenti] | hortulu(m) maceria clusa at cisterna perten[dente]. | si qui voluaerit donare vel vendere, tun(c) inf[er]|et poena(e) n(o)m[i]n(e) a[r]-(cae) pontificum et virginibus | [Vestalibus HS . . .]

47 si quis ei arae sivae | saepulturae quam|doque manus infer|rae voluerit, inferet || collegio pontificum | (sestertium) C mil(ia) n(ummum)

48 d. m. | Agatemaeridi | Lucceia Aelpis | et Calpurnius || Sozomaenus | filiae pientis|simae, q(uae) vixi(t) | an. VIII ms. V

49 d. m. | Saloniae Agatemeridi | et L. Cornelio Vero nepoti | aeíus || C. Salonius Restutus | patronae | benae merenti

50 d. m. | M. M. F. (?) L. Domi|tio Domitio | coiux con fi||lis baenae mae|renti fecit coiu|gi inconparabili

51 d. Pollio m. | L. Arruntio | Asclepio | domino ve||nae maeren|ti fecit

52 d. m. | L. Licinius Capito | nationae Panonius | vix. an. LXIII, mil(itavit) an(nos) XLV, || ex classae prae(toria) Miseniesi | gubernator

53 d. m(ani)b(us). | C. Antonius | Iulianus ve|teranus clas. || pret. Misenesae, | vixit annos LIIII, | militavit dupl(icarius) Sole III

54 d. m. s. |
substa, praecor, paulum festinas ire viator |
et maea post hobitum rogantis concipe verba, |
tale co speres et ipse venire diae. ||

---

44 CIL VIII 21087 (Caesarea) 2 f man erw. *Iubae* und *sitast* **45** CIL VI 25741 **46** CIL VI 26942 2 nämlich *sibi* 3 *aeorum*, *aeius* usw. passim 4 *alii*? 6 man erwartet *clusum* 8 viell. *n(omine)* $\overline{m}$. $\overline{L}$ $\bar{n}$. **47** CIL VI 29924 (marmoraltar) 3 f s. z. b. CIL III 3980 *valerae* **48** CIL VI 11232 **49** CIL XIV 1574 (Ostia) **50** CIL VI 35118 5 f s. 7150 (columb.) **51** CIL XIV 614 (Ostia) 4 f zu *benae*, *baenae* usw. vgl. Thes. II 2104, 1 ff **52** CIL XIV 238 (Ostia) 3 vgl. CIL VI 18434 *sene ulla bilae* **53** CIL X 3503 (Misenum) 7 *III* = *triere* **54** CIL X 4915 CE 1319 (Venafrum) 1 *subsiste*, *festinans* 2 *mea* (wie CIL XIII 3163), *obitum* 3 *talem cum . . . diem* 6 f s. d. anm. Buech.s 6 vgl. Verg. ecl. 5, 14 7 Mommsen vgl. *anhelitus*, Buech. *incentus*, wie *ancude* neben *incude* zu *in arma v.* vgl. Thes. II 595, 83 ff

Iustus ego non patrio set materno nomine dictus, |
paupere patre quidem set fame divite vixi. |
tibicinis cantu modulans alterna vocando |
Martios ancentu stimulans gladiantes in arma vocavi. |
qui vixi annis XXI m. XI d. XXVIIII, ||
Iustus ego morte acerba peri.
parentes filio incomparabili

55 d. m. s. | Ias Ianuariae sorori dulcis|sime b. m. f., quae vixit an|nis XVII mes. III dies XI. aego mi || aps te speraba, nunc tibi feci

56 daeo Ae|resia | Victor|ia v(otum) || l(ibens) s(olvit)

57 d. m. s. | have Tedia Fortunata. Q. Tedius || Euhemer | marite optime, | cum qua vixit | ann. XL sine ula | quaerela. || Q. Tedius | Fortunatus | matri piissi|mae | p(osuit)

58 Hyacuntho hic | parentes | pientissimi | maemoria posuer.

59 d. n. | Flavio Claudio | Constantino, | patre avo ma||ioribus im|pp. nato, Cae|sari nob., sem|per orbi taer|re profuturo. || V

60 d. m. et misera | mortae pere|grae interc(e)|pto Ruffio Ru||ffiano anno|rum XX vest|iario p[er]er|udito R[uf]fi|ius Ruffinus || filio cari(ssimo) p. c.

61 d. m. | Galliae | Praepusae | l. ann. XXV || Grata | patrona | p(osuit)

62 d. m. s. | Iulia Aes|trikata vix. | an. XXV. C. L||onginus m(aritus) | coniugi mere|nti

63 praecipio | libertis liber|tabusq. meis, | ne quis vestr. || in hunc monu|ment. corpus | aut ossa exterae | inferat. si quis | contemserit, tunc || conlibertis dare | devebet poenae | nominae X̶ milae

64 d. m. | Venusianus, qui | vixit anis VI men. | V et Aestercorie || sorori eius, que vi|xit anum et men|sis VIII. Marcia|nus et Filicitas fi|lis benemerentibu || fecerunt

65 Aeuporista, | quae vicxit | annum unum

66 d. m. | Sabiniae Ty|cheni L. Sabini|us Aeuaristus || patronae suae | bene merenti | fecit | sibi et suis

---

55 CIL IX 384 s. CE 178 (Canusium) **56** CIL IX 1023 (im ager Compsinus) 1 vgl. CIL VII 234. 273 *dae* = *deae* **57** CIL IX 3271 (Corfinium) 9 zahlreiche belege **58** CIL V 4616 (Brescia) 4 vgl. CIL VIII 18800 XIII 2533 u. o. *maemorie* **59** CIL XII 5457 (meilenstein) **60** CIL XIII 2548 (Ambarri, II jh.) 2 vgl. XIII 144 *pro salutae* 4f vgl. CIL XIII 2494 6f *bestiario* erkl. Allmer **61** CIL II 376 (Conimbriga) **62** CIL VIII 4554 (Numidien) **63** CIL III 9450 De 8212 (Salonae) **64** CIL VI 28512 4 *Stercoriae* s. Lindsay-Nohl 120ff **65** CIL VI 17387 add. p. 3520 **66** CIL VI 25714

67 dieo sancto Sa|turno sacrum. | L. Gargilius | Crescens sac||erdos una cum | liberis suis | votum solvit | et dedicavit libens | animo

68 Bonae | Diae | Aponia | Clara

69 Balti diae | divinae et Diasuriae | templum f(ecit) T. Fl. ( )

70 hic cubat | ille bonus L. | Annius Argeus, | Compsi l., vix. a. LX. || huc relict. annor. | IV pos annos XX. | recipit eum L. | Annius Saturni|nus milis. vix. a. XXIV. || fecit L. Annius | Argus patron. | et heres [. . .]

71 ara pos(uit) | Toncius | Toncetami | f. Icaedit(anus) || milis | Trebarune. | l. m. v. s.

72 Marcia Tertia | sibi filisque suis et | libertis libertabusque posterisque eorum. hoc | monumentum sive ariam sive parietem venderi nulli licebit

73 d. m. | L. Abuccius Aqui|la et Lucceia Felici|tas hoc loco sacra||runt, ube posta est, | Abucciae vernae nos|trae bene merenti | Fortunatae annorum | XVIII dieb. XXIII. si qui || huic loco manus in|tulerit, habiat dolorem | meum, quem ego habui

74 memoriae | Anici Zosimi | cun coniugi | suá Val. Victoria || sivi Zmurna, | m[e]rin[t]ibus | fecit Aur[el.] Sec|undinus. frat|ri et cognatae || f(ecit ?)

75 d. m. | Ioleni filae dulcissime | Lolianus et [E]ycenia parents | con Cacalisto coiuce iius. || q. v. a. XVI meses VIII d. V

76 d. m. | Turpiliena | Felicissima | sorori suae || Quintiae Per|gamidi bene me|rinti fecit

77 d. m. | Ti. Claudio Tro|phimo, vixit | annis XXVI me||nsib. VIIII diebus | XXVIIII. Flavia Cy|teria coiu|gi bene miren|ti fecit

78 d. m. | Charitoní | fíl. dulc. fec. | Simplix mat. || et pat. Zosim. | vix. an. II m. X

---

67 CIL VIII 9181 (Auzia) **68** Ephem. epigr. VIII 160 (Pescina im gebiet der Marsi) **69** CIL III 10393 (Aquincum) 2 d. i. *Deae Syriae* **70** CIL VI 3566 = 7541 (columb.) 5 f *annos natus XXIV* **71** Ephem. epigr. VIII 15 s. 360 (Lusitanien, II jh.) 5 vgl. CIL XIV 241 III 5412 u. oft, sowie unten *milix* **72** CIL VI 22163 **73** CIL VI 10458 11 vgl. CIL VI 19847 *licia(t)* **74** CIL VI 11645 add. p. 3509 5 *sive* 6 *mfrinlibus* der stein **75** CIL VI 19688 4 *Callisto . . . eius* vgl. CIL VI 7761 *iorum* und 29544 *ium* **76** CIL VI 27774 6 f vgl. CIL VI 28448 **77** CIL X 2280 (Puteoli) 8 f vgl. CIL VI 27681 **78** CIL VI 5340 (columb.) 4 vgl. z. b. nro 86 und CIL VII 80 *six*, V 914 (Aquileia) *Stircorius*

79 Aelia L. l. Chilido. | hic ossa sit. sunt

80 d. m. | Tichneni, | vixit anno I | mens. II dieb. XV. || parentes fil.

81 P. Sabidius | Niophitus | vix. an. XL, | Sabidia || Fortunata | coniugi suo fe(cit)

82 d. m. | C. Vibius | Stiphanus | b. m.

83 [L.] Aur. Vero Aug. | [Q.] Fabius Q. f. Honoratus | [o]b onorim immunitatatis | rendrophoris | Ostiensum || donum dedit

84 memoria Filicis. | si quis voluerit | corpus alie|num puniri, || conferit fis|sco soli(dos) | quinquacinta

85 dís | manibus. | Varia Myrsine | sibi et C. Salvio || Variano VI vir. | filio piíssimo, qui | vixit annos XVI, qui | quid esset maledicire | nescit. non tamquam || mater hoc testemo|nium reddam sola, | hoc testemonium | mihi cum quandoque | reddent inferi || et P. Flavio Iunio(ri) | et meis meorumve

86 [Au]r(e)liius Iustinus equis i lig. | XI Cl., provitu annoro X[V]II et | militavit munifix annis VII, eiqus | annis IIII, militavit in corte || statu posteriore. ex pluris | maicis derisus ipsius in ipso | titulo XCI

87 Plaianus equis | in vixelatione | Dalmatorum V, | vixxit annos X[L], || impedium de suo | denaria XXXVIII | CCC

88 d. m. s. | L. Valeri Nepo|tis militis [[m]] | legionis VII || geminae sti|pendiorum | VII, anoru XXX. | hic qui legs | di(cas): sit ti(bi) tir(ra) le(vis)

89 d. m. Anna auncol(o) | suo Ae(lio) Sextiano | mimoran | posivt || anorum XCV

90 quisq. in eo vico stercus non posu|erit aut non cacaverit aut non m|iaverit, habeat illas pıopitias, | si neglexerit, viderit

---

79 CIL VI 7017 (columb.) 1 vgl. CIL VI 18744 *Trifusa* **80** CIL VI 7516 (columb.) 2 *Techneni* **81** CIL VI 25696 2 vergl. 27359 *Thiophilae* **82** CIL VI 28840 **83** CIL XIV 107 (Ostia) **84** CIL XI 1411 (Luna, viell. christl.) 4 *ponere* **85** CIL V 6372 (Laus) **86** CIL V 896 De 2332 (Aquileia, vor 300 n. Chr.) 1 *eques e leg.* 2 *Cl(audia) probitus = probatus* vgl. CE 407 (De 2173), CIL V 8278 (De 2333) *XNII* der stein 3 *eques* 4 f verst. *in cohorte* (nummer fehlt) *(centuria) hastati posterioris* 5 ff unverständlich **87** CIL XIII 3458 (Châlons-sur-Marne III/IV jh.) 2 vgl. Not. dign. ed. Seeck p. 317 4 oder *X[X]* 6 f 338 *denaria* sind etwa 6 mark **88** CIL II 1126 (Italica) **89** CIL II 6302 **90** CIL III 1966 (Salonae, unter der dreigestaltigen Hekate) 2 f vgl. *meiere*, Diom. gramm. p. 366 P. span. *mear*, portug. *mijar*

91 d. m. | Antonio | Filocalo | patrono et An||tonie Glyce|re sorori An|tonia Fingis | b. m.

92 Corentus sructor ad | ropositriu. vixit a. XXXXV, | h. s. e. Rosa uxor fecit ob | meritis eius

93 L. Aurelius | Lucanus, | T. Fufius | Modostus,|| L. Aurelius | Verus

94 d. m. s. | M. Aemilius Eu|propes v. a. XXXV | Aurelia Theo||dora marito | piissimo fecit

95 Fl. Panonius Maxentiam coniugem dulc. sepulivit

96 d. m. | Cl. Pri|mitibá | et' Anni||a Pacata | filiae p(ien)-t(issimae) | Anniae | Zorteni | fecit. || bix. an. | VII m. V

97 Aufidia L. f. Saturnina | vixit annis XXX. | C. Iulius C. f. Celer | coniugi carissimae || fecit. | cum qua vixit | annis XVIII, | a qua accepit iniuriam | nullam || neque maldictu

98 C. Humidius Que|tus vetrani | missus hon|esta missione || ex cho. VIII pr. | ɔ. Cesoni ab An|tonino et Vero | imp. Aug. Silva|no donu dedit

99 mater fecit | filio pintisi|mo Qunto I|ulio Felici. || Sabinila fecit | dibus ma|nibus

100 ossa | Nícenis híc sita sunt. | superi vivte, valete, | infrí havete. recipite Nícenem

101 d. m. | Venriae | bene merin|ti Marinus || coniugi caris|sime

102 dis manib. | Lucceia Clopatra | vixit annis II | mesib. XI dieb. XIX. || Lucceio(s) Pharnaces | dulcissimae filiae

103 M. Appulleius Epaphra fec. | sibi et Valeriae Donatae | coniugi suae | M. Appullio M. l. Vítali || et suis et posris. numeru(s) olla(rum) X

104 Plotia L. l. Nica | [B]envolus coiux | [f]ecit. o. h. s. s.

105 C. Bruttio Praesnte [I]I Sext|o Quintilo Condiano | cos. P. Popilius Priscinu|s sevr sol. se vio posurunt. f(ili) e||t neptes

---

91 CIL III 8876 (Salonae) 7 *Phengis* **92** CIL VIII 9426 (Caesarea) 1 f vgl. Petron. 35 2 vgl. *sacrilogus*, *sortilogus* CIL XIV 1046, Pomp. wandinschr. 448 CE 1583, 14 (s. u.) 3 f s. unter praepos. **93** CIL XII 1250 (Arausio) **94** CIL VIII 3357 (Lambaesis) s. n. 401 **95** CIL III 2326 (Salonae) **96** CIL VI 15558 8 = *Heorteni* **97** CIL VI 5662 (columb.) 10 vgl. *malfacta*, *benficium* und Lindsay-Nohl s. 210 **98** CIL VI 3711 = 31009 2 s. Lindsay-Nohl s. 211 **99** CIL XII 319 (bei Verdun) 2 vgl. CIL VI 15628 II 5320 III 4856 u. ö. 3 *qunio* der stein **100** CIL VI 6492 De 8129^{b} (columb.) **101** CIL VI 28448 **102** CIL VI 21548 vgl. CIL VII 181. 751 *do* = *deo* **103** CIL XIV 595 (Ostia) 5 vgl. CIL XIV 1443 *postrisque* **104** CIL X 4292^{a} (Capua) **105** CIL V 7465 (Vardagate) 1 f i. j. 180 1 *Praesente ti* der stein 2 *Quintilio* 4 *sevir sol( )? se vivo posuit* 5 *nepotes* pos(uerunt). P. Pop(ili) Pri(scine) ave. be|ne voleas, quisq(ue) es, viator. | [ne]qe vale(at), qui me amove(rit)

106 d. m. | Ċ. Iulio Arc|lao mil. leg. III Aug. | [v]ix. an. || [. . .]

107 d. m. | s. | Celodia | Pupa v. a. LI. | filia eres || heiu(s) f(ecit)

108 Dresiu | Luonis f(ilia) v(iva) f(ecit) | sibi et Tertio|ni Mannonis f. co(iugi) || et Cerescenti f.

109 [Eu]genio Eucisi f. | eq. ala. Frontoni. | an. XL stip. XX. | Nemis Sige h. s. e. || frateres frater(i) | fecerunt

---

110 d. m. | C. Iulius vaetranus Aug. | faecit et Muciae Aelpidi | coiugi et libertis liber||tabusquae postaerisq. | [aeorum]

111 d. m. | Sulpicia Parth|enopae Fructosae | alumne suae b. m., || que vixit annos | VIIII m. II d. XV, quae su|pra Monnulam su|am supra vixit dies XXII

112 d. m. | L. Secundio | Eleuthero | navicular(io) Arel(atensi), || item $\overline{\text{IIIIII}}$vir. Aug. | corpor(ato) c(oloniae) I(uliae) p(aternae) A(relatensium) | Secundia | Tatianae fil. | patri pientissim(o)

113 d. m. | Vedia Calcae|do fecit Ve|diae Domiti||ae verna[c]lae, q. (vixit) an. | [. . .] XIIII

114 [d.] m. | Claudius M(a)xi|mus, eq(ues) singu[l.] | Aug(usti) n(ostri), vixit anis || XXXV, mil(itavit) anis | X. Aelius Victor | aeres bene | m. posuit

115 d. m. | C. Aemili | Victoris | veterani || leg. I M(inerviae) p(iae) f(idelis). haeredes | posueru|nt

116 d. m. | Aelia Costantilla | et Aelia Concordia | aeredes Gineo Pom||peio Treptioni posuae|runt. vi. a. XXXX

117 d. m. | M. Ulpiae Elpiduti alumnae | inconparabili M. Ulpius Paulinus | patronus bene merenti, quae vixit || annis XXI, mesis II, diaes VIII innoces

---

105 6 *valeas* **106** CIL VIII 3131 (Lambaesis) 2 f *Archelao* **107** CIL VIII 3520 (Lambaesis) 2 *Clodia* vgl. 3142 und 7111 *saceroru* und *Ceresces*, *Geracilis*, *Materona*, *Ocetavi* u. a. m. in afrik. inschr. **108** CIL III 4908a (Virunum) **109** CIL III 9735 (Delminium) **110** CIL VI 19872 3 vgl. CIL VI 10684 X 2899 u. o. **111** CIL VI 27009 1 f vgl. CIL VI 27115 *Tychae* (nom.) V 1260 *Iulia Agapae* **112** CIL XII 704 (Arles) **113** CIL VI 28394 **114** CIL XIV 2286 (im ager Albanus) **115** CIL XIII 2666 (Autun) 6 dsgl. CIL VIII 3163 *aeres* und passim **116** CIL III 2147. 8599 (Salonae) 5 f vgl. CIL XI 1074 (Parma) u. a. **117** CIL XIV 1793 (Ostia) 2 *Elpidote* (dat.) 5 *diaes* wie CIL V 4410, 6 *diae*: VI 25106 V 4489 (4mal), V 7366 *aciae* u. a. m.

118 d. m. | Iuliae Serene, | que bixit annis [. . .] | mesibus VIII || diaebus X[. . .]. | Iulia Bict[orin]|a filie du[lcis]|simae

119 d(is) m(anibus) s(acrum). | Maximus et Lascius | duo fratres conve|nientes in uno hunc || titulum nobis posu|imus vivis, ut posse|mus at superos secu|rius vitam bonam ger(e)|re, qua fini fata vole||bant. qui qua vita vi|ximus una, numquam | inter nos fecimus ver|bum amarum. volup|tates secuti simus || omnes, vitae nostre | a nobis numquam quit|quam negatum est. i[t]a tu qui legis, bona | vita vive sodalis, || quare post obitum | [n]ec risus nec lusus | [n]ec ulla voluptas | erit. have, Maximae. | menten habae quod legeris, quare vita || morti propior fit cottidiae. vale

120 Sutoriae Surillae | Sutorius | Epitynchanus | patronae || honestissimae | et optimae | de se meritae

121 d. m. s. | havae Clodi Felix, | rarissimae fili, | q(uaesturam) r(ei) pub(licae) agens. et || tu pater. qui me sa|lutas, salvus tran|sias, v. a. VII m. II. Clo(dius) Clodi|anus col(oniae) disp(unctor) et Te(rentia) Donata f(ecerunt) d(e)d(icaveruntque) | a(nno) p(rovinciae) CCLXXXI

122 d. m. s. | Íulia Urba|na v. a. XXIII. | Ful(vius) Quietus || a(rmorum) c(ustos) cum fil. | Iuliia Vita|lis et Iulius | Quaetianus | matri m. f.

123 [. . .] A. f. | sibi et libertae Ius|tinae et fratri Basi|liano sae vibis fecit

124 Aeliodorus ↄ. | s(criptor) Aug. n. ex voto pos.

125 Benaber | atrinsis. | Serapio oll. | dedit

126 Matronis | D. Vignidius | Crescins | v. s. l. m.

127 d. m. | Hateria mater f[e]|cit Archestrato | f. pientissimo. vi||xit anis VIIII, | minsibus II

---

118 CIL XIV 1195 (Ostia) 5 vgl. CIL IX 1851 **119** CIL IX 3473 CE 186 (Peltuinum) 2 *Lascivus* 12 f zu *v. a.* s. Thes. I 1822, 21 ff 14 zu *simus* vgl. Mar. Victor. Gramm. VI 9, 5 Suet. Aug. 87 Lindsay-Nohl s. 32 f 20. 24 *quare* = *quia* Buech.: *quare?* Mommsen 24 *memento* erkl. Buech. 24 f Buech. vgl. Phaedr. 3, 20, 10 **120** CIL II 4405 (Tarraco) 6 desgl. CIL XIV 2921. vgl. 3831 *verae* = *vere*, XI 3203 *inculpatae*, III 3241 (CE 1208) *adsiduae* u. ä. m. **121** CIL VIII 9069 (Auzia) 7 zahl *VII* verderbt wegen z. 4 9 i. j. 320 **122** CIL VIII 2913 (Lambaesis) 8 vgl. CIL VIII 2870 *Quaete* XII 2398 *quiaeti* **123** CIL III 8412 (Epidaurum) 4 vgl. *mae* = *me* CE 78 **124** CIL III 14062 (Pannonia superior) 1 *ↄ* = *contra* **125** CIL VI 5187^{b} (columb.) **126** CIL V 6615 (im ager Novariensis) 3 vgl. u. a. III 14740^{1} **127** CIL XIV 2710 (Tusculum) 6 vgl. CIL VI 9592. 10902 XIV 3926 und IX 3117 *misirum* = *menserum* (s. u.) s. auch III 14784 *Hysichius*

128 d. m. | Anniae Agathonice | coiugi karissimae ficit | P. Galerius Aster, cum || qua vixsit a. XXXII

129 Peticia P. l. Chiteris. | Gemelus filius fic(it)

130 Sallustia Q. l. Imerita opstetrix, | Q. Sallustius Q. l. Artimidorus | p(osuit)

131 Statília T. f. | Agaphima

132 Minitrae | Aur. Florian|us vet. ex b(ene)f(iciario) cos. | pro salutem || meam et om|nium meorum | numini eius | didicavi Sabino | II et Venusto cos.

133 d. m. | Vetrui|ae Venaeri|ae. Caricus || hortator | factionis | Veneti | fecit co|iuci bene || maeritae, | quae vixit a|nnis XXXVIII | mesibus VIII

134 Aur. Martialis | mil. leg. I Italici st(ipendiorum) XXVII et Ael. | coniux aeius et || Martiali filio | eorum uno fato | decepti. Disdozi | frat(er) et eres | eorum posuit

135 [Au]r. Ianuaria[e] | infelicissimae fi|liae, quae vixit ann. III | m. X. Aur. Ianuarius || mil. coh. VIII pat. et Aur. | Ursina mat. posuiru | [b.] m.

136 Pomponia Fort[unula], |
kara mihi con[iunx], | multis dilact[a per] annis, superasti [mar]||itu.
omnia que s[unt] | nobis, tuo sunt q[uae]|sita labori.
hon|este memorie | mulier

137 [. . .] Appinius | Pol. Faven|[ti]a Quadr|atus, Ͻ· vete||ranorum | leg. IIII Mac., | ano. na. XL | bis. huc pietas. | ossa bene || quicant

---

138 d. m. | Sex. Herenni|o et Aeliae | Eutychidi, || quí vixerunt | ab enitio ae|tatis suae a|nnis LXXX. | fec. Herenni||us Tertul|lus parenti|bus optimis | et dulcissimis

139 Ruffiae Marcel|lae c. f. coniugi | inemitabili exempli | Sabinianus maritus || contra votum

---

128 CIL VI 4516 (columb.) **129** Ephem. epigr. VIII 166 zu CIL X 3824 (im Marsergebiet) 2 vgl. CIL XIV 1053. 3581. 3783 IX 3581 VIII 12777 (*fici* und *feci*) **130** CIL VI 8207 (columb.) **131** CIL VI 6555 (columb.) 2 viell. griech. einfluss **132** CIL III 3474 (Aquincum) 1 *Mithrae* 8 f i. j. 240 **133** CIL VI 10074 7 s. nro 117 **134** CIL III 2008 (Salonae) 5 man erw. nom. **135** CIL III 8729 (Salonae) 6 *posuerunt* **136** CIL VIII 5834. 19189c CE 635 vgl. VIII 5804 + 19118 CE 636 (Sigus in Numidien) 1 CE 636 *nam te su coniunx*, doch wie hier CE 1831 zu *per annis* s. u. *superusti* der stein **137** CIL III 2817 De 2467 (Scardona) 4 (*centurio*) 7 f *annorum natus XL bis* 10 *quiescant* **138** CIL VI 19301 **139** CIL X 7586a (Cagliari)

140 [. . .] | coniugi carissimo | et dulcissimo fecit | Betuedia Procilla et sibi, | cum que vixit an. VIIII mens. || III sene ula querela

141 d. m. Aur(elius) Bito eq(ues) cor(tis) VI pr(etoriae) | natione Trax cives Filopo|pulitanus, an(norum) p(lus) m(inus) XXXV, qui | mil. an. XVII sic: in legione I It||alica an. II, in cor. II pret. | munifex an. XIIII, factus | eq. mil(iarius) menses n(umero) X, fratri | dignissimo Val. Aulusa|nus pret(orianus) incomparabili

142 M. Licini Rufini iuni(o)|res, qui bixit annis II | m. VII. dulcissimo fili|o b. m. mater fecit

143 Maciae [[Seve]] | Severine m|emoriae aet|erne Aureli||us Valerian|us se vivo co|iugi et sebe, | civis [[Ver]] Verg|elleses, Maci Se||verini soror(i) t|rebuni legion|is secundes It|alices

144 d. m. m(onumentum?) | pos(itum?) Teae fili|e sue Cantian|oru. sit tibi || tera lebes

145 Nummio Aemiliano | Dextro $\overline{\text{v}}$. $\overline{\text{c}}$. | propter insignia | bene gesti proconsu||latus omnes Asia concessam | beneficio principal(i) | statuam consecravit

146 Clodia Donata, que | bixet an. IIII mes. XI. p|at. f(iliae) mer(enti) pos(uit)

147 d. m. | Q. medicus Aug. lib. | a solo sibi fecit | hoc cepotafiu. Qui||nta Vitalis filia mea | possidebet sine contro|-versia

148 quandius vixi, quaesivi | nec cessavi perdere | semper: |
mors intervenit, quae | facet ut ab utr(o)quae || vace(m)

149 d. m. | Ceminius Silba|nus vixit anis | XXXX. Auce coiugi || benemerenti fecet

150 d. m. | Aureli Euti|ci. Aurelia L|ucretia filia || posuit patr|i pientissem|o, sub ascia | dedecavit

151 d. m. s. | Anneo Quin|to filio Anne|us Pudes pater || miser, qui f[ili]|um perdedi an|norum XXXX

---

140 CIL VI 13574 6 *sene* sehr häufig allerorts statt *sine* **141** CIL VI 2601 add. p. 3369 DE 2055 (III jh.) 2 *cives* beliebte schreibung und nebenform, vgl. CIL XI 1016 III 4391 und bes. Thes. III 1220, 27 ff **142** CIL IX 1276 (Aeclanum) **143** CIL XII 1356 (Vasio, III jh.) **144** CIL II 5742 (im conventus Asturum) **145** CIL II 4512 (Barcelona) **146** CIL VI 4315 (III jh.) **147** CIL VI 25250 4 zu *cepotafium* s. Thes. III 848 f **148** CIL VI 30111 CE 1094 (marmorplatte) 1 zu *quandius* vgl. CIL VI 6308. 13101 und Lindsay-Nohl s. 637 f 2 vgl. CE 1095, 2 und z. b. CIL III 12476 *ponet* **149** CIL IX 229 (Uria) 5 s. CIL III 9016 (Salonae) u. o. **150** CIL XII 1193 (Carpentorate) 8 vgl. CIL XII 2427 (i. j. 217) *dedecatum* **151** CIL III 8447. 14623^1 (Narona)

152 d. m. | Iuliae Eleutheridi | dominae Menophilus | Aug. n. despensator || Ciliciae

153 d. m. | Ael. Tiiadmes Palmura | vix. an. VIII, Surillio | vix. an. XXV, Rufina vix. || an. XX. Ael. Bolhas Bann|aei vet(eranus) ex n(umero) Palmur(enorum) | et Ael. Domestica co|niux aeius posuerant | filiae pientissime et cu||lcme et liberto et men|esteriis b. m.

154 Lupus anemola ic ave|tat. quot comidi, mecum ave[o]. | ego Maurentia | in hunc mo||numentum | titulum posui Lupo | virginio meo, cum [q]|uem quiquaginta a[n]|nis beni laboravi adqu[e] || inculpatim covixi. et A[r]|genteo Samarconi fr[a]|tris vel subulele m[atri]|s meae ipsum titul[um] | feci

155 d. m. | Aureliis Fortunioni et Felicis|sime, qui vixserunt anus XC. | fecit en emmimoriam Aurelia || Quarta Aurelio [P]rocino caris|simo marito et sibi ipsaius, | qui vixserun in uno annos | [. .]XIX. Procinus vix. anos LXXX

156 in front. | secund. | veam publ. | p. XVIII

157 d. m. | M. Quieti Se|verini Mari|a Secundina || mater de fun|eraticio face|undum curavit

158 p(ecunia) p(ublica) | colonea Iulia | Olbasena | curantibus L. Lici||nio Basila et M. Clo|dio Rufo

159 Valerio Li|bero Valer|ia Leolonina | coiogi mer||entessem|o et Liberi|o filio kar|essemo fe|cet || d(e) s(uo)

160 d. m. | Togio et Iungato | et Severino filis | eius Tulia mar[i]||to et filis pient|essimis memor. fec.

161 Helara | C. l. | v. s. l. m.

162 porta Ro|mana | qui faci|unt, ela||res rece|dant

163 d. et memoria[e m.] | Mascellioni Matu|tini fil(io) defuncto et | Matutino Marciani || fil. patre eeus et | [. . .] vita [. . .]

164 Nonia Felete ma(ter) | et Ylla pat(er) Annio | Taurioni

---

152 CIL VI 6639 (columb.) **153** CIL III 7693 (Potaissa in Dazien) 9 f man erw. *dulcissimae* **154** CIL III 14524 (Moesia superior) 1 f *hic habitat* 2 *comedi . . . habeo* s. CE 187 mit anm. 244 De 8155. 8155^{a} 12 *suboli* **155** CIL III 14014 (Dalmatien) 4 = *in in memoriam* 6 vgl. CIL XIII 7028. 8249 *ipseius* **156** CIL XII 1477 (Vasio) **157** CIL XII 4159 (bei Nîmes) **158** CIL III 6891 (Olbasa in Pisidien) 1 oder *p(ublice) p(osuit)* **159** CIL II 2997 (Caesaraugusta) 3 viell. statt *Leonina* **160** CIL III 5968 (Regensburg) **161** CIL XII 1109 (Apta) 1 vgl. z. b. CIL XIV 615 *Helaritati* **162** Ephem. epigr. VIII 316 s. 527 (Saragossa. I jh.) ‘von italischen handwerkern, die der langen arbeit überdrüssig der heimat und der rückkehr gedenken’ Huebner 4 f *hilares* **163** CIL XIII 4532 (Diedendorf i. E.) 5 *patri eius* **164** CIL III 9237 (Salonae, III jh.)

fi(lio) anno. VI | [i]nfelicis(simo). lo(cus) d(atus) a Fabrcia || Ianuaria

165 I. o. m. | Doloceni | Demittius | sacerdos || d. d.

166 d. m. | Q. Valerius Messalinus | bibus sibi conparavit | et Aurelio Rufino filio suo, || qui vixit ann. XXI, burgo | decessit, et Flaviae Rufine | coiugi suae | libertis libertabusque | posterisque

167 M. Livius Augustae | l. Amarantus | supra cubuclarios

168 quisque huic | tutulo manus | intulerit, sale et | aqua desideret

169 Calytyce | Pupia

170 *a* hic sita est Arria | M. f. Maximilla | unibyria, que vixit | in connubio Marco || Aurelio Augg. lib. | Felici an. XVIII m. VIIII | d. XVI caste. que in his | annis nunquam mari|to suo male dixit || *b fast völlig verloren* hoc heroum se vivi fec[erunt]

171 d. m. | Ynfanti | Cassius Se|verianus et || Vettia Matr[o]|-nilla paren[t.]

172 d. m. | Quínto Coelio | Epytuncano | Helvía Secundílla || sodalí

173 Sil(vano) dom(estico) | Aur. Fyy|largus | por se || et suis | v. s. l. m.

174 d. m. | G. Iulíus Marinu|s Iulia Aelias | codiugi su||ae fecit

175 d. m. | Aurelia Iustina | conius Flavi An|toniani, cum quo || vixit annos XXVI m. | III, soror Aureli Vin|centi ex prepositis | viri ornati legionis | X gemine, que vixit || annos XXXVII m. VIII, | cives Poetovionen|sis. Q Flavius Anto|-nianus congiugi | memoriam faci||endam curavit

176 Paris rex Troge Menelau privad Elena,
p(er) q(uam) Troia perit, [Gre]cia leta redit

---

165 CIL III 11926 (Raetien) **166** CIL VI 28062 5 *virgo*, vgl. CIL XIV 319 *sebur* = *sevir* **167** CIL VI 8766 De 1741 3 vgl. CIL VI 33844 Thes. IV 1265, 49 ff **168** CIL VI 29945 CE 1799 De 8182 1 *quisquis* 2 vgl. *tuclu* im ind. 3 f vgl. Di s. 213 **169** CIL VI 33634 (columb.) 1 vgl. CIL V 4410 *Cyryle* **170** CIL VI 12405 3 s. CIL XIV 418. 1064, und Lindsay-Nohl s. 32 f 4 vgl. Thes. IV 814, 44 ff **171** CIL XII 1728 (Valentia) **172** CIL XII 3523 (Nîmes) **173** CIL III 3493 (Aquincum) **174** CIL X 2559 (Puteoli) 4 vgl. CIL VI 18711[a] *cotugi* und XII 427 III 2406 *col-* **175** CIL XI 1016 (Correggio) 7 f *ex pr.* und *v. o.* sind umzustellen 13 vgl. *congigi* CIL IX 2892 (nro 751) **176** CE 901 (Pesaro, auf einem mosaik spätester zeit) 2 ein versus leoninus wie CE 346

177 d. m. | T. Fla[vi]o Zoviano, | qui vixit annis XV | m. VII d. XIIII. T. Flavius || Saturus patri filius | karissimo fecit

178 d. m. | Furnia Prima | Aemilio Zanuari|o alumno et liberto || piissimo benemeren. | vixit annis XVIIII m. III

179 d. m. | et memoriae | aeternae | Avitiae Restitute || feminae sanctis|simae T. Fl. Ulfus | sig(nifer) leg. XXX U(lpiae) v(ictricis) S(everianae) A(lexandrianae) | conugi carissim., | quae vixit ann. XXV || et sib. vivus fecit | et sub ascia dedika|vit

180 C. Aurelius Papia | olla donavt | L. Volumnio Primigenio

181 d. m. | M. Pupio Sabino. | militavit, | missione onestam || cosumavt. | Vettía coniugi | b. m. f.

182 Successus mo|res petivt a Na|talica et Disco|lio petivt, in iu||ventute se pro|bocatu iuven|tuti no esse bictu | nesi a febre. | benemerenti || fecit

183 d. m. | Polychronia natione | Thyna, vixit anos XX, ser|vivt anos IIII menses IIII. || M. Valerius Maximus | dominus et T. Flabius Capi|to conpatrota et T. Erauli|us Valens amicus bene mere|nti fecerunt

184 d. m. | Rutilius | Narcsus | Rutilio Narci||sso [p]atri bεnε | mεrετι posivt, | pl(us) m(inus) qi bix|xit a(nnos) n(umero) LXV

185 d. m. | Popee Faus|tine. vist anis | XL. Iulius Vito||r frater fe|cit sorori

186 d. m. | Caecilio Auguri|o fecit Caelia | Felicisma et || et Caelius Au|gurius | [p]io b|enemere|ti filio dul|cismo

187 diís manbus | Pompeiae Cn. f. | Spei v. a. $\overline{\text{VIII}}$ m. $\overline{\text{X}}$ d. $\overline{\text{IX}}$, | Pompeiae Cn. f. || Graphice v. a. III m. | VII d. III. | Cn. Pompeius | Graphicus | [. . .]

---

177 CIL XIV 1033 (Ostia) 2 überl. *Flacco* 5 statt *pater filio* **178** CIL X 2466 (Puteoli) 3 f Ζουλιαι, κοζους unter 'lat. inschr. mit griech. lettern', Lindsay-Nohl 56 und unter *dj* = *z* **179** CIL XIII 1839 (Lyon) 8 vgl. CIL XIII 4033. VI 8492 (s. unten) *coouci* **180** CIL VI 6870 (columb.) 2 vgl. CIL XI 1074 *edukavt*, III 12700 *curavt*, Pompej. wandinschr. 622. 525 u. a. m. **181** CIL VI 3478 add. p. 3395 **182** CIL VI 36377 1 f *moriens petivit* 4 nämlich *ut testes sibi (mihi) essent* 7 f *non esse victum nisi* zur sache (der von niemandem ausser dem fieber niedergerungene gladiator oder athlet) vgl. Regling CIL III 14644 **183** CIL XI 3541 (Centum Cellae) **184** CIL III 14322^{18} add. p. 2328^{170} (Dalmatien) 5 *ratri* der stein 6 vgl. nro 89 CIL III 2208. 4367 u. ö. **185** CIL VIII 18450 (Lambaesis) **186** CIL VI 13714 add. p. 3513 4. 8 f vgl. auch unter 'superlativ' 6 *pio:* überl. *spio* oder *scio* **187** CIL VI 24571

188 dis manib. | M. Abullius Melito | fecet si[bi] et libertis | suis posterisque || eorum omnibus. vixit | annis LXXVI, ex is caste | vixit annis XXXV sine aer[e] | aleno. commando hunc | locum, decem iugera || agri, sene dolo malo

189 d. m. s. | Felicissime | et Pastori | filis dul||cisimis | cesquent|[i]bus feci, | in quo vixit. | Felicissima || v(ixit) ans XII, | item Pasto[r] | v. ans [. . .]

190 dis manibus | A. Qunctilio | Diophanto | patri, qui rogavit, || ut pariter | ossa eius | quescerent

191 d. m. | Pullaena Que|ta, vixit an|nis LXX. matri || merenti fecit ( )

192 ave | Olumphia dulcis, obripta | mihi, kara coiux vita, tera | tibi levem. vixti anos XX. || Secundio coiugi fecit pro mertis. | hic sita est

193 M. Aimilius Paulli l. Demetrius | Valeria Zosma nutrix

194 d. m. | Gai Iuli Max|mini emeriti le|gionis VIII bnefi||ciarius procurato|ris onesta missio|ne missus. ista me|moriam procura|vit Similinia Pate||rna coniux co|niugi karissimo. | Maxminus ic q|uiesquit. ave via|tor, vale viator

195 Licinius Cali|dromus | pro sa[lu]te mea || votum solvi | Iovi domno | l[i]b[e]s

196 dis ma. s. | Furfan|ius Don|atus mil||es cortis ( ). | vix. a. XXX | ms. II des | II oras XI

197 D. Uleio D. l. Aucto | nauclario, | ϑ L. Clarae uxsori

198 d. m. | Sallustius | Sabinus | et Iulia Iu||niia paren|tes Sabinia|no fil. ancu|lo et mens|ium nov. d. [. . .]

199 Titiae P. f. Apulae | Valeri Itali | pissimae filiae | parentes

200 L. Tacitius | Abascanitu|s v. a. XXXV m. V | (d.) VI

201 dís man. | sacr. | Q. Orbi | Salutaris || Connarí, | vix. ann. XXVIII mense uno | diebus XXVI. | h. s. e. || Orbí alumino | posuerunt

---

188 CIL VI 10464 8 zu *aleno* vgl. *abalenare* CIL VI 35243. 36364 u. ö. s. auch CIL XIII 2189 *laesone* (= *laesione*), nro 29 *file* (= *filiae*), 9 *Iemnuara*, 89 *mimoran* **189** CIL VI 17803 8 = *quoad* oder *quo tempore vixi* **190** CIL VI 25272 **191** CIL VIII 4009 (Lambaesis) **192** CIL VIII 21284 (Caesarea) **193** CIL VI 4457 add. p. 3416 (columb.) **194** CIL XIII 3983 (Arlon) **195** CIL II 4442 (Tarraco) 6 vgl. nro. 284 u. o. **196** CIL VIII 9056 add. p. 1960 (Auzia) 7 vgl. CIL VI 17508 *de(bus)*, 10238 *custoda*, 10329 *sortitone* und unten *zebus* **197** CIL XII 4495 (Narbonne) 2 vgl. CIL XII 4493. 5972 **198** CIL III 14353 (Pannonia inferior) 7 f s. Di. s. 235 **199** CIL IX 249 (Tarentum) 2 vgl. CIL III 2050 *pessimo* = *piissimo* **200** CIL VI 5028 (columb.) **201** CIL VIII 410 (Ammaedara)

202 L. Lepidius | Euetes | fecit sibi et | matri Titinie || Lyre et meis | ominibus

203 d. m. | Ponpeius Octavianus Par[t]|enopei coniugi dulcissime, | que vixit annis XXVIII m. V || d. V. animo forte, sanctisi|ma. omines mortales sumus

204 dís mani|bus Acteni | filiae Sote|richi. vixit || mensibus $\overline{\text{VI}}$ | diebus X, fecit | Olympus et | Restituta nu|tirices eius

205 d. m. Sabidio Maximiano | coiugi benemerenti vir|ginio meo, qui vixit an|nos XXXX et m. V et d. VIIII || dignissimo coiux Da|fine fecit. ego tibi, | quod tu mi facere | dibuisti. mi qui faci|at nescio

206 Furia P. l. | Tertulla | test. fieri | iussit sibi et || P. Furio Bursae | patrono | et Daphinidi l. | et Vitali l.

207 Aemilio Bal|aeso sigini|fero alae Sa|b(i)ni(a)nae cogn|atio de cen(turia)

208 d. m. | Octabia Secunda | M. Octabio Secundo, | qui bixit annis || II, mesibus X, | diebus XIIII. | mater iscaelesta | b. m. f.

209 d. m. s. | Val. Maxentio | aeq(uiti) ex numero | lanciariorum, || vixit an. XXVI, mil(itavit) | an. VI. iscola aequi|tum b. m. f.

210 d. m. | Mindiae | Ismyrnae | Granius Corinthianus | b. m.

211 d. m. | securitati aeternae | Iuliae Iulianae | C. Modestius || Ismaragdus | uxori karissimae | et pientissimae | et dulcissimae

212 d. m. | Acilia Isspes se viba fecit | alumne suae bene merenti | Felicitati, que vixit ann. XI || m. VI et sibi et suis libertis | libertabusque post(e)r(is)q(ue) | eorum

213 artis ispeclararie | Sabinius Santias, anima | dulcis. qui vixit annis XLVI

214 d. m. | Eutuceti Eu|tyces pater fi|lio dulcissi||mo, qui vixit | ann. XXIII $\overline{\text{m}}$. X d. VII. | quod ego isperabi, | u[t] tu mih(i) faceres, | b(ene) m(erenti) f(eci)

---

202 CIL IX 385 (Canusium) **203** CIL XII 2366 (zw. Vienne und Aoste, ende d. III jh.) **204** CIL VI 10554 8 f vgl. CIL III 8147 *collitores* = *cultores* **205** CIL XIV 2841 (im ager Praenestinus) **206** CIL V 5157 (Bergamo) 6 vgl. CIL V 4409 *Mineme* 4040 *Lycinini* 1874, 15 f *difficulitates* **207** Ephem. epigr. VIII 128 p. 408 (Tarraconensis) 2 vgl. *digina* nro 45, *Gineo* im ind. **208** CIL X 2801 (Puteoli) **209** CIL VI 32965 De 2791 (aus diokletianischer zeit) **210** CIL VI 5951 (columb.) **211** CIL XII 1971 (Vienne) **212** CIL VI 7974 (columb.) 2 vgl. CIL VI 18711a 26687 VIII 1949. 2181 16996 u. v. a. **213** CIL VI 33911 **214** CIL X 8189 (Puteoli)

215 d. m. | L. Carinius | Fortunatus | vet. vixit || anis LXXXI. | Calpurnius | Tevestinus | ispeculator | patri posuit

216 d. m. s. | Caecilia Ge|tula vixit an. | mecu III mensib||us VII dieb. XVII. C. | Valerius Antonin|us ispose rarissi|me fecit

217 d. m. s. | P. Aelio Cris|po mil. coh. | VII pr. (centuria) Attici, is||tipen. XXI. v. an. XL. | mem. ex here. | M. Aur. Sallu. | her. cont. ben. | mer. posuit

218 A. Albius A. l. | Gamus | Albia A. l. Izmurna

219 Scirtia Ↄ· l. | Izmaragdis

---

220 d. m. | Ulp. Stafilus coiu|ci bene merente | fecit

221 d. s. m. | Belliciole coiu|ge v(e)n(e)m(erente), q. vix. | annis XXVII, || natione Galla | in cibitate Tri|beris

222 d. m. s. | Ulpia Pri|ma v. a. LXV. Bi|bius Martia||lis coiuge su|ae carisime | fecit. | h. s. e.

223 d. m. | Mariniae filiae | infante dulcis|simae, quae vixit || annis XIII et di|es XXX. Aufidi|us Victor pate|r et sibi fecit

224 d. m. |

si modo sunt Ma|nes, sentiant.
spes vi|te nostre fueras.
nu||c quis ubi iaces, indi|cat iste lapis.

L. Spureni|us Herculanus ratr et | [Fl.] Paula mater L. Spuren|nio Rufo b(ucinatori) ch(o)r(tis) Mattia||corum militante an. XX | bene merenti posue|runt. valete viatores

225 d. m. s. | Themis | ano. XVIII h. s. e. s. t. t. l. | Pom. Severinus || uxore pienti|ssimae f. c.

226 [. . .]|mento annis VII, feci[t] | stipendia XXIIII, et v[i]|xit annis XLII et spi||ritum naturae suae | reddedit. Aurelia | Claudia coniux bene | merente virginio | suo et pare hunc titu||lo una cum filis suis | posuit | [. . .]tore

227 d. m. | Casie Primi|tibe. felia | matri f(e)c(it) m(erenti)

228 des manibus | fecit Fortis | filiae bene | meren. Flrinan (?), ce || vi(xit) annis XXIIII, me|ses X. con suo coiu|ge Samso Barocho | fecit annis VIII

---

215 CIL VIII 2833 (Lambaesis) **216** CIL VIII 3485 (Lambaesis) **217** CIL VI 32694 4 f vgl. CIL XIV 2280 VIII 21568a desgl. oft in eigennamen *Ist-* (CIL VI 26788 VIII 4119 usw.) s. Lindsay-Nohl 120 ff **218** CIL VI 6792 (columb.) **219** CIL VI 26010a **220** CIL VI 29264 **221** CIL VI 34676 **222** CIL VIII 2210 (bei Theveste) 6 vgl. CIL III 14367[1] **223** CIL XIV 1324 (Ostia) **224** CIL III 12437 (Moesia inferior) 7 verb. *patr* d. i. *pat(e)r* 8 *[Fl]*: die reste von 2 hasten der stein 10 statt *militanti* **225** CIL II 3214 (Valeria in Tarraconensis) 5 vgl. CIL XIII 178 *matre* dat. **226** CIL III 7553 (Tomi) **227** CIL VI 14552 3 s. CIL XIV 1011 *felius* **228** CIL VI 18532 4 *quae*

229 *(zwischen einem beflügelten genius und einem manne in der tunica mit zweig und traube)* loco peregre[no] | deu debes rogar[e], | ut possis salbus sa|nus at tuos reverti | ’Αρίφιλος

230 d. m. | Elvio Vetali | et Floro filio | Elvia Sucesa || patrono coiug. | pientisumo | ẹt sibi viva | fec.

231 I. o. m. | sacrum. | Cl. M(a)rcel|lus mel. || leg. XI[III] | v. s. l. m.

232 L. Spurinna Ɔ· [l.] | Hila[r]us | hic est, ube nunqua fuit

233 T. Cláudius Nerónis | Aug. l. Daphnus fecit | Ti. Claudio Oniri Aug. l. l. | Domesticó et Moschidi | contubernali eius, quií | quondam fuerant eius | et sibe gratias rettulerint | ob meritis suiís

234 d. m. | Aurelius Felex | posuit titulum | conpari suae Serciae | Maximae Iuniae vita | functae anorum XXXX, | coniux carissima mecum | fecit anno(s) XXI

235 A(... us) Epicletu|s A(... e) | Maxime co||iugi bene | merenti, | que vexxit | anos XXXX, | ex ei(s)de(m) me||cu anos XX | d. o. m.

236 d. m. s. | Mucatralis Ta|nurius fecit patri e|t patrono Mucatr||ali Auluzeni mil. le|g. III Aug. vixit anis | XXX. natione Thrace | natus in civitate | Augusta Traianesie

---

237 d. m. | M. Aurelius Dio|nysius Aug. lib. | comparavit (sibi) et || Statiae Filumene | cum aria faras | cinta cippis n(umero) IIII. lib. | lib. posterisq. eorum

238 d. m. | C. Bersasi | Philocyri | Crispinia Am||phale mater

239 d. m. | Aurelio Eutici|ano infelicissimo | ex cursore prav||ato, qui confecit | sub die millia XCIV, | qui vixit annos | XXV meses duo dies | VIIII. Aurelius Grecio || fratri pientissimo | hanc memoriam | posit

240 d. m. s. | Herculini|us Nicasius | quandam || Primitivia | Sia [[ei]] eius co|iuci meo ẹquạ|n[d]am ṭitulum | posui

---

229 CIL VI 31066 1 vgl. CIL XIV 3330 *pereverunt* **230** CIL III 11054 (Brigetio) **231** CIL III 11118 (Carnuntum) **232** CIL VI 26708 3 vgl. nro 73 CIL VI 35802, und Lindsay-Nohl s. 28 anm. **233** CIL XIV 2780 (Labici) 7 vgl. CIL III 1808 und *sebe* im ind. **234** CIL III 1895 (Dalmatien) 5 man erw. etwa *univiriae* **235** CIL VI 17203 11 deutung ungewiss **236** CIL VIII 3198. 18312 (Castra Lambaesitana) **237** CIL VI 13070 6 = *foras.* vgl. Pomp. wandinschr. nro 720 **238** CIL V 3516 (Verona) **239** CIL III 2007 add. p. 1030 (Salonae) 4 f *probato.* zu den *cursores* vgl. die anm. von Mommsen und Hirschfeld Verwaltungsbeamte² s. 190 ff **240** CIL XIII 8384 (Köln) 4. 7 f *quandam* = *quondam*, wie CIL III 7508. 12054 = 14128 add. p. 2219 (hier *quadam* = *quondam*)

241 Visinia M. l. | Baccis qua | ad vixit pat|rono suo || placuit

242 d. m. |
hic Maxima iacet nunc Vi|dia funeri acerbo
rapta pat|ri et matri raptamque serori. ||
duo et quaternos vite conpleverat | annos.
hec iacet in tenebras, | quae vixit annis VI mensibus IIII | dies VII ora secunda.
hunc titu||lum posuerunt parentes karissi|mi

243 d. m. s. | [Iu]l. Vitali | serori ca|rissimae || ann. LXV Au|[r]elius Cos|[c]onianus | [f]rater f. c.

244 pr(idie) idus Novemres vinum in cuneum (compositum est). amfurae CCCLXXXIIX

245 pater vene | merenti | filio Furtu|nato, qui || vixit an|nos XII et me|ses II

246 Q. Corneli Q. l. | Andriae, | in frunte p. | XII, in agro p. X

247 T. Statílius | Anuptes | Artemae l.

248 d. m. | [. . .]o Putentino eq(uiti) sin(gulari) d(omini) n(ostri), | tur(ma) Romani, na(tione) Re(tus). vix. an. | XXXX, mil. an. XVII. Turnius || Peregrinus erres et Iuli|a Casta cuiux cunere | b. m. fcerun

249 *a* Nise | Sallustiane | have! *b* haec autem maceria | conpresa cun muni|mento et porticulo, | quae facet in fronte || pedes XX, in agro pedes | XXVII | Euseviorum

250 area pertines | at munimentum | Otaciliorum | p. p. XX quadratos

251 Gelia Aticae | munumentu | fecit Flavio Abascanto | viro suo benemerito. || vixsit annis LV. | hic s. est. sit t. t. l.

252 d. m. | Sabinae | Carpus act. | coniugi suae || inconpabili fec|it. cun quem cun|vixit an. XX m. V. | quae vixit an. | XXX m. VI

---

241 CIL XI 947 (bei Carpi) 2 f vgl. *quat* CE 470 (nro 373) **242** CIL XI 5796 CE 1822 (Sentinum) 1 *funere* vgl. Thes. I 368, 19 ff 2 *raptaque sorori* vgl. CE 1314, 4 **243** CIL II 5342 (Caesarobriga) 3 vgl. CIL II 515 *sereroribus* **244** CIL XV 4653 (auf e. amphora aufgemalt) **245** CIL VI 18536 **246** CIL X 4936 (Venafrum) 3 desgl. CIL VI 28440 vgl. VIII 4836 *marmureum*, V 7647 (nro 377) *marmuris* **247** CIL VI 6524 (columb.) **248** CIL VI 3282 5 *heres* 6 *coiux conheres*. s. Thes. IV 341, 70 7 *fecerunt* **249** CIL VI 10273 *b* 7 vgl. Rh. Mus. 62 (1907) 402 **250** CIL VI 23606 De 8334 2 durch falsche etymologie bedingte, überall zu belegende nebenform von *monumentum* vgl. u. a. CIL VI 25134 X 1870 (bis) II 5718 (*munniment.*) 4 *pedes* **251** CIL VIII 21204 (Caesarea) 2 desgl. 21116 **252** CIL XI 2657 (Saturnia bei Bolsena)

253 *a* Iuventius Titus v. p. | sibi et coniugi suae | Iuventie Marceli|ne vius fecit. dedit || coll(egium) fab(rum) ad mem(oriam) col(endam) rusarum et vindemia(rum) *zur seite b* X foll(es) quin|gentos. | dat(um) coll(egio) s(upra) s(cripto)

254 d. m. | L. Vipsanio | Marcello | Vipsanius || Lupus | consubrino | b. m.

255 Iob(i) opt(imo) m(aximo) Dulceno e|x vot(o) Ael. Silvanus | het Leonides sig. | en mir( )

256 L. Manius | Plocamus | fecit sibi et | Cleupatrae || uxori suae

257 d. m. | Aur. Victor mil. l. | II Ita(licae) bello deside|ratus hoste Gutica || an. XXX. Aur. Lupula con. | karissimo f.

258 M. Aur. Amando | corn(iculario) trib. leg. III Ital., | stip. XXIIII vix. an. VL et | Val. Gemellinae socr. || eius iussu ibsius et Cl. | Macrino socro eius | et Val. Valeriano suece|rioni Val. Macrinilla u|[x]or et Amandinus et [Am]||andina fili et heredes e[x iis] | n. IIII mil. parentibus fac. c. s. v.

259 Ennio Spec|tato Gero|ntia Leon|tia coiugi, || cuon que|m vixsit a. | I, | [b.] m. f.

260 d. m. s. | C. Afino Felic|i Feronia | Prima coi||ugi caro be|ne merenti, qu|on quo vixi|t annis XI d|iebus XX. Fer||onius Felix | et Feroniu|s Felicianus | patri dulci | pio posuerunt

261 d(is) i(nferis) m(anibus). | Lucius Pompe|ius Vales na(t)us | Fabia Anquira || consist(it) r(egione) Hist(ri) | munera|que fe|cit Histro in | oppido arcon|tium et aediliciu || et sacerdotium | at Liber[um] et sepul|crum se vivo [[me]] | ipse sibi fecit et ara | posuit, qum fuit an(norum) || LXXVI, et [. . .] Man|suetae coniuci suae | p(iae) bene merenti, que | vixit an. L et Do|nato filio suo, qui nuc || est an. XX et d(ierum) m(inus) pl(us) V. M(arcus) ma|io(rarius) rerum supr(a) s(cripti) e(t) supra[scrip]|te puosuit, quem comedo [. . .]|tus cum libertos meos. scrip|[tum] XIII ( ) Octob. Barbaro cos.

---

262 Victor puer vi|xet annus | octo dies vi|ginti et septe

---

253 CIL V 2046 (Bellunum) *a* 6 vgl. *pusuerum* CIL III 10899 *b* 1 *denarium* **254** CIL III 1931 add. p. 1504. 2323 (Epetium) 6 vgl. CIL III 8465 V 7366, 10 **255** CIL III 14503[1] (Moesia superior) 1 *Iovi . . . Dolicheno* 3 *et*, wie z. b. CIL XIII 4230 4 unverständlich **256** CIL III 6801 (Isaurien) **257** CIL III 11700 (Celeia) 4 *Gothico* d. i. *expeditione Gothica* (Mo) **258** CIL III 11977 (bei Straubing) 11 viell. *fac. c(u)[r](a)v(erunt)* **259** CIL X 2383 (Puteoli) **260** CIL IX 4230 (Amiternum) **261** CIL III 12489 (Moesia inferior) 4 *Ancyra* 8 f *archontium* 22 *commendo* 23 s. Di s. 17 ff 24 i. j. 157 **262** CIL VI 28916 2 überaus häufig statt *annos* in heidn. und christl. inschr. aller länder

263 dis manib. | collegio symphonia|corum, qui sacris publi|cis praestu sunt, quibus ‖ senatus c(oire) c(onvocari) c(ogi) permisit e | lege Iulia ex auctoritate | Aug. ludorum causa

264 Ti. Claudius | Caesaris | numunclator | Amaranthus ‖ vix. ann. XXX

265 *(sandale)* d. m. *(sandale)* | Sandalius | dicit: ambula, | sequaere me cum oeno‖foru, cum calice et tapan|tione

266 Vibidia Helena, | et L. Brutedi Malcionis, | duo coiuges in unu

267 d. m. s. | C. Marius Nata|lis v. a. LXXII, fec|it Iulia Donata ‖ coiugi suo | et filiu nostru Iovi|nu. v. a. XII

268 in [f]r. cum hor|to macerie | clusu p. LXXXI S, | in agr. p. XLIII S

269 d. m. s. | Iulia Misi|mon Iulio | Umbrio Opta‖to filio suo | mausuleum | fecit. qui vi|xit an. XXXX|IIII

270 T. Iunius Ermes | II v(ir) Iobi buot|un lebη(s) s|olbet

271 d. m. | Pompeiae | Phyebae | L. Epidius ‖ Vales posuit sibi | et uxori bene|merenti et liber. | libertabusque su. | in f. p. VIII, in ag. p. VIIII

---

272 mancipum | sulforis | [pro]v. Sicil[iae]

273 Aelia Doris | comparavit sibi et T. | Aelio Onesimo liberto | suo ex donationem Sex. Coeli ‖ Fortunati iunioris mono|mentum Vibianum, quod | ex gradu hereditario pos|sederat, hoc nomen supra s(criptum) | et libertis libertabusque ‖ posteris eorum. | in fronte p. XV, | in agro p. XV

274 C. Fufidio At|tico e. m. v. | C. Fufidius At|ticus v. c. cos. fi‖lius et Nerati|a Marullina | c. f. norus

275 d. m. | Clodi Musaei | seviri Tarrac. | Porcia Hiero‖nis uxor | marito optomo | fecit

276 eris securitas soporantion, | munimen domorum, tutela claustro|rum, discossor obscurus, arbiter | silentiosus, cui fallere insidiantes ‖ fas est et decipere gloria

---

263 CIL VI 4416 (columb.) **264** CIL VI 4887 (columb.) 3 *nomenclator* vgl. nro 84 *puniri* = *ponere* **265** CIL VI 25861 De 8146 5 f 'abgeleitet von τὰ πάντα'? Furlanetti **266** CIL VI 28770 De 8465 **267** CIL VIII 3899 (Lambaesis) 6 vgl. CE 1826 (nro 281) **268** CIL VI 30073 1 *er* der cippus **269** CIL VIII 9189 (bei Auzia) **270** CIL III 7595 (Moesia inferior) 3 *iebηs* der stein 4 *oibft* der stein **271** CIL III 2696. 9705 (Tragurium) **272** CIL X 8044, 1 (Agrigentum) **273** CIL XIV 523 De 8299 (Ostia) **274** CIL IX 2450 (Saepinum) 7 *nurus* **275** CIL II 4291 (Tarraco) **276** CIL VIII 2297 (zw. Meskiana und Timgad) 3 *discussor* = *defensor*?

277 [. . .]iu[. . .] | [. . .] tuc[. . .] | [t]ombam | [si]bei et || [pa]renti|[b]os | fec.

278 Maximiano cui et | Aureo sec(utori) ann. XXII | pug(narum) V. deceptus | a latronebos. fr||ater fratri carisi(mo), | Maximina coniux | desideratissimo

279 memoria | fecit Ursina | coiogi suo Ursi|niano veterano || de Menapis. | vixxi(t) annos | XXXXXXV

280 amissa incerta vita | ospitio sibi conparavit | M. Aurelius Helius, in quo | nihil est opus, et libertis || libertabusque posteriq. | eorum. h. m. e. h. n. s. | h. m. d. m. a.

281 [annos] | dece menses sep[te dies]|que sedece plenos
[tu]|lit, mater cabo fecit [fil]|iu minserino
Urbica C[ur]|tia cum suo piente mar[ito] | c. s.

282 *a* memoriae | Navigi, v(ixit) a. XIIII | ut dulcis flos filius |
breviter frunitus a||nima, ut rosa, ut nar|cissus.
parentes | *daneben links: b* Decem|ber pa|ter et || Pecu-lia|ris ma|ter filio |
über a: [p]io digno fecerunt | *rechts:* fletes. || vultus | tuos in|tuendo |
solacio | prestas. *weiter rechts:*
habe||bis me|moriam tra

283 d. m. s. | Veneria | vixit ann. | LXXV, se viva || et sibi et ma|rito suo | karissimo | amantissi|mo fecit. || Fortunatus | et Matauta fili | patri et matri ka|rissimis titulo | sculpserunt

284 Volussíus | Felix votum | solvit vel debi|to domno Satu||rno libens a|nimo

285 d. m. | Aelius Domitius vet. | leg. $\overline{\text{II}}$ adi. domo Erapuli | cives Surus vivos sibi || itero fecit. s. t. te. l. | Ael. Dmitus vet. leg. $\overline{\text{II}}$ ad(iutricis) qui super vixit | annis LXXXX

---

277 CIL III 5277 add. p. 2285 (Celeia) **278** CIL III 8830 add. p. 2136 (Salonae) **279** CIL XIII 3033 (Paris) 3 vgl. CIL III 14309 5 vgl. Not. dign. occ. 41, 16 **280** CIL VI 13114 2 vgl. CIL VI 18378 (i. j. 165) *sarcofago aeterno* (acc.) zu *o* = *om* = *um* vgl. Di s. 263 ff **281** CIL X 3148 CE 1826 (Puteoli) 1 zu den formen der zahlwörter vgl. Di s. 191 ff 2 *cavum* (= *sepulcrum*) Mommsen: versehen statt *caro* oder eigennamen? Buech. *miserino*, wie CIL VI 26704 VIII 12794 De 8492 3 *c(arissimo) s(ibi)*? Mo **282** CIL VIII 19606 CE 1607 (Cirta) 17 f *solacium praestas* 21 *ultra*? *eterna*? Buech. **283** CIL VIII 2088 (bei Theveste) 13 vgl. CIL III 7553. 12377 und 6137 (nro 296) *titilo* **284** CIL VIII 15147 (Thignica) **285** CIL III 11076 (Pannonia superior) 3 *Hierapolis Cyrrhesticae*

286 Sex. Marcellus sibi et Claudiae | Sirice virgin[i]ae meae, | cum qua vixi annis XIIII | mensibus VII diebus VI. vibi sibi || posuer. quae perit annoro VI *zu beiden seiten* d. m.

287 d. m. | Cocceia | Felicissima | M. Dolutio || Crescenti coi|ugi bene meren|ti, con co vixi | annis XX, dul|cissimo fecit

288 d. m. | Vitalioni | posuit Maxi|ma coniux. || qui vixit co | ea annus XXIII. | posuit bene | mereti

289 I. o. m. | Senam (?) sac. | Aur. Vindi|cianus || co suis | v. s. l. m.

290 Antipatra | dulcis tua, | hic so et non so

291 Annaea | Soucεssa | mεmori|a fecit || Dεcimio Mesi|dio Felici an|noroum XV|IIII

292 d. m. | Successo | filio karis|simo Dexte||r figel(us) fe|cit

293 Herceli | sacrum

294 d. m. | M. Titurius Gai f. mil. leg. II Traianes chor(tis) III pil(i) prior|is natio(ne) Italus. coniux dilcissima eres | b(ene) m(erenti). εὐφόχι

295 Cesern(ia) Firmill[a] | v. f. sibi et Mar(cio) Lucid[i]|ano coni. an. XLIIII et | Marc. Lucido fil. an. || XL et Marc. Firminia[no] | mil. an. XXVII et Ulp. Sia | Lucio candi(dato) leg. II adi. | et Ulp. Procline niri et | Lucie et Mar. Iuliano an. VI || nepotibus

296 d. m. | Sises Mu|casenis | et Bendi || marita | posuoru | titilo fili|o suo Pars|anio. vixit || anos V

297 Ti. Claydio Thallo | Ti. Claydius Zosimus | iden Claydia Tyche | fecerun || bene merenti | patrono, | iden Claydius | Primitius, iden | Claydius Ianuarius

298 Aυr. Parasc[eυe] | hic est posta, [υix.] | ann. LX. qυi[us] | memoriam fa[br(icavit ?)] || υiυus marit[us] | eius Aυr. Isidoru[s] | quet Edasterius

---

286 CIL XI 216 (Ravenna) 5 vgl. CIL XIV 1419a V 896 II 3679 u. ö. **287** CIL VI 15921 7 sehr häufige nebenform von *cum* **288** CIL III 2702 (Tragurium) 5 *oui* der stein **289** CIL III 10833 5 vgl. CIL X 4915 **290** CIL X 2070 De 8161b (Neapel) 3 vgl. De 8162 mit anm. und CIL III 11827 VI 9258 **291** CIL VI 11691 add. p. 3509 **292** CIL X 423 (Volcei) **293** CIL III 14977 (Scardona) 1 vgl. VI 377 *fulgerator* **294** CIL III 6611 (Alexandrien) 3 vgl. *conigi congigi* u. ä., *aitricis* (CIL III 981), *anilum* (VII 140 nro 455) **295** CIL III 10289 (Pannonia inferior) **296** CIL III 6137 add. p. 1338 (Moesia inferior) 6 s. Di s. 287 7 häufig *contibernalis* (s. Thes. III 789, 70 ff) **297** CIL VI 15282 add. p. 3517 vgl. CIL VI 7393 *patryi* **298** CIL III 8935 (Salonae) vgl. CIL III 6594 7 *qui et*

299 d. m. s. | Eytycia | ann. XXII | pia in s(uis) | s. s. t. t. l.

300 d. m. | Valeriae Saturninae | Stratonicus conigi | b. m.

301 d. m. | Aurelius Nice|ta Aureliae Aeli|aneti filiae bene||-merenti fecit. | fossor, vide, ne | fodias, deus ma|gnu oclu abet, vi|de, et tu filios abes

302 deverticlum | privatum

303 dis manib. | C. H. C. | locus adsignatus | monimento, in quo est || aedicla Priapi. | in fr. p. LXX, in ag. p. LXX

304 d. m. | Agriae | annuclae | mesum III, || Cinnamis | mater infelix

305 C. Sar(renus ?) Acut|ius anu|clus et mes|u du(um) hic s. e. s. || t. t. l.

306 d. m. | Karo | Masuetí f. | Quartina || Materni fil. | auncio píissimo

307 d. m. s. | Q. Geminius Romanus, | qui vixit anis tre-deci mens. | tribus diebus viginti tribus. || sepelit M. Tettius Arator | anculus eius

308 [. . .]s Q. Caesutius Q. l. Trypo||[. . .] sibi et suis paren-tibus | [et . . .]e concubinae Tryponis | [et . . .] Hilaro anculo

309 d. m. s. | Octavius C|larus vix. an|n. XXVI. Felici||anus et Pot|osa et Felici|a anculo su|o amant(issimo) fecer.

310 dís man. | Claudi Erotis | Castresis lib. | fistlatori. || Claudía Hagne | con. b. m. f.

311 ossuarium | Vitli fart|oris

312 C. Iulius Sex. f. Cor. Postumus, Furius Berecundus, Furia Pietas. | M. Furius Telesforus titlum, qui perivit, itaque beneme|rentib. patronis noum titlum sua impensa restituit | C. Bel[l]icio Torquato et Ti. Claudio Attico Herode cos.

313 d. m. | Dasitasti. vixit | annis LXXX. Ann|a Sammonis coiux || et Aurelius Capito | eredes titlum | faciendum | cura-verunt | ex voluptate || testamenti

314 Iulia Tertia | Lucide lib|erte an. XVI | infelicisse||me titlum [p]os.

---

299 CIL II 2094 (bei Granada) **300** CIL VI 28273 3 vgl. CIL V 6114 XI 6260 VIII 5749. 19146 **301** CIL VI 34635^{a} 7 f s. Rossi Röm. Mitth. 1887, 60 **302** CIL XIV 4231 (Labici) **303** CIL V 3634 (Verona) 5 vgl. u. a. CIL VI 17349 *Seclaris* **304** CIL III 2162 (Salonae) **305** CIL II 5535 (Corduba) 2 ff s. Di s. 235 **306** CIL XII 3694 (Nîmes) 6 vgl. u. a. CIL III 14252, V 2395 (*avonclo*) und Thes. II 1607, 59 ff **307** CIL VI 19004 **308** CIL IX 998 (im ager Compsinus) **309** CIL VIII 3936/7 (Lambaesis) **310** CIL VI 4444^{a} add. p. 3416 (columb.) **311** CIL VIII 9432 (Caesarea) **312** CIL VI 20217 4 i. j. 143 **313** CIL III 4282 add. p. 1756 (Adiaum) **314** CIL III 3182^{b} (Dalmatien) 5 vgl. CIL VI 7967 τίτλον

315 L. Volusi[us A]|ntipa Her[meti] | vernulae, [qui] | vixit annis [. . .] || mensibus [. . . d.] | dobus

316 d. m. | Aurelia Di|gitia Sergia, | quae vixit || menses quat|tor dies XXVI

317 imp. Caes. Val. Constantino | p. f. invicto Aug., divi | Constanti pii Aug. filio, bono | reipubulice nato. || F(oro) C(laudii) Val(lensium) | XXIIII

---

318 imperatori Caesari Gaio | Valerio Δiocletiano | invicto Aug. | Δomitius Antoninus || v. p. pr(o) pr(aetore) δivotus nomini | maiestatique ηus

---

319 Semperusa h(ic) s(ita)

320 d. m. | Emele | Condite. | Marcus || Iuliu Eut|eces | coiug(i) p. p. | e(t ?) m(e)r(entissime ?) p(osuit)

321 M. Fulvius Ↄ. l. | Agatho | Fulvia M. l. Eurodice | oll. prívat. VIII

322 d. m. s. | Aelia Thiyce | Auc. lib. | pia vixit an. || LXXXXII. h. s. est

323 C. Um[b]rius Fuscus miles | leg. III Cyirinaecae | [Ↄ.] Iulii Iuli | v. [a. . . .] VIII

324 L. Titio Iucu|ndo M. Titia | Clyicenna p|atrono suo || fecit

---

325 [. . .] suum | mi[se]randa dolorem.
num|qua feci dolum neque duos | [rapio] tibi ama(n)tes.
oc migi indigne || positum (i)n pectore volnus: |
dulcem superstitui natum | miser(a)nda genetrix.
tert[ium] | liq(uit) miserae florentem condere saxso

326 P. Nonius P. l. Anoptes, | P. Nonius P. l. Malcio, | Nonia P. l. Callithuce

327 C. Septumio | C. f. Fab. | Clhoe P. s.

---

315 CIL VI 7318 (columb.) **316** CIL VI 13302 5 f vgl. CIL VI 13359 u. unter ‘zahlwörter’ **317** CIL XII 5519 (meilenstein) 4 vgl. CIL III 10955 *tempulum* **318** CIL III 14156^2 (Syrien) **319** CIL II 1329 (Baetica) *Sympherusa* **320** CIL XII 746 (Arles) 2 *Aemiliae* 7 *pp* = *pientissime* ? **321** CIL VI 5108 (columb.) **322** CIL VIII 12943 (Carthago) **323** CIL III 12071 (Aegypten) **324** CIL III 9364 (Salonae) 4 *Glycinna* vgl. CIL VI 10329, 16 *Nyissa* **325** CIL III 5295. 11709 CE 637 (bei Cilli) 2 *baettibi* oder *rae..lbi amates* der stein also 2 söhne blieben dem vater 3 *mihi* 4 *superstes fui* 5 viell. *tert[io]* acc. **326** CIL IX 4416 (Foruli) **327** CIL V 4721 (Brixia)

328 C. Terentio | Fusco | Cn. Turpili|us Sthepanus || heres et Cthe|tus libertus

329 (centuria) Thrupo|niana | p. XXIIII

330 d. m. | Quintiliae Callirohe, | quae vixit annis L. | Q. Quintilius Andronicus || coniux et Quintilia | Eufemia filia fecer.

331 Sex. Iulio [. .] | Atimeto | homini optimo | vixit annis XII || mens. IIII diebus XXIIII. | L. Apusius Euhemer | et Iulia Rodhope | parentes infelicissimi. | h. m. s(upra) s(criptum) h. n. s.

332 Macriana ɔ. l. | Chiteris v. a. XXVII. | Papus fecit

333 Ansi(us) Ephagaṭu[s]

334 I. o. m., | Ehrqul. invicto et Libɛr(o) pa(tri) | Auρ. Gais ɛt Aur. Ingɛnuϛ | sacɛr(dotes) ɛx vot. p(osuerunt)

335 d. m. | Egriḷio Veriano, | qui vix. ann. V et | mes. VIII dies XXI. || Egrilia Haprodite | fec. filio dulcissim.

336 d. m. | L. Va[l.] Quintilianus | fil. car. et pientissimo | L. Va[l.] Luciliano Luci filio, || qui abuit an. II m. VI d. XVIII

337 Anibas, salacs | filus, abis de | rebus meis, | abis asina || matrice, que | ill̈ic ades

338 sig. Genii | Namerius | Euprepes | magist. || astiferor. | d. d.

339 Silva|no erba|rio Sep|timia || Consta|ntina | v. s. l. m.

340 d. m. | Aur. Vitus tub(icen) coh. V pr. (centuria) Taeo|dori. vix. an. XXXVIII. mil. an. XV, | natione Trax, domu | Sergica. Asclepias | Elpiodote coiux | et Aur. Lucius frater | et con natus fuerit | de coiug. mea ered(es) || b. m. f(e)c(e)r(unt)

341 [. . .] marit[i] |
non potuit totos ter denos ann(os) sextunque | re(plere).
eu qu(a)ntus dolor est amissa coniuge kara. |
plus amor immentest animo lacrimisq. || incenditur ardor,
nulla datur requies | eretque in pectore volnus.
quam brebis innocuis | vita est. sic fata dederunt.

---

328 CIL XII 394 (Toulon) **329** CIL VII 631[a] **330** CIL XIV 1527 (Ostia) 2 vgl. CIL VIII 1858 *pihal(as)*, sowie *cohrtis* u. ä. z. b. II 4114, 20 u. sehr o., III 14387[a] *Philo[r]ohmaeo* **331** CIL X 1307 (Nola) **332** CIL VI 33602 (columb.) 2 *Cytheris* **333** CIL XII 5698, 3 (auf e. ehernen pfanne aus Nîmes) vgl. CIL XIV 722 *Phirro* = *Pyrrho*, III 11699 *Ephitinc(anus)* **334** CIL III 7681 (Potaissa) **335** CIL XIV 950 (Ostia) **336** CIL XII 230 (Antipolis) 5 vgl. CIL V 914 (nro 348) III 11827 **337** CIL VIII 20855 (Maur. Caesar.) 2 *filius habes* 4 f *asinam matricem* 6 *adest* **338** CIL XII 1814 (Vienne) **339** CIL III 3498 (Aquincum) **340** CIL VI 2570 8 f dem testament entlehnt 9 *ered(es)* allenthalben beliebte schreibung, vgl. auch *aeres* nro 114 ff **341** CIL VI 30125 CE 490 2 *rea* oder *rei* der stein 3 *heu*. vgl. CE 120 *eus* zu *kara* s. Vell. gramm. VII 53, 14 Thes. III 502, 37 ff 4 *imment est* der stein. s. Di s. 118 f 5 *haeret*. s. Verg. Aen. 6, 600. 11, 40

et li. lib. pos. eor. h(uic) m(onumento) d(olus) m(alus) a(besto.) | h(oc) m(onumentum) h(eredem) n(on) s(equitur)

342 d. m. s. | Iulia Victorina | ic sita est. trad|ita marito ano||rum XVIIII. o fat. | crudele. con | maritu fecit | annos II et mes. | II et (d.) XV. Iulius || Victor pater [. . .] itntunte (?)

343 d. m. s. | Magnius | Iulius sacer|dos vix. anis || LXXX, ic situs | ets. pio patri | fecerunt Pudens | et Oneratus

344 [manibus hoc] sacrum certa pieta|[te resol]vo,
oc donu eg(o) dulci|[ssimae] Feliciae filiisque sep|[ulti]s
Victorie et Iuliae dulcissi||mis fili[s].
nomaen viget ecce | vostrum in titulo clarum, |
donum nature meritis de | carmine s[i]gn[o].
[fel]ix e[cc]e solum te|[git h]i[c] duo nomina car[a],
[ux]||or te Felicia, [ad pla]nct[us . . .] | f[. . .] i[. . .]

345 dis m. Datus Feli|cis miles coh. II Sar|dorum, militavit | a. XV, vixit a. XXXX. || fecit Donatus | filius uius

346 Deo Magno | Conservatori | loci uius et | omnium suo||rum Aur. Teren|tianus votum | libens sol.

347 d. m. s. | Faustina, que vixit | annis XV. Magri|us Demetrius || coiugi, cum quem | vixit anum meses | IIII, Ampliatus frater | sorori bene meren|ti fecaer. unc m(emoriae) t(itulum)

348 d. m. | Fla. Augustalis | leg. pri. It[alic]es milita|vit annis V mes. VI die. || XII oras IIII. vixit annis | XLI mes. VII die. XV oras | IIII. abuit coniugem C|astorinam annis | VIII mes. III die. VI oras || IIII et filium Stircorium, | qui vixit an. III mes. VII d. I | et or. VI. supra vixit pater | die. XLVII. posuit titolum | Cas(torina) conp(ari) ca(rissimo) suo

349 Hectoris ex ortis | ossa hic sunt

350 d. m. | Q. Fufi|dius R|ufus || vixit a|nnis LX | omo lab|oriosus

351 d. m. | L. Valerio Maximo | Aurelia Mariame m|ater infelicissima et Fl||avia Marcellina coi|ux pientissima, cu|m

---

342 CIL VIII 9638 add. p. 2029 (Maur. Caes.) **343** CIL VIII 9768 (Maur. Caes.) 6 *est* **344** CIL VIII 9081 CE 593 erg. und verb. nach CE 582. 594 (= CIL VIII 9080. 9192) (Auzia) 1 erg. nach CE 592. 594 2 *hoc Novellus ego* CE 592, daher *oc Donatus ego* Wilmanns 4 *en n. v. e. tuum* der archetypus 5 vgl. Verg. Aen. 3, 287 7 etwa *[fideli marito]*, wie CE 592 *aviae dolenti* **345** CIL VIII 9200 (Mauret. Caes.) **346** CIL III 14242[1] (Salonae) **347** CIL IX 2880 (Histonium) **348** CIL V 914 (Aquileia) 9 *ora* auf inschriften mindestens so häufig wie *hora* 10 vgl. Altlat. inschr. 183 **349** CIL VI 6282 (columb.) 1 vgl. nro 381 und CIL IV 2776 **350** CIL VIII 6442[a] (Mastar) **351** CIL XI 3939 (Capena)

quo vixit an. XX | m. VIII d. VII, b. m. fe|c. trium cibitatium || o(mnibus) m(uneribus) onoribus fuctum

352 L. Calpurnio | Epaestioni, qui | v. a. X m. IIII. | Calpurnia || Anthusa | filio suo fecit

353 d. m. s. | Ermes | vix. annis | XXV, Iaci||ntus in|memori | fratri | karissimo | posuit

354 d. m. | Aconia | Numeriana | Tuschi filia || Caere. | v. (a.) X m. IIII

355 d. m. s. | Marchus | Lucceíus | Felix || v. an. XXV

356 d. m. | Valeriana | Valeriae filiae | charissimae || p. c.

357 L. Iulius T. f. | Chrescens | an. XIX h. s. e. s. t. t. | l. m(ater) f(ilio) p(onendum) c(uravit)

358 Cassia M. l. Calibe fecit | M. Cassio T. f. Pal. Fatali fil. suo | phíissimo et sibi et libertis libertabus | posterisquae eorum

359 L. Oppius L. l. | Olumphus, | Fulcinia L. l. | Dionusia, || Philoxenus | lib.

360 M. Tilli Blastei o. h. s. sunt. | Tillia Phsuche de su(o) [f]ecit

361 T. Vettidius Ɔ. l. | Phindarus | sibe et Vettid[i]ae | Phíale coníugi. ||
te lapis obsecro leviter | super ossa residas,
ni doleas | nostro conditus officio. |
in fr. p. XX, | in ag. p. LXX

362 d. m. | Erotis | L. Íulií Iulianí | Terphne || contubernalis

363 A. Varius L. f. Cla. Varro | centhurio leg. IIII, | Gavia Q. f. uxsor | ex testamento Seleucus l. || fecit

364 Virthus fecit

365 [d.] m. | G. Iuli Bla|ndi ann. | XVIIII m. XI || d. XX. Iulia Coimotho[e] | maritho

366 d. m. s. | Leptinia Festhiva | v. a. LII h. s.

---

352 CIL VI 5375 (columb.) **353** CIL VIII 3596 (Lambaesis) **354** CIL XIV 3313 (Praeneste) 6 oder *v(i)x.*? **355** CIL VIII 533 (Thala in Byzacena) 2 vgl. CIL VIII 540 *Marchia*, 4713 *Marchianus* **356** CIL XIII 2515 (Ambarri) 4 vgl. CIL XII 1717 XIII 3849 III 2959 (9992) u. ö. Rev. épigr. V (1904) p. 101 nro. 1585 *kharissimae* **357** CIL II 1019 (Baetica) **358** CIL XIV 783 (Ostia) **359** CIL IX 4418 (Foruli) **360** Ephem. epigr. VIII 504 (Capua) 1 *Tiïli* der stein 2 *Psyche* vgl. CIL XIV 3775 *Phothus* **361** CIL V 8485 vgl. CE 1474 (Aquileia) 2 vgl. CIL V 8706 *Ephagatus*, 8699 *Carphim( )* **362** CIL XII 3573 (Nemausus) 4 vgl. CIL XII 4673 *Phyrenaeus* **363** CIL IX 4123 (Aequiculi) **364** CIL VII 1336, 1190a (gefäßaufschrift) vgl. CIL VII 1336, 1191 **365** CIL II 3762 (Valentia) 6 Κυμοθόη **366** CIL VIII 5446b (Calama)

367 d. m. | L. Vibio E[l]encho. | vix. a. LXXX. | Vibia Ithache || c(oniugi) b(ene) m(erenti) f(ecit)

368 d. m. | Mesulena Anthioχis | Dionysiadi filie suae, | que vixit annis XV men. II dies || VIII

369 d. n. | Valentiniano | victori hac | triumpha||tori perpet[uo] | semper | Augusto

370 S(ilvano) S(ancto) s(acrum) | Hemil(ius) | Qinti|lian||us v. s.

371 d. m. | Excelsini l. | Niceta et Mate|rna coniux sanc-ti||ssima domum ha|nc haeternalem | amantissime fecerunt

372 d. m. s. | L. F(urio) Valeriano | Garfanio | natio||ne Hafre Fu|rius Ispartac|us fratri inco|parabili fecit

373 quat valeas abeas pascas, mul|tos tu habebes amicos.
si h|aliquit casu alite[r] aduxerit | aster,
aut ili Romai frater e||s aut tu peregre heris
et voc|as acliva. quo si tu non nosti amicos, |
adcnoscet homines aeg(er) quos n|o(n) pote sanus.
porta probat | homines, ibi hest trutina || ultuma vitai:
aspicent ex(e)quias | (ali)quis, ita ut quit evitant:
et pie|tas hilic paret et qui sit amicus. |
[b]eneficia absenti qui facet, ilic am||[icu]s herit

374 Titus Ambi|savi f. hanor. | LXXX h. s. | Uxela || Griponi | f. an. L

375 numini | Fortunae Folianensi[s] | pro salute Liberal[is] | Umbr(ius) Polytimus ac[tor] || haram donum dedit. | Verzobi, vivas [t]ibi et | tuis omnibus

376 d. m. | Antoniaé Domina[e], | vix. ann. XIX, Camu-riu[s] | Colo harm. III Lucifer. || coniugi santissimae et | Antonius Colo matr. | pientissimae b. m. fec.

377 v. f. | Q. Minicius | Faber | ab asse quesitum || $\overline{\text{VI}}$ vir

---

367 CIL VI 4407 (columb.) **368** CIL XIV 1347 (Ostia) **369** Ephem. epigr. VIII 246 p. 476 (meilenstein aus der Tarraconensis) 2 *ac* s. Thes. II 1048, 54 ff **370** CIL III 11308 add. p. 2328[40] (Wien) **371** CIL VI 17469 **372** CIL X 1974 (Puteoli) **373** CIL XII 915 add. p. 819 CE 470 (Arles) 1 *quad*, *quoad* vgl. Ov. trist. 1, 9, 5 und bes. Thes. I 1912, 28 ff 2 *astrum*, *genitura*. s. Buech.'s anm. 3 *illi*, nämlich *valenti habenti pascenti* 'der bruder als parasit' Buech. '*haeres* eher als *eris*' Buech. 4 *ad cliva* d. i. *asperitates rerum* (Hirschf.) 7 *aspicient exequias alicuius*, *sed maxime evitant neque ipsi eunt* erkl. Buech. *quis* = nom. plur.? *quit* = *potest*? **374** CIL III 13406 (Pannonia superior) 3 s. CIL VIII 16339 *hanis* (2mal) **375** CIL IX 2123 (Vitolano) 5 s. CIL VIII 5281 *Harnensis* **376** CIL X 3395 De 2883 (Misenum) 4 *harm(icustos) (triere) Lucifer(o)* **377** CIL V 7647 (im ager Saluzzensis) 4 vgl. CIL V 6623 *ab ase posit.*

Aug. | recuie et memoriae | diuturnae | Lolliae Severae | uxsori, Festae f., || M. filio, Salvillo f., | Messori f., | Flaviae Priscae uxsori. | P. Minicius marmuris | quram hegit. || i[n] fr. p. L, in ag. p. L

378 Pontius Leo se bivo fecit sibi | et Pontia Maia coius heius | fecerunt filio suo Apollinari bene | merenti

379 d. m. | C. Cluturius Filetion | Secundie Victorie | coniugi dulcissimae || inconparabili bene | merenti fecit, loco | concesso ab Aurelio | Aug. liberto Agapeto | et ab Ulpia Festa opti||mae feminae et ab | Aurelio Aug. liberto | Hermetiano filio | heorum, quorum beni|gnitate et pietate heo||rum accepta patronos | mihi atque sibi

380 Ve[ttius Sego]|ntius [Segon]|ti filius | ann. XXXV || h. s. hest

381 Fl. Dalmatius v(ir) p(erfectissimus) ex pro(tectore), | qui vixit ann. XL et Aur. Iulia conp(ar) dulc., | qui vixit ann. XXXV, ideoque hunc titulum | scripserunt:

quisquis he(ris) post me d(o)m(inus) laris huius || et orti
vicinas mihi carpe rosas, mihi lilia pone |
[can]deda q(ue) viridis dabit ortulus: ista beatum. |

[. . .] Volussius et Sabatia lib. posuerunt

382 d. m. | Porcia | Hextri|cata. v. a. || XXXXX. h. s. b(ene) q(uiescat)

383 d. m. | G. Lucilia | G. Severiano | filio pientes||simo posuit. | quem liber|tus suus | hoccidit

384 Maximus | Vibi fecit | fratri Rustico, | quem ostes ho||cidit an. XXXX

385 d. m. s. | Aemilius | Pudentianus | ann. XIII h. s. e. || s. t. t. l. Aemili|us Pudens | mil. leg. VII | gem. fel. | pater filio || piissimo fe(cit) | horco nequa

386 imp. Caesari | L. Domitio Aurelian. | pio f. Aug. invicto | p. m. trib. pot. cos. || p. p. | princ. iuvent. | hor(do) Sept(empedanorum) pub. d. d.

---

378 CIL VI 24724[a] 2 vgl. nro 107, CIL VI 35765 u. ö. **379** CIL VI 15860 De 8304 15 unverständlich **380** CIL II 5821 (im conventus Cluniensis) 5 vgl. CIL III 14503[1] u. nro 373 **381** CIL III 4185 CE 578 (Savaria) überschr.: zu *v. p.* s. O. Hirschfeld Die Rangtitel d. röm. Kaiserzeit SB. d. Pr. Ak. d. W. 1901 s. 584 f 589 f 4 *he. post. me. dm. laris* erkl. Mommsen 6]*dedasq.* der stein *ista* etwa *munera beatorum*, wie CE 432, 4 **382** CIL VIII 6243 (Arsacal) **383** CIL XII 1128 (Apta) 8 vgl. *hobitus* CIL VI 15405. 25977 III 14190 und nro 54, *horfanam* CE 537 **384** CIL III 3800 (Igg in Pannonia superior) **385** CIL II 488 (Lusitanien) **386** CIL IX 5577 (Septempeda) 6 vgl. CIL VI 17524. VIII 9967 *hordinatus*, CIL IX 259 *hornatus*,

387 L. Maelio Cerdo|ni L. Maelius Felix | et Maelia Syntyche | conliberto fecer. || et L. Maeli Secun|di patroni sui hosa | una colokarunt. | b. m. f. | et Euodus lib. cum eis || fecit

388 P. Aelius Longinus | (centurio) leg. Ī Minerviae | tabula posuí ex | hostensum deo||rum. positum | V idus Octobres

389 C. Selicius C. f. Men., | Selicia C. l. Flora, | Selicia C. l. Amoena, | C. Selicius C. l. Hurtica, || M. Tarquitius M. f. Pal. | Aquila vi. annis XXVI, hic | conditi [s]unt

390 Geminia | Hapate | hic sepulta

391 d. m. | C. Pomponio | Heraconti | dulcissimo || M. Ulpius Hera | et Valeria Sa|tornina pa|rentes harchi|tecto [f]abro || nabali optumo, | vixit annos XXV

392 Heclecte | ann. XXV | h. s. e. s. t. t. l.

393 d. m. | M. Aur. Aug. lib. Philetus | prepositus unctor. | et proc. fari Alexan||driae ad Hegyptum sibi | et Phileto fil. et Tyche | coiugi sue et lib. lib. | poster. q. eorum

394 d. m. | M. Antonius | Heutucas An|tonio For||tunato sta|tori Augusto|rum alumno | benemerenti | fecit

395 d. m. | d. m. s. L. Va|lerius Heu|tices vix. an||nis LXXI. Geb(onia?) | Silvana co|niux fecit

396 dehe sancte Iunoni ex | reg. Marcianopolita|ni cives posuerunt

397 d. m. | Iulia P. Pistor | C. D. cohiuugi | b. m. vixit an. I[. . .] || dies VI o(ras) II

398 [. . .]rtius Gi[. . .] | [C]orinthus Iuliae | Chaeteni libertae | mehae píentissímae. || in. [f.] p. XV

399 d. m. | A. Furius Lucius et Hos|tilia Onesime fecerunt sibi et suis libertis || libertabusquae posteris|quae aeorum. huhic monu|mento dolus malus abesto

400 dis m. | Rufus Acci|liae Athena|hidi coiugi || bene mereti | fe[cit]

---

honeribus (nach *honoribus*) CIL X 4559. 5200. 5348 u. o. **387** CIL VI 21800a **388** CIL VI 31169 3 f *ex* c. acc. s. Di s. 31 ff **389** CIL VI 26132 add. p. 3533 **390** CIL VI 4960 (columb.) **391** CIL VI 33833 De 7735 **392** CIL II 5044 (Baetica) 1 oder *H(erennia) Eclecte*? **393** CIL VI 8582 De 1576 5 s. Thes. I 1535, 11 ff **394** CIL VI 32744 **395** CIL VIII 4105 (Lambaesis) **396** CIL VI 32583 **397** CIL VI 20611 **398** CIL XII 5019 add. p. 853 (Narbonne) 4 vgl. *pihi* CE 541, 11 6 *f*: *e* der stein **399** CIL VI 18773 6 vgl. CIL VI 7308 *huhic* = *huic* statt *hunc* **400** CIL VI 25583

401 d. m. | Aur[e]l. Filocurius fecit se bibo | sibi et Ulp. Eupropie coiugi me|moriolam cum ortulo sumiacen||te, subus libertis libertabusq. | posterisq. eorum. | εὐψύχι

402 Trebellia Ↄ· l. Tertia | sibi et | Siliae L. et Ↄ· l. Feliclae delicio | libertabusque suis ita, ne quis ubi || ego conquiesco comurat aut cineres | suas ponat. (qui) quae adversus fecerit, virginibus | damnas esto D. HS ↀ [h.] m. h. n. s.

403 [. . .]o ar[.] lai[. . .] | in canapa leg(ionis) | interfecto a bar|baris. Mar(ia) Salbia v(iva) f(ecit) || con. kar. et sibi, et Aur. | Ursa El(io) Leonati con(iugi) | kar. o(bito) a. LXX, interfecto | a barbaris, v. f. et sipi

404 d. m. | Victor qui vix. | ann. uno et m. VIII d. II. | Rentius vimatus d(ierum) || VIII. duobus frat|ribus fecit mater

405 Primus Aug. | lib. fecit sivi | se vivo

406 d. m. | Iulio Grumenti|no Iulia Ge|mella fecit || coiugi bene ne|renti, q. vixsit | annis XL m. II du|ovus

407 d. m. | Aurelius Vitalio hanc memoriam | cum solario et cuviculo a solo fecit | sibi et Aeliae Sofiadi coiugi suae et || filis suis, et Aurelio Mercurio fratri | suo cum filis suis, et Aurelio Berne cum | suis, et Ulpio Secundino cognato meo | cum filis suis, meis fratribus, | et libertis paternis et libertab[u]sque || sed et meis posterisque homnium | aeorum et quibus me vivo loca | donavi, iuveo itum amvitum | universos abere. et hoc peto | aego Syncratius a bobis unibersis || sodalibus, ut sene bile refrigeretis. | Syncratiorum

408 sig(num) imdeprehensivilis dei G. Valerius Heracles sacerdos s. p. p. | L. Sextius Karus et ( )

409 Sarenus Valeriu[s et] | Sarena Maxima filio | dulcissimo Valent|iniano m. fecerunt, || qui vixit annos V d. XXX. | acervo funere lapsus

410 d. m. | Abidia Cres|centilla | mater Su||pervae fili|ae suae, que | fuit an. VI, | fecit

---

401 CIL VI 13102 De 8089 6 s. Rh. Mus. 62 (1907) 404 f **402** CIL VI 27593 5 vgl. CIL VI 26215 XIV 850 7 [*h.*]: *II* der stein **403** CIL III 4850 (Virunum) 8 vgl. CIL III 14292 *depetis* **404** CIL VI 28910 3 überl. *uiiio* 4 = *bimatus.* vgl. Thes. II 1990, 59 ff **405** CIL VI 25000 2 wie CIL XIV 645 **406** CIL XIV 1151 (Ostia) 7 f viell. *me(nsibus)* oder ⟨*d(iebus)*⟩ **407** CIL XIV 3323 De 8090 (Praeneste) 6 *Vernae* 12 *iubeo* 13 ff s. Rhein. Mus. 62 (1907) 394 ff 14 zu *sene bile* s. Thes. II 1988, 59 ff **408** CIL XIV 64 (Ostia, unter einem Mithrasopfer) **409** CIL V 2013 (Opitergium) 4 *m(emoriam)* oder *m(onumentum)* 6 vgl. CE 80 CIL VIII 21585, 21590 und Thes. I 368, 30 ff **410** CIL V 2187 (Altinum)

411 Olus Hirtius Bubalus | locu deded donavit Hrtia|e Ciratae. ne qui velet inter|belar(e) ea. Olus Aceronius (*sc.* posuit)

412 [d.] m. s. | [Ȧu]relia Ca[l]burnia Serapias | Petronío Fírmino coiugí | merentib. memoriam || fecí. qui bixit anis n̄(umero) XXXII, | menses n. X [d]iebus XXVI. | cum quem co. beme bixi annis | XVI

413 d. m. | Broba coniux | Ectori mari|to bene meren||ti posuit

414 [. . .] | [. . . ma]rito ben[e] | [meren]ti bosu[it]

415 d. m. | *darunter a* Plac|idae | viba | sibi || p(o)s(ui)t *b* Matu|tin(o) | Placi|da co||ntub|erna|li obti|mo p(o)s(ui)t

416 G. Claudi|us Roman|us ann. LXX | ibse fecit si||bi et Aure. | Romanae | coniugi

417 Vibpsaniae Severae, | Vibpsanius Vales | aunculus et Vibpsania | Capriola nutrix || b. m. f.

418 d. m. s. | Iuliae | Eracliae, | vixet an. XXVII, || ex die numtiale | suo fecit mecum | anis X. Iul. Martialis | marite dulcissi|me fecit

419 d. m. | Val. Secundino | mil. leg. II adi. n(atione) Pann. | qui bixit ann. XL, || mil. ann. XV, | comanuculi sui | v(ene) m(erenti) f(ecerunt)

420 M. Attius Cas|tresis pius vi|xit annis LXXXV. | otimo patri || fecerunt | fili

421 d. m. | P. Bes(io?) Bitali Q. Lucilius | Primitibus et Valeria | Saffo amico optimo

422 d. m. | Valeriae Berecundae íatromeae | regionis suae primae, q. v. ann. XXXIIII | m. VIIII d. XXVIII. Valeria Bitalis filia || matri dulcissimae et P. Gellius Bitalio | coiugi sanctissimae b. m. f(e)c(e)r(unt) et sibi. | et Gellio Chresimo fratri et Iuliae Chre|ste sorori — et ego Bitalio Chresten s(upra) s(criptam), | quem vice filiae attendo — et liberis || eorum hoc monimentum et loci sca|lare cubiculi superioris f. c. et lib. lib. q. | p(os)t(e)r(is)q. eorum. Petrei bibas

---

411 CIL VI 7093 (columb.) 3 f *ne quis velit interpellare eam* **412** CIL VI 13292 **413** CIL VI 25067 **414** CIL III 13079 (Salonae) **415** CIL XII 2762 (im ager Volcarum) 7 f vgl. CIL VI 28052 *obtabilem*, III 14136[1] *Aegybti*, 4802 *Ulbius* u. v. a. **416** CIL III 3914. 10785 (Pannonia superior) 4 vgl. CIL III 5974 *ibsius* **417** CIL IX 3040 (Teate Marrucinorum) **418** CIL VIII 21241 (Caesarea) **419** CIL X 1775 (Puteoli) 6 vgl. Pomp. wandinschr. nro 221 **420** CIL VIII 466 (bei Ammaedara) 4 vgl. CIL VI 22579 *scriserunt*, III 5955 *scaltae*, IX 2125 *scultum* **421** CIL VI 4532 (columb.) 2 oder *Ves( )*? 4 vgl. CIL VI 20354 *sene phraude* **422** CIL VI 9477 7 ff sind partieweise nachträglich zugefügt 8 *et ego* — 9 *attendo* unterbrechen den tenor

423 M. Aureli Marciani | et Baleriae Feli|cissimae coiugi et | libt. libertabusquae suis poste|risquae eorum, et Valeriae Marci||anae filiae, et Aurelio Marciano | marito eius, et filiorum eorum. h. | m. si quis bendere boluerit bel | donare, inferet in aede Saturni | (sestertium) L. m. n.

424 Cattia V[. . . sibi] | et libertis [lib]ertab|usque suis pos[te]risqu[e] eorun. hoc monimen[t.] || sive sepulcrum ortu mac[e]|ria cintu bel aedificium is q|ui boluerit bel bendere bel d|onare bel feduciare, da[bit] | rei publice Puteo(lanorum) HS L [m. n.]

425 d. m. | Demetrius Aug(usti) dib(i) bibus fecit sibi et Ulpiae Creste | coniugi benemerenti et Flaviano Aug. lib. filio et | filis suis et libertis libertabusque posterisque || suis. si quis donationis eorum aea monumenta cum aedificis sui | causa dederit sive vendaere voluaerit, infaeret aerario populi Roma|ni sestertia centumilia nummum

426 de nil in nil, qui | bidit boni nil. | bixit an. II m. III | di. XXI or. III. fe||cit Innoceti | mater et pat. | [fr]atr(es) dixe(runt), tu | [no]bis bibes

427 in cellario domnorum | Lolliani et Candidi $\overline{\text{cc}}$. $\overline{\text{vv}}$. | ex saltu Marcianensi | olibarum columbarum

428 si quit bis facere, te bibo fac dulci[ter]

429 d. m. | C. Domiti Primi. |
hoc ego su in tumulo Primus notissi|mus ille.
vixi Lucrinis, potabi saepe Fa||lernum,
balnia vina Venus mecum | senuere per annos.
hec ego si potui, | sit mihi terra lebis.
set tamen ad Ma|nes foenix me serbat in ara
qui me|cum properat se reparare sibi. ||
l(ocus) d(atus) fun[e]ri C. Domiti Primi a tribus Messis, Hermerote, Pia et Pio

430 Valerio Frume|ntio v. p., patro|no et defesori, | abitatori cibitatis, || qui pos multum | temporis aeditio|nem debotionis |

---

423 CIL VI 13150 De 8225 vgl. CIL VI 28052 6 f *h(oc) m(onumentum)* 8 f De vgl. CIL VI 35243. 35283 **424** CIL X 2244 (Puteoli) **425** CIL VI 16809 5 f man erwartet *si quis aea m. cum aed. suis d. e. causa d.* **426** CIL VI 29884 1 f vgl. CE 1495 **427** CIL XV 4855 (aufgemalt auf e. amphora) 4 vgl. CIL XV 4803 *olivas colonbares*, nach einem ort benannt **428** CIL XIV 1874 CE 189 (Ostia) eleganter *vivo te* **429** CIL XIV 914 CE 1318 (Ostia) 4 nämlich *ostreis* vgl. Mart. 6, 11 *tu Lucrina voras* 5 vgl. CE 1499 **430** CIL XIV 2080 De 6186 (Latium, III/IV jh.) 6 *editionem devotionis*, einem

renobabit et ite|rabit, pro meri||tu m[unifice]ntie | sue ordo cibes|que Laurentum | L. L.

431 parbi sepulcrum corporis |
parentum non botis datu, |
quod fata properis cursibus |
rapuere lucis usibus. ||
si nomen queres, qui leges, |
mensem priorem cogita. |
si qui fecerunt queritas, |
parentes dixi, sufficit

432 d. m. | Naebio Faus|to militi cl. pr. | Misenatium, || g(ubernatori) III Salute nati|on(e) Italico, qui | vix. annis XXII m. | V diebus XIII, milit|abit annis VII. Nae||bius Saturninus | milex fratri | inconparabili | b. m. f.

433 Saturnio | Gabini serb. | v. a. XXXIIX. | h. s.

434 deo Iobi | prestabili | P. Staius | Eutychi||anus

435 salbo soda|licio Feli|x Heliodo|ri v. s.

436 ex pre. Fav. opus doliare | A. Calpetan. Berna

437 nectareos succos, Baccheia munera cernis
quae bitis genuit aprico sole refecta

438 invidi qui|i civis hoc ca|cafit anus: | eris (*ein nach rechts gewandter phallus*)

439 C. Iulius C. l. | Barnaeus. | olla eius si qui ouuio|larit, ad || íferos non recipia|tur

440 C. Memmius ɔ· l. | Eros Sex. Pompei | curatoris iter. paíment.

441 *a* C. Iulius Rodo fecet | de suo pementu *b* T. Flavius Alcimus | de suo pemntu fecet

442 d. [m.] | Titus Flaius, | qui vix. annis | XXVIII m. X. Fla||bia soror fecit | de suo iib.(?) b. m.

443 d. m. | Vibia Crispina se via iecit | sibi et Aurel. Sentiano filio | e(t) libertis libtab. o. || posterisq. iorum

---

kaiser zu ehren 13 *L(avinatium)* **431** CIL X 4183 add. p. 976 CE 222 (Caserta, aus junger zeit) 2 vgl. nro 270 CIL III 1677 6 gemeint *primum*, näml. *Ianuarium* **432** CIL X 8119 (Picentia) **433** CIL IX 179 (Brindisi) **434** CIL IX 1498 (im pagus Veianus) 1 vgl. CIL III 14838 *iubeni* **435** CIL V 8254 (Aquileia) **436** CIL VIII 10475, 22 (ziegel) **437** CIL III 188 add. p. 972 CE 280 (Syrien) 1 vgl. Thes. II 1666, 49 ff 2 zu *vitis* vgl. Buech. Adamant. gramm. VII 170 **438** CIL III 14599^1 (ziegelgraffito aus Moesia inferior) 1 f statt *qui* 2 f *huc cacavit* = *cacabit* vgl. CIL III 14975 *fixsit* dsgl. VIII 3521. 20505 u. ö. 4 d. h. *fututus* **439** CIL VI 19873 5 *I* mit apex **440** CIL VI 4419^a (columb.) 3 vgl. CIL VI 17124. 17524 **441** CIL VI 17987 **442** CIL XIV 2379 (im ager Albanus) **443** CIL VI 7761 (columb.) 2 oft *vius* = *vivus* verb. *fecit* 4 *o:* verb. *q*

444 [. . .] | Aur. Adsula mil. coh. V pretorie | fratri benemeren., | qui mecu laborait | an. XII et Fruninone || est in barbarico

445 d. m. | Titullinia | Pussitta | cis Raeta || vixsit | annos XXXV menses VIII dies XV. | Tu[. . .]

446 Faor

447 d. m. | Cancilus | Virono | aunculo || suo Segis|ami f(ilio) Va(diniensi) | an. XXXV. | h. s. e.

448 d. m. s. | L. Tullio Felici, | vixit anos XXV | meses II dies XVII, || discens aquiliferu | leg. III Aug., memorie | eius posuit L. Bon|cius Secundus, | aunculo

449 P. Florius | Optatus | víus sibí et | Rufriae Prímae

450 annum noum faustum felicem mihi

451 Valerius Valer[i]anus | eq(ues) lib(rarius) chor(tis) I His(panorum) ex oto pos.

452 m. d. | Macia Succes|sa Quarto | coniugi bene||merti posu|vit

453 d. m. | Ael. Vitalis, | qui vixit ann. | p. m. XIIII, Aur. Ianua||rius mil. leg. Italic. | et Quirilla mater | parentes filio | infelicissimo | miserrimo || posuverunt

454 d. m. | T. Flavi Augustali | tabulari a mune|ribus. filia at||optaticia censi(ta ?) | Flavia Álexandr. | fecit coniugi | Abineo se bibos | et alumnae || Flviniae Atticen(i) | et Flavia(e) Maxímin. | vernae mae. | evos possederi | dbere ita nequ(e) || vendant nequ(e) | done(n)t

455 devo | Nodenti. Silvlanus | anilum perdedit. | demediam partem || donavit Nodenti. | inter quibus nomen | Seniciani nollis | pe[r]mittas | sanita|tem, donec perferat || usque templum No|dentis

---

444 CIL X 216 De 2047 (Lucanien) 3 *laboravit* 5 vgl. Thes. II 1733, 55 ff **445** CIL VII 972 **446** CIL XII 5682, 43 (auf e. leuchter aus Arausio) vgl. CIL III 10440 (i. j. 259) *faoribus* **447** CIL II 5713 (leg. VII gemina) 4 vgl. CIL II 5718 **448** CIL VIII 2988 De 2344 (cippus aus Lambaesis) 5 f vgl. auch CIL VIII 2568, 22 **449** CIL IX 5392 (Firmum Picenum) **450** CIL IX 6081 (auf e. leuchter) 1 vgl. z. b. CIL IX 748 *aus*, wie in zahlreichen fällen statt *VV* = *vu* nur *V* in appellativen und eigennamen sich findet **451** CIL III 12602 (silberplättchen aus Dazien) 2 *voto* **452** CIL IX 3868 (Supinum) **453** CIL III 8719 (Salonae) **454** CIL VI 33981 2 *Augusiali* der stein 4 f *adoptaticia* 5 'vielleicht als adoptivtochter mit dem vater anlässlich des Flavischen census eingeschätzt' Mommsen 8 statt *se viva* oder *vivis* 10 *Fulviniae* 12 *m(e)ae* oder *mae(ae)* 13 ff *eos possidere debere* (näml. *monumentum testamento cavi*) *ita uti neque.* zu *evos* vgl. CIL VI 20137 *aevorum* 15 *vendane* der stein **455** CIL VII 140 (metallplättchen) 2 statt *Silvanus*? 8 *petmittas* die platte

456 Erchul | sagrum

457 d. m. s. | Erenius | Aufidius | fixit ano||s LXXX *daneben* Iulia m|egum v[ix]|it an. L[. . .]

458 D. Giamillio Ta[gi . . .] | et Vacciae Ve[. . .] | goniugi Tagi[a ?] | Matrona fili[s ?] || fecit

459 d. m. | coiugi suo | Domitia [Q]ui|nta Eutugi||o merenti, qui | bixit an. CV m. X, | bene m. fec.

460 d. m. s. | Domitio Iu|liano, vixit | annis XL, || Aemilia Spe|nika marito po|suit dulk(issimo)

461 Medalus fek(it)

462 Antonia | Soteris M. Ant. Avi l. | ave, bene quiesque | sequra

463 [C]ulcia Iucunda hic adquiesquit

464 Spinter D. Po|mp(e)i Leti servos h|ic quiesquit

465 Ti. Claudius | Eutomus, Partheni | Aug. liberti | a quibiclo libertus, || fecit Carithe bene | merenti suae | carissimae, vixit | annis XVIII

466 T. Decemi | T. l. Philo|niqui

467 d. m. | Ant. Filo|quirius | Aug(ustalis) col(oniae) || Aqu(inci) Vib(iae) | Serapie

468 Quoelia co|iux eius an. | LV hic. s. ti(bi) t. l.

469 Iulie Valerie coliuci Que|lius Euvelpistus, que v|ixit mecum concordi|ter annis XVIII

470 Iovi tutori | Q. Veturius Secundus, | A. Libius Hilarianus | quaglator et curator || donu daeder. | cultoribus

471 Aqutia | Zosim|a

472 d. m. s. | Aelius Hermadio Aug. lib. | et Aelia Candia memorriam | fe(cerunt) Elio Hermetioni et Aeli(ae) Felici||tati patronis bene merentib|us comparaveraverunt, ite|mque sibi suisque omni|bus libertis libertabusq|ue posterisque aeorum, || quius loci aria longa | p. XII

---

456 CIL XIV 3571 (Tibur) *Herculi sacrum* **457** CIL VIII 20505 (Mauret. Sitif.) 2 *Irenaeus*? schwerl. *Herennius* **458** CIL XIII 3456 (im ager Remorum) **459** CIL VI 17034 3 f *ouinta* der stein **460** CIL VIII 3577 (Lambaesis) **461** CIL III 12014, 381 (gefässinschrift aus Augsburg) vgl. CIL V 3555 **462** CIL VI 33389^a (columb.) **463** CIL X 2354^b (eingraviert auf e. bleivase) **464** CIL XII 460 (Marseille) **465** CIL VI 8761 add. p. 3463 De 1736 2 f *Parthenius*, der mörder Domitians? (Mommsen) 4 *cubiculo* 5 *Charite* **466** CIL XIV 3507 (bei Tivoli) **467** CIL III 3402 (Campona in Pannonia inferior) **468** CIL II 5698 (Legione im conventus Asturum) **469** CIL III 2406 add. p. 1509. 2135 (Salonae) **470** CIL XIV 25 (Ostia) **471** CIL VI 5991 (columb.) **472** CIL VI 10718 add. p. 3507

473 Priscae | Terentiae Q. f. | loqus | hic est et || Quartae Tere|ntiae. in f. p. | XII

474 Volkano | et Erquli | C. Cassielcus | Martialis || voto

475 impp. L. Sep. Severo | P. Pert. et M. Aurel. | Antonino Augg. | et P. Sept. [Geta] Caes. || horreum n(umeri) N( ) | quura acente | Aiacio Modesto

476 [d.] m. v(ivit?) | Marqus | Sossius | Quetus. || vixi XXXXI. | h. s. e.

477 d. m. | Sept. Iunile | coniugi kare, q. v. a. XXV. | P. Aelius || Constas | qustor armor. | leg. II adiut. | vius sibi fect | et Consatine || filie | o c i (?)

478 C. Septumius | T. L. l. Charito | qulínam | d. s. p. f.

479 [T]oncius | [T]oncetami | f. miles | sicnifer || coh. II Lus. | Viqtoriae | v. s. l. m. | Ardunnus | Comini f. fe.

480 Fl. Magniano protectori con|pari carissimo Sever. de proprio | hunc sarcofagum conparabit | eundem solidis XV tantum, et se in || eodem una cum filia sua condi | permisit. si quis vero temtaverit | in eodem sartofago ponere | aliut corpus, inferet fisci viri|bus auri pondo duo

481 [. . .] | leg. I aiutric(is) | b(eneficiarius) cosular. | vixi anos | XXXX stup. || XXII. M. Vlpiu | Artlaus fra|ter et eres pie||[ntissim . . .]

482 [. . .] vi[. . .] | [. . . c]enturio [. . .] | [. . .] Aeliae Gau-[denti]|ae zoniu[gi . . .] || [mem]oriam [. . .] | [. . .] pii[. . .]

483 d. m. | P. Samentius Iuliae | Euteniae coníugí | santisímae fecit

484 daeo san|to Silva|no sacr|um. C. Iu||lius Cry|sogonus | v. s.

485 d. m. | Iulio Severi|anus defunt|us annorum || IIII messe. VIII | dierum XVIII. | Iulius Maxx|iminus Val. | Valeriana pa||rentes infel|icissimi filio | posuverunt

---

473 CIL V 3772 (Verona) **474** CIL V 5510 (am lacus Verbanus) **475** CIL XIII 7441 (in der nähe der Saalburg) 7 *Q. Aiacius Modestus Crescentianus* legat von Germania superior (vgl. CIL XIII 7417) **476** CIL VIII 6622 (Mastar) **477** CIL III 3399 add. p. 1690 (Campona in Pannonia inferior) 11 *ci* in *o* **478** CIL III 2811 add. p. 1035 (Scardona) **479** Ephem. epigr. VIII 14 p. 360 (Lusitania) **480** CIL III 8742 De 8249 (bei Salonae) 7 vgl. CIL VI 8429. 29975 f. 36590 X 3168 **481** CIL III 11240 (Carnuntum) 6 vgl. CIL VI 647 *Astlas* = *Asclas* **482** CIL III 12894 (Salonae) **483** CIL VI 25854^{b} 4 vgl. CIL VI 7393. 10281. 24537 XIII 2189 u. v. a. **484** CIL V 8136 (Pola) 1 f vgl. CIL IX 2305 III 14424 u. o. **485** CIL XII 1416 (Vasio) 2 f verb. *Iulius* 3 f vgl. ausser vielen andern beisp. CIL XIII 783 VIII 2402 VII 126 sowie IX 5906 *cunti* X 1251 *debinti* = *devincti*

486 dis manibus. | Flavia Aepitesis | T. Flavius Eucarpus | choiugis || vene merneis | fecit

487 Otavio Graphi|co benemerenti | fecit | Catecusa. con||tubernali posit | memoriale sit | qui vixit anis | [. . .] XXXIII

488 Iunia M. f. Frutosa, vix. | annis XXII mesibus | XI, h. s. e. | Pleminius Dona||tus uxori carissime | posuit

489 d. m. s. | M. Ulpius Adau|tus v. a. LXX, | coní. dulcíssi||mo fecit

490 d. m. s. | L. Iullius | Vitor vix. | an. XI[. .] h. VIS. || parentes | fecerunt

491 d. m. s. | hi iacet | Laetus | annorum || XXV pius in | suis. colle|gium urb|anum ei | posuit. h. s. || e. s. t. t. [l.]

492 d. m. | Silvanus Leve|ti fil. lib. liber. | pos. eor. || ius habens hui | monimento

493 Vettiena [. . .]a T. Annio C. [f.] Optato. | filio pientissimo carui anorum XVI m. | VI d. VII. quod fas non fuit, monimentu|m feci: quod in[p]re[c]a[bo] superos et ifer||os. quisque hui iugero loci et edib. | iniuriam fecerit, tales dies ex|sigat quales ego III, pr. nonas Iuni|as. d. m.

494 Iuniae M. f. | Iucundae M. | Iunius M. f. | Successus et || Laelia L. lib. Ursula | imfelicissimi parentes | pientissimae filiae | et C. Refidius | Gemnus uxs. p. || vix. an. XVI me. VIIII d. du(o). | cot fata propostera fuerun, | debuit in ho titulo mater | ante legi

495 uxor feit | marito suo | bene merent. | t. f.

---

496 d. m. | Modiariae Alcyone coniu|ci b. m. fecit C. Iulius Car|pus et sibi et Claudiae Eu||terpe coniuci

497 d. m. | Purricina Iu|veni provocanti co|iucii benemerenti || fecit, qui vixit an|nis XXI, [i]n ludo a|nnis IIII: pucnas | V

498 d. m. | C. Iulius Simplicius | fecit Caeliae Clau|ceni coniugi suae || benemerenti. Clauce, | habe, vene valeas, | qui me salutas

---

486 CIL VI 18327 2 *Epictesis* 4 f *coniugi benemerenti* **487** CIL IX 154 (Brindisi) 5 *memoria(m). h(ic) sit(us)* verm. Mo **488** CIL VIII 387 (Ammaedara) **489** CIL VIII 4157 (Lambaesis) 2 f vgl. Thes. I 571, 53, *Autus* II 1236, 10 ff **490** CIL VIII 18419 (Lambaesis) 3 vgl. *invito* = *invicto* nro 16 **491** CIL II 3244 (Tarraconensis) **492** CIL VI 26584 **493** CIL IX 5813 (Potentia) 4 *iniretasq.* las Mommsen: oder *in[c]re[p]a[bo]* 5 desgl. CIL VI 34124 X 7297 **494** CIL IX 3058 (Interpromium) **495** CIL III 2627 (Salonae) 1 vgl. CIL III 4458. 6010, 169 **496** CIL VI 5448 (columb.) **497** CIL V 2884 (Padua) 3 vgl. Cic. Sest. 134 3 f sehr häufige schreibung aller orten 6 *tn* der stein **498** CIL XIV 1169 (Ostia)

499 L. Naevidius | C. f. Fab. VI vir | Aug(ustalis) sibi et | Vitali, Faustae, Cnomini, || Fidae libertis | t(estamento) f(ieri) i(ussit).

deinde hoc elogium breve. |
[diu viven]do multa vidi incomod(a) |
[apto requievi f]essus aevo tempore

500 have Naeví, | salvos sís quisquis | es. | Cn. Naevio || Diadúmeno | vénáliciário | graecário

501 Pompeiae | Epacathi | L. Terentius Fur|nus maritus et L. Te||rentius Rufus | f. c.

502 d. m. s. | Bombia Ro|cata Tuti f. | h. s. e.

503 scutu, spata, puc|ellares arc[en]t|o tectas imp. d. n. | (M)ax(imiano) Aug. et Ma(ximiano) [C(aesare)] || cos.

504 d. m. | Aur. Maximine | que vixsit an|nos quinquaci||nta coniuci d|icnissime mari|tus p(o)s(uit)

505 Q. Iul. Apri civis Lugdun. IIIIII vir. | Valentiae, qui vixit annos | XVII m. VIIII d. XXVII, corpus | hic quiescet. mesoleum Vindau||scia Euvanielis mater fecit fili|o dulcissimo e[t] sub ascia dedicavi(t)

506 d. m. | P. Coel(io) Qaude[n]|tio infanti infe|[licissimo . . .]

507 Aelia Nona|na Lucillae sin|num posu|it ovitae

508 d. m. s. | hic abitat Me|via Victoria, qe | at superos sinnu || abebat Cassan|dra. b. m. f.

---

509 dom. eternal. | Ael. Felicianus Aeli(e) | Romane filiae pater | non merenti feci || super tale clavum, | qem mi reliquisti | sola qe me desolas|ti. vale virgo dulcis, | q. v. a. VI m. III d. V. || bene quescitae

510 d. m. | Q. Petronio | Ianuario, qi vi|xsit an. XVIIII. Q. || Petronius Ampl|iatus et Camuria | Priscilla filio | b. m. f.

511 Ael. Alexandriae | inf(e)l(icissimae) virg. qae | vixit ann. pl. m. | XV. par(entes) inf. infe||lic. filiae memo|riam

---

499 CIL V 4445 CE 142 (Brixia) **500** CIL XII 3349 (Nîmes) 7 d. i. *gregario*. vgl. d. anm. Mommsens **501** CIL II 5227 (bei Lissabon) **502** CIL VIII 7947 (Rusicade) **503** CIL III 14433^{1} (Moesia inferior) 3 ff i. j. 297 **504** CIL III 2234 add. p. 1509 (Salonae) **505** CIL XII 1751 (Valentia, II/III jh.) 5 *Euangelis* **506** CIL III 9009 (Salonae) **507** CIL VI 10944 add. p. 3507 1 f viell. statt *Nonna* **508** CIL IX 2893 (Histonium) 4 vgl. Rhein. Mus. 62 (1907) 390 ff **509** CIL VI 10703 5 *clavus*, symbol der *Necessitas*. hier der schmerz über den unvermeidlichen tod 6 *que* oder *quae*. vgl. CIL VI 10238 *qis* IX 1969 *qa* III 14799^{1} *qot* u. v. a. **510** CIL IX 1481 (Ligures Baebiani) **511** CIL III 8862 (Salonae)

512 d. m. | Supero fra|tri T. Aureli | Valentini tu||rma Aticami | eqi(ti) sig(ulari) Aug. nos. | cura egit | Dasius tur|ma Severi

513 d. m. s. | Annio Primo | iun(iori) Qir. eqiti | Romano one||ste gravitatis, | morum R(omana?) sinp(licitate) | consacratus. | vix. an. XXVI | [. . .] Ianuarius. || Saxenti [h]av[e]

514 Dannicus eqes alae | Indian(ae) tur(ma) Albani | stip(endiorum) XVI cives Raur(acus). | cur(averunt) Fulvius Natalis [et] || Flavius Bitucus er(edes) testame(nto). | h. s. e.

515 Q. Agileiu|s Donat|us hic qie|scit

516 Verondacus | Vervici filus | anorum | cuadragint||a et Verbaci|us Veronda|ci filius an|orum trium

517 Orensia C. [.] | Obsecuens sibi f.

518 Primus | C. Veponi | Presentis ser. | vius f. sibi et || Primule con. | et Firme f. an. | XIIII et Insecu|uenti f. an. | XVIII

519 Ecuester

520 d. m. | Q. Tullio Repos|to Q. Tullius | Repostus filio || dulcissimo | fecit. | cui vixit ann. VII m. II

521 d. m. s. | Valeria Rog|atina. Vetid|ius Saturni||nus con(iugi) piae | fecit, et si cui tit|ulu legerit, di|cat pro pietate: | Rogat(ina), tera tibi le[vis] || siet. vix. a. XXIII

522 d. m. | et memoriae aeter|nae Aurelio Atiano | Valeria Irene coniugi || carissimo natine | Britto lapidem ponen|dum curavit. cui me|cum vixit annis XX, ex | quo parbulum supesti||tem relicuit annorum X | et sibi viva comparavit | et sub ascia dedica|vit

523 D. Valer. | Geminus | hic cuiesc(it)

524 C. Domitio L. f. Materno Acucensi. | huic ordo Barcinonensium | honorem decurionatus dedit | [. . .]

525 d. m. | M. Furio Adaucto | M. liberto coiugi | benemerenti || dulcissimo pien|tissimo, cun cuo | vixi annis XXX. | Lucilia Trifusa | benemerenti | fecit

526 hic reliciae | Pelopis. sit | tibi terra | lebis

---

512 Ephem. epigr. VIII 78 (Apulien) **513** CIL VIII 5502 (bei Thibilis) **514** CIL VII 66 (bei Durocornarium) **515** CIL II 3670 (Palma) **516** CIL III 3381 add. p. 1687 (Campona in Pannonia inferior) **517** CIL V 6061 (Mailand) **518** CIL III 15205^{d} (Noricum) **519** CIL VII 1336, 438 (gefässinschrift aus London) **520** CIL XIV 1688 (Ostia) **521** CIL VIII 4122 add. p. 1743 (Lambaesis) 6 *qui* **522** CIL XIII 1981 (Lyon) **523** CIL XII 2016 (Vienna) **524** CIL II 6153 (Barcino) **525** CIL VI 18744 **526** CIL VI 4999 (columb.) 1 desgl. CIL II 4587 *relic(uie)*

527 Fabius Caricus | fecit Fabio Zoti|co filio beneme|renti, qui bixit || atnis cinquae, | mensibus cinq. | de(bus) XVII

528 d. m. | Aur. Blaste Aur. | Coento marito, | mil. Misenatiu || [d]uplic(ario) b. m(eren)t(i) | [. . .] u XVII

529 d. m. | Aur. Cointo quadam | milti leg. II Traiaae | chor. VIIII (centurio ?) pr(aetor ?) poster. || heres posuit marito | dulcissimo benemer(enti)

---

530 d. m. | Antoniae Clementinae ux(ori) P. Rufius Flaus | m(erenti) f(ecit) et s(ibi), viv(us). inq(ue) memoriam perpetuam | hortos coherentes sive suburbanum tradidit || lib. libertabusq. exfamilia ux(oris) Marullo, Antroclo, | Helenae, Tertullinae. excepitq. nequis eos | venderet, set pergenus ipsorum posessio decurreret | vel per atnatos vel manumissos

531 d. m. | M. Cabarsus | Patiens dedit | X XX et profundi || de usuris X III. quot | si iuvenates eíus | neclexerint, filio | eíus retere debe|bunt X XX aut || si quís heres | fuerit. | posít filius

532 *a* L. Egnatio Invento | patri L. Egnati Polli | Rufi honorati equo p. | ab imperatorib. Antonino || et Vero Aug. | hic obliterato muneris spectac. | impetrata editione ab innulgen. | max. principis diem gladiatorum | et omne apparatum pecunia sua || edidit. | coloni et incolae | ob munificentiam eius. | l. d. d. d. *daneben b* [e]ditum XII k. April. Claro et Cetego cos.

533 d. m. | Iulio Dioso|ro. vixit anno | uno mens. X. paren||tes pietatis causa

534 [d.] m. | [. . .]liae [S]atur[n]inae, quae vi||[xi]t ann. p. m. XVIII || mens. VIIII d. IIII. Iu|lius Atenororus | miles coiugi be|nemerenti fecit

535 d. m. | Genneie Aiec|te filie infeli|cissime, q. vx. || an. III m. XI d. IIII. | Aiectus pater | f(e)c(i)t

536 d. m. | M. Caecilio Primioni | et Aiutrici coiugi uius f. c. | Caecilia Triphona || fratri pro piaetati | consacratu

537 Aesculapio et | Hygiae Tib. Cl. | Valerianus (centurio) | leg. XIII g(eminae) et [leg.] || I aitricis, | voto p.

---

527 CIL VI 17508 5 f vgl. CIL VI 10427 *coque*, 19914 *cot* = *quod*, 27752 *posterisce* **528** CIL VI 32762 2 *bias. if* der stein 3 *Quinto* **529** CIL III 12054. 14128 add. p. 2219 (Aegypten) 2 *quondam* vgl. CIL III 14382 4 viell. *postea* **530** CIL II 4332 (Tarraco) **531** CIL V 5134 (Bergamo) **532** CIL X 1211 (Abella) 7 vgl. CIL XIII 5191 *Secunnus*, Pomp. wandinschr. 237. 447 8 *principibus* b i. j. 170 **533** CIL X 2548 (Puteoli) **534** Ephem. epigr. VIII 385 (Baiae) 6 *Athenodorus* vgl. CIL XI 6729, 1 (auf e. spieltafel) *recer[e]* = *recede* und nro 83 (?) **535** CIL VI 19027 **536** CIL X 2184 (Puteoli) 3 *huius faciendum curavit* **537** CIL III 981 (Apulum) 5 *adiutricis*

538 d. m. | Ae[li]a F[e]sta Ad|venae fratri | bene merenti, || qui vixit an|nis XXIII | minsibus VI | ibus XV ho(ra) I

539 d. m. Sucesus Augusto|rum tabellarius ann. XXXV || pedisecus inie bitae | suae

540 d. m. | Aur. Victorinus | Ael. Maximille ca|re coniugi posuit || titulumemoriens, | qui convixxit mecu|m annus quin|qu|e et ies viginti qui|nque et moritur || plus minus annopo | n(u)m(ero) XXXV

541 d. m. s. | Zadumene|ni conservae | C( ) ser(vus) act(or) || beneme|renti

542 imp. Caesari | L. Sep[t]imio [Se]|vero Pio P[e]r[t]inac[i A]ra[b]i||ci Azabenici | Partico m[a]xim. | t(ribunicia) p(otestate) V, im[p.] II

543 d. m. C. Iuli Beriani, | qui vixit annis | XVIII || mensibus V | zebus XVII

544 d. m. s. | Iulia | Aucen|da vi||xit an. | XXXX me. | III z(ebus) V. Te|rentiu|s matri || dulcis|simae | f(ecit)

545 bene laves | oze, ades | cras grat|is: Restuta *daneben* Saluvia vise(?) | Bono[s]i | fieri iusit | ex s(estertiis) [. . .]

546 d. m. s. | Elius datus | viixit anis XXV, cui | pater feciit || eternale z(etam)

547 d. m. | Aurel. Iusto, | qui vixit ann. | XVI. || Zodorus fra|tri b. m. f.

548 d. m. s. | Aelius | Zodorus | v. a. LX

549 d. m. s. | Iulius Zo||[d]orus con|iux incompab||ilis. vixit annis L|XX

550 d. m. | Aphrodisiàe | Helpis, Zon | conservae | b. m. f.

551 d. m. | C. Cesennio Se|necioni c(enturioni) chor. II | pr. p(iae) v(ictricis), exercitatori || equitum pr., fecit C. Ce|sernius Zonysius live|rtus et heres, atfer|ente Zotico a Britt|ania

---

538 CIL VI 10902 2 *aeeta ffsta* der stein **539** CIL X 1741 (Puteoli) 5 *in die bite*: *a* überschr. d. st. **540** CIL III 2225 (Salonae) 5 f *titulum memoriae quae* 6 zu *convivo* s. Thes. IV 886 8 *dies* 10 s. Di s. 265 **541** CIL IX 4326 (im ager Amiternus) **542** CIL VIII 22566 (meilenstein, zwischen Tipasa und Labdia) 5 statt *Adiabenico* vgl. Thes. I 663, 44 ff und CIL VIII 22567. 22579. 22611 7 i. j. 196/7 *II*: man erw. *VIII* oder *VIIII* **543** CIL XIV 1137 (Ostia) 6 vgl. u. a. CIL VI 23646 **544** CIL VIII 20786a (Auzia) **545** CIL VIII 8424 (mosaik bei Sétif) **546** CIL VIII 9910 (Pomarium) 5 vgl. CIL VIII 9433 **547** CIL XIV 2325 (im ager Albanus) 5 vgl. CIL XIV 1033 *Zoviano* **548** CIL VIII 9139b (Auzia) **549** CIL VIII 21569, 1 (Ala miliaria) **550** CIL VI 12116/7 3 *Dion*, wenn nicht *Helpiszon* = Ἐλπίζων s. nro 845 **551** CIL VI 2464. 32647 De 2089 7 ff wohin er viell. unter Severus i. j. 209 gekommen war

552 d. m. | Arsaio ami|co ínconpara|bilí Clau. Zo||nysius et | Flavius Prí|scus amici | rarissimo | et piissimo

553 d. m. s. | memori|ae Kalen|zonis, || v. a. LI. | Íul. Sis|soi ma|rito d|ulcisimo || f(ecit) d(e)d(icavitque)

554 d. m. s. | Agrius Zopan|tus vet. pius vi|xit annis n. LXX. || h. s. e.

555 I. o. m. Dol. | p. p. Flavi Studi|osi, Sabinius | Ingenuus et || Aurelius Sed|atus sig. leg. | III Aug., agentes | cura macelli, | v. l. a. s. cum a||zutoribus suis

556 Zyo|nysi|us Spe|ratus || se vivo | posu[it]

557 p(ositum) t(estamento) | Corneli Ziome|dis. vix. an. XLIII | m. III d. XII. || Cornelius Fructo|[s]us fratri ob | memoria fecí

558 *b* de hort|u Olybri | v. c. prefe|cti pret||ori(o) sum. | noli me t|enere, no|n tibi ex|peret

559 I. op. m. | Dolichino | pro salute imp. | Commodi Aug. || pií fel. Val. Maxi|mus cen[t]urio leg. | IIII Flav. et pro suis | ex viso fηcid

560 [L]u[c]io Septimio Iu|[l]iano annorum | I et Lucio Sept. Caesia|no annorum I facien||dum curavit Sept. Celer | sexvirum col(oniae) Aq(uinci), Aur. Caen[u]|sa parentes fil. car. [p.] P|raesent[e] et Extricado | cos.

561 ·d. m. sancto. Ulpo Cocceo | (a) solo isti(tuerunt) tuclu mar|moreum et ara la|p[i]de(am) quadrata. Ulpii fra||tres, Ulpi Coccei fili, | de acentes et Coc|ceius Iunior | v[. . .]

562 d. m. s. | Cirra verna | Lepcitana | fixit ann. L. || Bellicus mari|tus eius coni. kar. | fecit

563 Vincen|tza pia | vixit | annis || n. LX

---

552 CIL III 3174^{a} (Dalmatien) **553** CIL VIII 9114^{b} (Auzia) **554** CIL VIII 14601 (Simitthus) 2 f *Diophantus* **555** CIL VIII 18224 De 2415 (Lambaesis) 2 *pp* deutung unsicher 9 f vgl. *Azabenicus* u. ä. CIL VIII 22566 f 22579. 22611 **556** CIL VIII 5036^{c} (Thubursicum Numidarum) 1 ff vgl. CIL III 3174^{a} **557** CIL VIII 17422 (Hippo Regius) **558** CIL XV 7199 (hundehalsband) 7 f *expediet*. vgl. a *expedet* **559** CIL V 1870 (Concordia) 8 vgl. CIL VI 25595 *reliquid* (X 6328) IX 5932 *posuid*, X 2956 *sid*, V 7570 *liquid*, III 2969 *restituid*, 5780 *sicud*, VI 29530 *ed* **560** CIL III 3620 (im ager Aquincensis) 7 ff i. j. 217 8 vgl. CIL III 1193 *idem* = *item*, II 462 *imudavit* = *immutavit*, VI 24938 *quadtuor* **561** CIL VIII 9985 add. p. 976 (Mauret. Caes.) 2 *titulum* 6 viell. *de agentes* (*in rebus*). s. Thes. I 1388, 27 ff, zur konstr. Di s. 28 **562** CIL VIII 3521 (Lambaesis) 3 s. Buecheler Rh. Mus. 59 (1904) 638 ff **563** CIL VIII 16208 (Sicca)

564 tu viator qui tr|ansis, rist(a) lec(e) tit(ulum) o|biter. le(ge) et rep(ausa). s(it) d(is) m(anibus) t(uis) | t(erra) ⟨l(evis).⟩ P. Val. Tzita qui et Vi||talis vet(eranus) et Florenti|us filius mil. et Vitalis | fil. mil. Tzita pater | posuit Laurentzio | [f]ilio suo carissim[o]

565 d. n. | imp. Cae(sare) M. Au|relio Severo Ale|xandro pio felice || Aug. terminac[iones a]|grorum defeni|cionis Matidiae ad|signantur colo|nis Kasturrensi(bus) || iussu v(iri) e(gregii) Axi Aeli|ani proc(uratoris) Aug. r(ationis) p(rivatae) | per Cae(lio) Martiale | agrimesore

566 d. m. | Felicus | vixit meses | X, fecit Quin||cius pater | ipsius

567 d. m. | Iul. Silviae | ann. XXIIII | coniugi || sanctissimae, | quae vixit viro | suo annos XII. | Pomp. Afenodorus | coniugi karissimae

568 d. m. | Aia Nandonis vixit | annis LXXX. Andrada | Bituvantis vix. anis || LXXX. Bricena vixit anis | XL. Iusta vixit anis XXX. | Bedarus vixit XII. pos obi|tum ei Herculanus liber|tus patrone benemer.

569 Prima Gratia | sarcinatrix. | fecerun qui | debuerun

570 [d.] m. | Attio Rebu|riano f(ilio) piei|simo pos||uerun pa|retenes | pi. anor. XXV

571 d. m. Quinto Erenio | Papirio def|ucto an. XXVI. | sodales soda||li bene me|renti posue|run

572 invidi crepen

573 d. m. | Aeliae Sotere op|setrici def. an. XXXV | [. . .]

574 [. . .] | marit(us) v(ivus) f(ecit) si(bi) et Aur. Urbane | coniugi infelicissime | defuncte, cum | qua concordier vixit | [. . .]

575 Heraclides Menedoti f. | Calliste matri suae et | Menedoto fratri l. l. l. p. o. m. s. | Ti. Plautius Lupus, || Ti. Plautius

---

564 CIL III 12396 (Moesia inferior) 3 *rep(one)* der hrsg. 4 *p* verb. in *l* der hrsg. **565** CIL VIII 8812 add. p. 1946 (Maur. Sitif., zw. 222 und 235 n. Chr.) 5 f viell. die ältesten inschriftlichen belege für *ci* = *ti* 10 f derselbe erwähnt CIL III 1422 f 1456 **566** CIL VIII 3611 (Lambaesis) **567** CIL III 9178 (Salonae) 6 f statt *cum viro s.* **568** CIL III 917 add. p. 1382 (Potaissa in Dacien) 7 sehr häufige nebenform. s. z. b. CIL VI 3453 und index 8 *ei* d. i. *Aiae* **569** CIL VI 33907 **570** CIL II 2679 add. p. 709. 913 (leg. VII in Hisp. Tarrac.) **571** CIL III 2348 (Salonae) 6 f vgl. nro 155 CIL III 9787. 9850. 11301 VIII 2547 und *fecerum* u. ä. unter *n* zu *m* **572** CIL III 15131 (silberne riemenschnalle aus Dalmatien) **573** CIL III 8820 (Salonae) 3 f vgl. nro 103 *posris* **574** CIL III 8938 add. p. 2136 (Salonae) **575** CIL VI 19295 (= X 5736) De 8384 3 *l(ibertis) l(ibertorum) l(i-*

Euaristus, | M. Plautius Synecdemus | hoc monumentum suum | violatum vindicarunt et | restituerunt nonmina || obitorunt

576 Calpurnia | Chelido | typum Matris | Deum argenti(am) || p(ondo) II cantnoforis | Ost. d. d. | et dedicabit

---

577 Valeria Hilara | mater | Hymni de | bibyliotece

578 Bassi. | Aniclo Auchenio | Basso v. c. procons. | Camp., provisori eius||dem provinciae, res|titutori generis | Aniciorum ob merita | eius industria | ordo populusque civita||tis Praenestinae pon(endum) cens(uit)

579 d. m. | Claudia Asrepodot|e fecit marito bene | merenti cotannis || bixit X. Lucustylysus | Nysus Mucus Saturus | p̣ m c s (*?*) Saturus donabit locu

580 hortante beatitudine | temporum ddd. nnn. | Gratiani Valentiniani | et Theodosi Auggg. || statuam in Capitolio | diu iacentem in | cereberrimo fori | loco constitui | iussit Val. Palladius || v. c. cons(ularis) Venet(iae) et Hist(riae)

581 Aurelio O|nesiforo fi|lio ducissim. | Aurelius || Cifaretus

582 d. m. | Eunico viro | suo fecit Vitillia. | Seclaris sepucru || dedit

583 Demati, utere feli(x)

---

584 d. m. | Epaphordito ímp. | Caesaris Nervae | Troiani Aug. Ger||ma. Dacici ser(vo) | Yginiano arcar|io a iuvencis | Ulpia Bassa | viro carissi. cum || quo vix. an. XXIIII. | Sex. Atilio Basso | fecit matẹṛ[. . .]

585 d(is) deabusque | secundum inter|petrationem Cla|rii Apollinis

586 Silvano | domesti(co) | Val. Cal|boforus || v. s. l. m.

587 memoriae | Aur. Zenonis | Ianuari c. v. | Iul. Antoninus || a milit[iis] | ob melita

---

bertis) p(osteris) om(nibu)s? 10 vgl. CIL VI 19345 *eorunt* und Di s. 287 **576** CIL XIV 36 (Ostia) 3 De vgl. Lampr. vit. Heliog. 7 5 desgl. CIL XIV 118 und vgl. *atnis* im ind. **577** CIL VI 4432a (columb.) 4 zur orthogr. s. Thes. II 1955, 61 ff **578** CIL XIV 2917 (Praeneste) 2 verb. *Anicio* 3 f zw. 379 und 382 8 d. i. *inlustria* **579** CIL XIV 836 (Ostia) 7 oder *b* oder *r* **580** CIL V 3332 (Verona) 1 ff i. j. 379/383 **581** CIL VI 13170 **582** CIL VI 17349 **583** CIL III 10195, 1 (fibel aus Salonae) **584** CIL VI 8865 2 vgl. *por* nro 173 **585** CIL III 2880 (Corinium in Dalmatien) **586** CIL III 10457 (Aquincum) 3 f *Carpophorus* **587** CIL VIII 10982 (meilenstein aus Caesarea)

588 Fab. Cellaria an. XLV. | Cor(nelius) Hilarus uxori | sanct. et Fab. Suppestes | lib[ertus et] alumnus f. c. || h. s. e. s. t. t. l.

589 d. m. | Marcio | Artemisio | Marcia Fo||tunata | marito b. | m. p.

590 Teϑϑi manu Arveni

591 Martialis | pro Silveste | Marti v. l. m.

592 m(anibus). | Dexter | frate soro|ri Sosemini || anor. VIII

593 d. m. | Petronia Pastoril|la Masurio Baiano | coiugi pientissimo || Petroniae Floe ma|tri benemeren|ti posuit

594 parter Sabinianus | filiae Sabinile, | qae bixi(t) anno VI | dies VIIII

595 [. . .] Troph[i]me | filiae piissime | et nepotibus | C. Octavio || Profuturo et | M. Caesio Expedito. | h(uic) m(onumento) i(tum) a(ctum) haustrum | aquae de puteo (*scil.* deberi scito)

596 [cenatori ma?]|iorino e|regrio | bibitori bo|no. vix. an. XL || h. s. c.

597 T. V(a)rronius | Maro frumentarius | leg. III Quirenarice, | qui cucurrit frum. || ann. XL et c(enturio) frum(entariorum). fac|tus mod(o) (centurio). Firminus | libertus eius posuit. | locus concessus

---

598 d. m. | Geminia Inge|nua univira conse|rvatrix dulcissima, || mater omnium | hominum, parens obni|bus subvenies, innoce|ns castissima praesta|ns rarissima. v. a. LXXXI. || tristem fecit nemine. | o(ssa) v(olo?) b. q.

599 Cli[o], Euterpe, Terpsichore, Erato, | Polupnia, Kaliope, Urania

600 d. m. | Simplicia Cominio | Clementi coniugi, | qun quen bixit ann. || $\overline{\text{VIII}}$ m. VII d. VI. b. m. f.

---

588 CIL II 554 (Emerita) 3 vgl. CIL II 1088 (CE 541) *supestat*, XII 350 *Supestes*, III 7893 *Tetula* (= *Tertulla*) **589** CIL III 2427 (Salonae) 4 f vgl. CIL III 12990 *concoditer*, 9002 *Cusor* **590** CIL XII 5686, 1211 (graffito auf e. gefäss aus Vienne) **591** CIL XII 1162 (Carpentorate) **592** CIL III 9029 (Salonae) 2 *dfxter* die säule 4 *Zosimeni* **593** CIL III 2467 (Salonae) 5 vgl. CIL III 7526 *Ceeri* **594** CIL VI 25707 1 vgl. 26817 *marter* **595** CIL V 3683 (Verona) **596** CIL VIII 14420 (Vaga) erg. von Mommsen 1 f *egregio* 5 viell. *c* für ε **597** CIL III 2063. 8581 (Salonae) 3 *Cyrenaicae* 6 nämlich *mortuus est* **598** CIL VIII 7384 (Cirta) 3 statt *univiria* **599** CIL II 1110 (beischriften zu 7 musen auf einem mosaik in Italica) 2 vgl. auch *voluptas* = *volumtas* (*voluntas*) **600** CIL VI 26601 4 über *m* zu *n* im auslaut vgl. Di s. 301 ff

601 d. m. s. | Aurelie Optatillae | Ragonius Benerus | coniugi sue amantissi||me, cun quen vixit | ann. VIII, que xit ann. XL. | b. m. f. cun filia Ienuaria

602 d. m. | Iulius | Calocaerus | Iuliae || Epichari | coníugi | carissimae, | de qua annis | XXXXIII nihil || sun quaestus. | víxit ann. LV

603 fecit | maritus coiu|gi pientissime | fecit. que b||ixxit annis XXX, | mecun V

604 d. m. | sacro. | Iuniae | Saturni||nae Flavia | Elpis mam|mula eius | donun de|dit

605 Q. Selicius Q. l. | Antais ossa | híc condan | Stratonice co||nliber(tae) mea(e)

606 d. m. | M. Aurellus lib. Teles|phorus et Ulpia Elas feceru | in sibi et filis libertis || libertabusque [[pos]] | posterisque eo*p*un

607 d. m. | Aurelia | Crescen|tina coniu||gi C. Au[r.] Epa|prodito, | con quo vi|xit annis | XI. de suo po||suit b. m.

608 Veneri | Caelesti | Acutinus | cun suis || pos.

609 [I.] o. m. | Papirius | Androni|cus || v. s. l. | con su|is

610 d. m. | Clodiae Ac|hillee sive Cy|ryle, quae vixit || ann. XXVIIII men. XI | diaes VI. L. Vettius | Ursinianus maritus | uxori inconparabili. | qui dedit coll(egio) VI vir(um) || soccior. HS n(umero) ∞, ut ex | usuris aeorun profus(is) | aei tan parent(alia) tan ros(alia) | quodannis celebrent(ur)

611 d. m. | Valeriae Crispi|nae, animae innoc|entissimae, quae vixit || ann. XXIIII m. V d. VII or. V. | L. Postumius Ursianus | coiugi frugalissimae | Sinplicio. | o nefas, quan floridos || cito mors eripis annos

612 Ostori Eugrafiani, | iuvenis innocentissimi, | Arbussonius Candidus, | quen vice fili dilexit

613 L. et C. et Sex. | Valeriorum | l(ibertus) Servandus | anno. XX h. || s. e. patroni pro | meritis posueru|nt. servitus, mihi n|uqua ínvida fuisti, | libertaten misero || mors abstulit | iniqua

---

601 CIL VI 13364 6 *quae vixit* **602** CIL VI 19883 **603** CIL VI 29890 **604** CIL VI 20909 7 vgl. CIL X 6798 **605** CIL VI 26133 **606** CIL VI 13246 4 *in* statt *nt* in ligatur? **607** CIL V 128 (Pola) **608** CIL V 8138 (Pola) 4 desgl. CIL V 6408 **609** CIL V 8131 (Pola) 6 f dsgl. CIL V 5778 u. o. **610** CIL V 4410 (Brescia) 10 vgl. CIL IV 5659 *socciorum* ∞ = *mille* **611** CIL V 4754 (Brixia) 8 zu den frauennamen auf *-us* vgl. Rh. Mus. 62 (1907) s. 405 **612** CIL V 6547 (Novaria) 4 s. nro 297 *iden*, desgl. CIL V 3513 (vor *s*) vgl. ebda 8143 *iten* (vor *s* und *t*), XII 1524, 12 *etian* (vor *v*) **613** CIL XIII 7119 (Mainz)

614 iacet sub hoc signino dulcissima Secundilla, | que rapta parentibus reliquit dolorem. | ut tan dulcis erat tanquam aromata, | desiderando semper mellea vita. || que vixit annis III men. VI die. XVI. | Ἀρωμάτι ταῦτα

615 felicen te

616 Clodia L. f. Sere|na. vixit f(ideliter) in q|uan die d(ecessit) n(ata) a(nnos) V | [d.] XXXV. h. s. e.

617 I. o. m. | M. Disius G( ) | Aug(ustalis) col. | Ulp. Oici || botun p(osuit)

618 L. Tullius Agatho | deo invicto Soli | Mithrae aram d. d. | eanque dedicavit ob || honore dei M. Aemilio | Epaphrodito patre

619 Valeria Scandi|lia fecit sibi et L. | Furio Trunphali | coniugi, libertis || libertabus poste|risque eorum

620 diis manibus | Primigenia | Sinponiaca | ann. XXV

621 d. m. | Clau. Canpa|na Clau. Pere|grino marito, || qui (v.) an. LXXX. | b. m. p.

622 d. m. | Anniae Alces | Q. Annius | Perseus || coniugi | b. m. f. | Nonius Auctus locum | donavit et ítu abitum

623 L. Quintilius | L. l. | Nyphius

624 aeterna | domus | Olypiorum

625 d. m. | Aureliae Ianuar|iae Vibius Achi|lles coiug. inco||parabil.

626 Idaeae matri | Valeria Mar|ciana Vale|ria Carmo||syne et Cassi|us Paternus | sacerdos tau|ripolium suo su|ptu celebraverunt

627 Aeliae Aelia[nae] |
littera qui nosti, lege casum et d[ole puellae]. |
multi sarcophagum dicunt quod cons[umit artus], |
set conclusa decens apibus domus ista [vocanda est]. ||

---

614 CIL XII 874 CE 1851 (Arles) 3 vgl. CE 863, 4 *tan bene* 6 vgl. Rh. Mus. 62 (1907) 406 **615** CIL XII 5686, 356 (gefässaufschrift) **616** CIL VIII 8037 add. p. 1879 (Rusicade) **617** CIL III 8043 (Dazien) 4 *Ulpiae Oesci*? **618** CIL XIV 62 (Ostia) **619** CIL XIV 1726 (Ostia) 3 vgl. CIL XIV 300 *nynfii* **620** CIL II 3565 (Tarraconensis) **621** CIL III 2284 (Salonae) 2 f vgl. CIL III 2939 *Anbrosiano* u. v. a. **622** CIL VI 11771 **623** CIL VI 25285ᵇ 3 vgl. *Nype* CIL X 8071, 1 und Pompejan. wandinschr. nro 647 **624** CIL VI 5174 3 vgl. CIL X 4388 *Olupis* = *Olympius*, III 4603 (nro vgl. *Olypo* **625** CIL V 129 (Pola) 4 f desgl. CIL III 8460 u. o. 717) CIL IX 1261 *Poponia* **626** CIL XII 1 (Vence in den Seealpen) **627** CIL XII 743 CE 454 (Arles, II jh., erg. von Mommsen, Hirschfeld und Buecheler) 1 zu *littera(s)* oder *littera(m)* s. Prosk. s. 95 ‘oder *d[efle]*’ Buech. 2 ‘*quod cons[picis hospes]* besser’ Buech.

o nefas indignum, iacet hic praecla[ra puella], |
hoc plus quam dolor est, rapta est specios[a puella]. |
pervixit virgo; ubi iam matura placebat, |
nuptias indixit, gaudebant vota parentes. |
vixit enim ann(os) XVII et menses VII diesque XVIII. ||
o felice patrem, qui non vidit tale dolorem. |
heret et in fixo pectore volnus Dionysiadi matri, |
et iunctam secum Geron pater tenet ipse puellam

628 hoc iacet in tumulo secura Glyconis honesto. |
dulcis nomine erat, anima quoque dulcior usque, |
que nucquam tetricos egit sibi lucis honores |
set magi lascivos suabes Bacchoq. madere, ||
simplicitate sequi cantus mollesq. coronas. |
lusibus ipsa suis generabat saepe et amore |
dulce sibi natisque suis quos pube reliquit, |
Castorea fratris sub imagine quos generavit. |
digna quidem frui perpetua de luce benigna, ||
set celerat quo nos fata benigna vocant. |
P. Mattius Chariton coniugi b. m. f.

629 hic ego sum posita Irene, | quae vixi XVIII kal(endis).
hanc mei mi | misere posuer(unt) arka parentes. |
Felicissimus Aug. lib. et Furfulana Irene

630 Vrbanilla mihi coniunx verecundia plena hic sita est |
Romae comes negotiorum socia parsimonio fulta. |
Bene gestis omnibus cum in patria mecum rediret, |
Au miseram Carthago mihi eripuit sociam. ||
Nulla spes vivendi mihi sine coniuge tali: |
Illa domum servare meam, illa et consilio iuvare. |
Luce privata misera quescit in marmore clusa. |

---

7 *vota* scil. *sponsalia* 8 lies *diesque decem octo* 9 (und zu 1 *littera*) s. Di s. 178 10 vgl. Verg. Aen. 4, 4 10 f zur rekonstruktion des metrums vgl. d. anm. Buech. **628** CIL VI 19055 CE 495 2 nämlich *Glyco* man erwartet *animo* 4 zu *magi* s. Pomp. wandinschr. nro 581 *suabes* verst. *honores*, es folgen erläuternd oder ergänzend die infinitive *madere* (vgl. Tibull. 2, 1, 30. 5, 87 und Thes. II 1666, 18 ff) und *sequi*, als flötenspielerin (Buech.) 5 oder *simplicitate(m) sequi*, *cantus* vgl. Ov. met. 3, 555 Claud. 13, 2 6 erkl. *amore(m)* 7 *in pube* oder *pubes* (s. Prosk. s. 96 Di s. 189) 8 *fratres*, 'zwillingsbrüder' 10 'man erwartet eher *sinistra maligna severa*. viell. übernommen (Iuv. 16, 4)' Buech. **629** CIL XI 466 CE 505 (Rimini) 1 lies *decem octo*, verst. 'monatsanfänge' **630** CIL VIII 152 add. p. 925 CE 516 (Numidien, II/III jh.) 1 ff akrostichon: *Urbanilla* 1 *hic s. e.* abundiert 2 *parsimonium* neutr. Gramm. V 587, 3 (Buech.) 4 *au* fast ausschliesslich ausruf von frauen: Don. Ter. Eun. 680. 899. vgl. Thes. II 1177, 62 ff 7 vgl. CE 477, 3

Lucius ego coniunx hic te marmore texi. |
Anc nobis sorte dedit fatu, cum luci daremur |

631 hic est positus Fl. Her|mes quem Fatus longius | ducere noluit,
qui maluit luc|tum linquere quam gratias || reddere suis,
derisor aviae|s quia se dicebat nutrire | bacchillum summae senec|tae,
delusit fratrem patris quia | nimius erat blandus ad illum,
avi||umque suum adlectabat voce | pusilla,
ut cuncti vicini dicebant | 'o dulce Titu'.
dunc haec agerentu|r, iuvenes de subito acceperunt | sui luctu parentes.
hic tamen || in biennio vixit quasi qui vixiss|et sedecim annis,
talis enim | sensus erat illi quasi prope|rantis ad Orcum.
itaque | tibi dico, qui nescis dulce || voce dicere filii,
ne vellis | cupidus poene manere | male

632 d. m. |
disce quisque pius pater es vel | mater que generasti:
natos | habere bonu est, si non sint || invida fata.
sic tibi non ra|piat mors invida tam cito | natos,
ut meis atque tuis | dignis leve terra preceris, |
ut mors in voltum vivat || semperque colatur.
Aelius Marcellinus pater | filio Felicissimo
hoc ego feci bene, si quid sapiunt | inferí
qui vixit annis X menses V | dies XI

633 vivit | Q. Caelius Sp. f. Vivi(us) | architectus navalis, |
vivit || uxor Camidia M. l. | Aprhodisia |
hospes resiste et nisi m|olestust, perlege.
noli | stomacare. suadeo, || caldum bibas.
moriu|ndust. vale

---

631 CIL VI 18086 CE 1581 zur sprache vgl. Buech. CE 477 3 *bacillum.* vgl. CE 526, 9 und Thes. II 1671, 76 ff (unter *baculum senectutis* u. ä.) 5 zu *avium* vgl. Thes. II 1612, 48 ff 5 zum gebrauch von *allectare* s. Cic. Cat. 57 Lael. 99 6 *dulcem Titum* 7 *dunc* wie *dum* inschriftl. mit dem coniunctiv *eius luctum* 8 'wie ein erwachsener knabe' 10 *dulcem vocem* 11 *velis*, *poenae*, aber *male* (adv.) **632** CIL VI 10731 add. p. 3507 CE 647 2 *discite* und ohne *mater* die vorlage 3 zu *b. e.* s. Di 117 f 5 s. Di s. 179 6 *in voltu*, im herzen wie im bildnis 8 vgl. CE 179 CIL VI 25489 **633** CIL X 5371 CE 118 De 7734 (Termini) 1. 3 zu *-ust* = *-um est* s. Di s. 117 f 2 zu *caldum* = *vinum cum aqua calida mixtum* s. Thes. III 154, 35 ff, Mart. 14, 113 Petron. 67

634 (*stern und schlange*) Pacedie Sex. f. a, |
cogitato te hominesse | et scito: moriendust. vale

türflügel mit ringen

635 M. Vitelius M. l. Theodorus, | Baebia Fausta, | M. Vitelius M. l. Qursor, | Iulia C. l. Rufa ||
eus tu viator, veni hoc et queíesci | pusilu.
innuis et negitas? | tamen hoc redeudus tibi

636 [. . .] se vivo [si]bi et suis libertis | libertabusque posterisque | eorum. | itaque si pos obitum nostrum || voluerit bendere hac donare | voluerit, inferet arce ponteficum | (sestertium) centumilia nummum. | h. m. h. n. s.

637

invida	punct[a]
iubent	felice
ludere	doctum

638 L. Calpurnio Pisone P. Salvio Iuliano $\overline{\text{cos}}$. | L. Aufius Amandus tabul. praef. | Dianae sanctae basem marmor. | voto suscepto libens posui || cura agente Lucretio Donato | librario quadratario praef.

639 M. Antonio Ero[ti] | dat olla Anton[i]a | Sophe inm. | bene merenti fecit

640 d. m. s. | Stephanis vir|go íntaminata. | lumen quod ace||pi, reddidi, pa|tre meum Ste|phanum secuta. | hoc fatum voluit. | vix. ann. XIIII

641 Antistius Symaetus | libertis, libertabus et | [f]amiliae duaru Antis|[ti]aru l(ibertaru) locu et monume||[n]tu d(e) s(ua) p(ecunia) dedit. in f(ronte) p. XII, in a(grum) p(edes) XX

642 d. m. |
huc sita est Paterna post annos VIIII et XX, |
sanctae casta fide, post pignora certa: |
gnatum memoriae statuit haec prima || cubili.

---

634 CIL IX 3821 CE 241 (im Marsergebiet) 3 s. Di s. 117 **635** CIL XI 4010 CE 120 (bei Capena) 5 *huc* 7 *redeundust*. s. nro 633 zu 1. 3 **636** CIL VI 29925 4 verst. *si quis* 7 *centumilia* (desgl. CIL VI 16809) wie ein wort, doch auch *centu* CE 1329. vgl. *decemilia* (Di s. 193) und CIL X 2645 *tantumodo* **637** CIL VIII 7998 CE 339 (spieltafel aus Rusicade) 2 *felicem*, doch beachte 6×6. s. M. Ihm, Röm. Spieltafeln in Bonner Studien Aufsätze R. Kekule gew. Berl. 1890 s. 323 ff De 8626 Di s. 182 und nro 751 **638** CIL VI 30865 1 i. j. 175 5 vgl. Di s. 208 ff **639** CIL VI 4265 (columb.) 2 zum ausfall des auslautenden *m* s. Di s. 243 ff **640** CIL VI 5817 add. p. 3418 (columb.) **641** CIL VI 7650 (columb.) **642** CIL VI 3452 CE 476 (ende d. II jh.) 2 zu *ponere aliquo* u. ä. vgl. Di s. 36 f 3 *sancta e* der stein, *sanctae . . . fidei* erkl. Buech., *sancta fides* Verg. Aen. 7, 365 5 vgl.

coniugis obsequio meruit | in munere functae sephulcrum |
dignum pro meritis a coniuge amantem |
perciperet titulum suo nomine testans. |
me Germana creat tellus myseram || quem nunc hic Fabia terra tegit. |
nunc rogo, si colitis Manes, cuncti | meo nomini tantum
terra leve optetis. | vobis nunc dií fortuna beatam |
et semper ho(no)ratam praestent || suo numine sancto libentes, |
ex qua possitis obiti bene linquere natos. |

M. Aurel. Diascentus, vet. Aug(usti) n(ostri) | cum M. Aur. Antiochiano fil. coniu|gi inconparabili b. m. f. c.

643 d. m. |
perlege cuncta precor, cultor, pietate parentis |
cum simul et matre, quod nobis inane sepulchrum |
fecerunt, quanto in munere positum vides. ||
quod si fata mihi dedissent luce videre, |
ista prius ipsis facerem, non ut poscere | mun[us],
munus inane quidem. terra nunc dividit ista |
corpora nostra nimis graviter parva advers[us] | vota parentum.
quod peto, si colitis Mane[s], || cuncti meo nomini semper
hac mihi terr[a] | leve optetis. vobis dií fortuna beata |
et semper honoratam prestent suo numi[ne] | sancto,
ex qua possitis obiti bene linquere n[atos]. |

Iul. Valens (centurio) leg. cum Vital. Servanda || coniug. parentes fil. dulc. b. m. f. c.

644 T. Flavius Aug. l. Lupus | inpesam fec. in sepulcri | maceria Ostoriano, quae | fuit altu p. VII, amplius || inpensa sua et sib. et suis | itu ambitu posterisq. eorum et | Claudia Procla uxor Ostori | Felicis in parte quarta. f(ecit) sibi | et suis itu ambitu poster. eorum

645 d. m. | Iulius Getulicus | filio suo Neapolitano | bene

CE 429, 4 6 *amante* 8 vgl. μυσαρός *Fabia terra* = *Roma* Mommsen, *collis Quirinalis* Buech. (nach Liv. 5, 46, 2). vgl. auch Plin. nat. 22, 10 10 f vgl. zu CE 475, 10 f (nro 643) **643** CIL VI 3608 add. p. 3407 CE 475 (ende des II jh.) 3 zu *simul et* vgl. CE 878, 9, zum schluss Ov. met. 6, 568 6 *poscerem* 8 *parva* näml. *terra* 9 ff vgl. CE 476 (nro 642) 8 ff 10 *ac* 11 *et* gehört metrisch zu v. 10 vgl. Verg. Aen. 5, 50 **644** CIL VI 18123 2 f verquickt *in sepulcro Ostoriano* und *in sepulcri maceria* 6. 9 vgl. CIL VI 5828 (columb.) und Di s. 270 f **645** CIL

merenti memori||a restituit. qui bixit men|ses XI. dies XV. reddedi | proximu primu ma|nere[[ddedit]]

646 d. m. | Octaviae Felici|tati signo Leonti | coiugi dulcissi||mae et inconpara|vili. quae mecu vi|xit annis XXVI, | mensibus VII sine | ulla quaerella. || Aur. Felicissimus | signu Leontius | b. m. f.

647 Cn. Ponpaeius | Cn. l. Ilapus | D. Volusius D. l. | Felix ollas II || ustrinu commu|ne, | in fr(onte) p. VIIS, in agr(um) p. XX

648 d. [m.] | C. Publicius Ilarus et Co|rnelia Ianuaria se bibi con|paraberunt munimentu virgine || libertis libertabus|que posteris|que eorum

649 Asellus se|rvus Praeiecti | officialis praefec|ti annon[e]s, foras mu||ru exivi, tene me, | quia fugi, reduc | me ad Flora | ad tosor|es

650 Bulla (sum), tene me ne fugia

651 d. m. | feceru paren|tes Mencarti | filio, qui vis(it) an||nis V messe(s) XI | dies IIII

652 L. Cornelius | L. f. Sab. | Rusticus | pater filio. || quod | miserrimu est

653 d. m. | Benustil|la vix. an|nu et || meses II. | fec. Agba|[d]eus neptil|le

654 L. Cassio Hermo|doro nauclero | qui erat in colleg(io) | Serapís Salon(itano)

per || freta per maria tra|iectus saepe per und(as), |
qui non debuerat | obitus remanere | ín Atern(o),
set mecum || coniux si vivere | nolueras,
at Styga | perpetua vel rate | funerea
utinam | tecu(m) comitata || fuisse(m).

Ulpia Candi|da domu Salon(itana) coi. | b. m. p.

655 d. m. Scriboniae Hedone | Q. Tampius Hermeros | coniugi karissimae fec., | con qua vix. an. XVIII sin. || querella, cuius desiderio | iuratus se post ea | uxore non habituru

---

VI 20029 6 ff 'der sohn soll nach wiederherstellung des grabmals an der nächstersten stelle wiederum beigesetzt werden' **646** CIL VI 23344 **647** CIL VI 24471 **648** CIL VI 25134 **649** CIL XV 7172 De 8727 (rundes erzplättchen aus Velitrae) 7 vgl. Hülsen zu CIL VI 31900 und Jordan-Huelsen Topogr. 3, 118, 21 ähnliche inschriften De 8726 ff CIL XV s. 897 ff **650** CIL XV 7173 (wie nro 649) oder (*dicor*) **651** CIL VI 22400 2 desgl. CIL III 6615 vgl. VI 13246 und Di s. 287 **652** CIL X 2333 (Puteoli, I jh.) **653** CIL X 7809b (bei Carales) **654** CIL IX 3337 CE 1265 (Aternum) 8 *mortuus* 12 *perpetua rate* verb. Buech. **655** CIL XI 1491 De 8461 (Pisa)

656 Pallados en studio didi|cisti, Marsyas, cantu,
du|mque tibi titulum quae|ris, mala poena remas[it]
auf der rückseite: Apollinar(is) | cera

657 Celer Erbuti f. Limicus | Borea Cantibedoniesi | muneris tesera dedit | anno M. Licinio cos.

658 Didia T. l. Sal|via mater | in meo dolore | in hoc sepulcro || viva nomen inscri|psi meu. haec est | domus qum meis

659 dis i(nferis) ma(nibus) | Ulpio Sev|ero liber|u triu, vi||xit anis | trigin|ta et III

660 [. . .] Helvia Fortu|nata mater
a[e]||de pietatis con|summata de|díc(at)

661 d(is) b(onis) s(acrum). C. C( ) Primus, | sac. Saturni, ag|nu, tauro dom|ino, ovicla Tel||uri, berbece | Iovo, ovicla | [Nu]trici, capone | [H]erculi, edu Merc||[ur.], aedua Veneri, ber||[bec]e Testimonio | *zwei tiere* | [p]ecora | d[. . .]

662 dis m(anibus) s(acrum). |
tu quicumq. pius vel inbenig|nus
legens titum q. meo fles ae|tatim q. mae
quae aute non debui || talem q. lucem nec tales superos | linquere qua rem q. dicis fui enim | hobes caro sponso cuius q.
m|ores timida semprer q. castitatem | uius q. caritatem
servavi quia || etenim is a me merebatur qui me | tam
caste diligebat vixi ad q. sim|pliciter in cuius o pudorem |
nemo nec iactare ne q. aput caro | marito inodiari potui
o q. cum || q. tu sancta femina, potueris | tam caste vivere
scio enim pos|se te care diligi si meo q. rito cas|titati vivas
quia ego post meum q. | obitum multorum annorum || memoria
marito reli(nquo)
sed ago | superis gratias, quod dum q. eo | viveri nil voluptatibus meis | negavit, quia et ipsa meruera. |

---

656 CIL XII 5687, 9 CE 342 (auf einer schüssel aus der Provence) 1 verb. *Marsya* 2 Buech. vgl. Ov. met. 10, 602 **657** CIL II 4963 (erzplatte) 2 *Borea* dat. 4 i. j. 27 **658** CIL II 1222 (Hispalis) **659** CIL VIII 4573 add. p. 1788 (Numidien) **660** CIL VIII 5418 CE 1601 (Calama) **661** CIL VIII 8247. vgl. 8246 (zw. Milev und Cuicul) 1 erste auflösung nicht sicher 3 f näml. *Saturno* 6 oder *Iano* **662** CIL VIII 13134 CE 1606 (Carthago) 2 *parum benignus* 3 f *leges* (?) *titulumque meum fles aetatemque meam* oder *mae(stus)* Buech. 4 *autem* 6 *et qua re? dicis* (= *quaeris*) 7 *opes* Buech. der vgl. Mart. *lector opes nostrae: hoboediens* Schmidt *cuiusq.* οὗ καὶ Buech. 9 *huius*, des sponsus 11 *ad q(uem)* = *apud quem* Buech.: *et advixi* Schm. 12 verb. *cuiusq.* ἧς καὶ Buech. 13 *iactare* = *male dicere* 14 *adduci in odium* 14 f *o qu(a)ecumque* 15 *potueris* optat. 16 *scito* verb. Buech. 17 f *castitatis* 21 f *dum q(um) eo viverem* Buech.: *dum e(g)o viverem* Schm.

Severa Aug(usti) serva pia vix. ann. XX||IIII m. VI die. XI. h(ic) s(ita) e(st). | fecit merenti coniux

663 C. Iulius Dapnus chorte | Surorum, annorum L, militav|it annis XXX, misione acepit pro | meritis suis, fecit Iulia Vartinigig || viro suo ob meritis, h. s. e.

664 Hilara fecit cipu | Accepto Barbarionis | liberto fratri suo | annoru XXV

665 d. m. s. | M. Lollio Sa|bino marito | amantissim||o qui vi Bav|aru passus | est, vixit an. | XXXI, Aurelia | Maiiorica ti||tulu fecit an. p. CCC||[XX]ϘI, Ma. Lollio F||[.|. .]aso, vix. an. XX[. .]I

666 d. m. s. | Considius | Viator, qui | et Gargili||us. vixit p. m. | ann. XL. me|moria pos. | Amantius | signu Sim||plici

667 Silvinae car[issimae.] | quod ego sper[abam,] | paula mi Silvinam [fac]|tura, ego feci Silv[inae] || delicatae ann. XV[. . .], | quae est sepulta hic. [te] | rogo, qui legis unc | titulum, ut dicas, Silvi|na puella, sit tibi terra || [levis]

668 C. Atius Q. f. Anies. | miles leg. XV | Apolinaris | anoru XXIIX, || stipendioru X. | h. s. e.

669 [. . .] | Martinae et A|tronio Martino | ⟦et do Martino⟧ || et domu et familie | pro salut. eo|ru botu posuit | Hermadion | Prygillio

670 d. m. | M. Vipsanio | Felici Alcim. | coiugi carisim. || pientisimo | benem mere|ti fecit. vix. | anis XXX

671 [. . . paucis] mensibus actis
post nuptias, tenero per quam biduatus (amore) est,
casta cui coiux c[ubilia servat amorem] |
posteris ostendens, | ulli si credere fas est. |
patre repugnante pro||pio hec nomine signat |
nobercam vincens. | fame nomen ubiquem

672 Romanus nomin[e] | sum vocitatus. quem | di manes properarunt | eripere inmaturum. || quoius mortem acer[bum] | dolorem tulit [. . .]. | laetus vixi[. . .] | nam [. . .]

---

663 CIL VIII 21038 De 2568 (Caesarea) 1 verst. *numero Syrorum in Mauretania tendente* 5 s. Di s. 88 f **664** CIL VIII 21214 (Caesarea) **665** CIL VIII 21644 De 8500 (Mauretanien) 4 f vgl. CIL VIII 21630 9 f i. j. 366 **666** CIL III 2296 (Salonae) 9 f s. Rhein. Mus. 62 (1907) s. 396 **667** CIL III 14855 (Salonae) 3 f *paulam . . . facturam* **668** CIL III 4570 add. p. 2328^{40} (Wien) 4 vgl. Di s. 272 **669** CIL III 12433 (Moesia inferior) 4 irrtümlich wiederholt schluss von 3, anfang von 5 **670** CIL VI 28999 **671** CIL VI 30123 CE 600 2 *amore* fehlt auf d. stein 6 vgl. CIL X 5252 *saepem*, Di s. 295 ff und unten u. syntax **672** CIL IX 175 (Brindisi)

673 dis madib. | M. Ulpio Placid|o Aug. lib. tabulari|o a rationibus || mese Caliarum | Successus Caprio|la patrono bene | merenti [. . .]

674 molimen|tum Sapidi. | fecit uxor il||lius. vixit ann||is LI

675 d. m. s. | Iulia Fausta | Iulio Saturino | marito bene || merenti mu|lumentu fe|ci. vix. an. XLV. | pro(vinciae) CLXXXXϘII

676 d. m. | C. Ruti|lio Pri|migenio || o(ssa) b(ene). securo ossua tibi bene ques|quam

677 Flavius Vales et | Numerius Fortu|natus deis paterni|s sanctis votum || restituerum dei | seiaion

678 d. m. | L. Aufius Ianu|arius et Antili|a Datiba fece||rum filio suo | Saturo bene | merenti

679 Sestuleius Ametyssianus et P|lotia Iustina Sestuleio | Amet|ysto filio posuerum, qui vixxit || annos XXV messes VII b. m. p. b. m.

680 d. m. | Cassiae Secun|dine, defunc|te an. III m. III. || Cassianus et Ma|xssimuna pare|ntes posuaerum

681 d. m. | [. . .] | [. . .] co[. . .] | Eyrice socr(i) nuri || [p]ientissime p. c. et | sub asc. dedicaver|unt. nom merens hic | iaces secundum | aetatem

682 Iulio | Messori | Phebus | avomculo || b. m.

683 Licinia Soteris fecit sibi | et Licinio Seleuco patrono b. m. | quisque heres meus corpus | meu in hoc sarcofago non adiecerit, || imf(eret) rei publ. Ost. (sestertium) m. XXV n. *zu beiden seiten* d. m.

684 d. m. | Naeviae Al|liae vix. an. | XXV m. IIII. Al||lia Herois | mater imfe|lix filiae pí|entissimae | fec.

685 d. m. | [A]eliae M|arcellae fe|cit Aelius N||emesio im|fanti die. XX

---

673 CIL VI 8581 1 *manib.* 5 *mensae Galliarum* **674** CIL VIII 2269 (Mascula) 1 f vgl. CIL VIII 11480^b **675** CIL VIII 21489 (Mauret. Caesar.) 7 i. j. 237 n. Chr. **676** CIL VI 25667 5 f vgl. Di s. 287 **677** CIL VI 32573 5 desgl. Ephem. epigr. VIII 96 **678** CIL XIV 637 (Ostia) 4 f desgl. CIL II 508 **679** CIL IX 4028 (Alba Fucens) 4 desgl. CIL III 14333^1 14873^2 u. o. **680** CIL III 8971 (Salonae) **681** CIL XII 1957^a (Vienna) 4 *Euryce socri* 7 vgl. *immemoriam* u. ä. CIL III 3115. 10965 XIII 658, sowie III 7449 *flamem*, 7664 *cornicem* und Di s. 305 f **682** CIL III 2370 add. p. 1031 (Salonae) 4 desgl. CIL X 4321. s. CIL V 2781, 18 und III 567 *sentemtia*, VI 27441 *paremtes*, XII 2230 *volumtas* vgl. auch *voluptas* = *voluntas* **683** CIL XIV 1236 (= IX 4822) (Ostia) **684** CIL IX 871 (Luceria) 6 f desgl. CIL IX 3058 **685** CIL VIII 3349 (Lambaesis) 5 f desgl. CIL IX 5468 XII 3559 u. o.

686 d. m. Victorine Anne | bene merenti. precepto | domnico actum. mise|ram parentes perdede||runt annis trigitta

687 d. m. | C. Val. Maxi|miano arm. | cus. leg. IIII Fl(aviae) || stip. IX, vix. | annis XXX. | Aur. Fronto | tubice | leg. eiusde || heres eius | posuit

688 d. m. | Memio Rufo filio | Memia Creste mate|r no mereti. q. vixi(t) || anis III mesibus | IIII. die. X | bene mernti fecit

689 [d.] m. [s.] | L. Valerius L. fil. Fyrmus | sacerdos Isidis Ostens. | et M(atris) d(eum) Trastib(erinae) fec. sibi

690 d. m. s. | T. [F]lav[i]us [T.] lib. Salutari[s] | Augustalis | sibi et Titiriae Felicitati || coniugi bene merenti | negotias calcariarius | vivus fecit

691 d. m. | M. Mociun|cius Valentin|us lib(rarius) legati leg. || XIII g(eminae), vixit ann|s XXVIII, posuit | Val. Costas | vet. leg. XIII g. | et Floria Ince||nua mater filio | b. m.

692 d. m. s. | Granius In|fas annoru | LXI c. s. s. t. t. l. || c. b. b. v.

693 Primus | atriesis

694 d. [m.] | M. Antonio Ostesi. q. v. a. XXIII | m. X d. XXII. Antonius Felix et | Nonia Marcia filio dulcissimo || fecer.

695 diis manibus | Restitutae vernae | Caesaris. vixit annis | XVIIII mensib. VIIII diebus || XIIII. fecit Ilus pares et Prisca | mater filiae piae

696 Sperationi | P. Salvieni | Pauli | dispesatori || Myrtale | conserva | et sibi | p. *darüber* s. t. | t. l.

697 d. m. | C. Naevio Felici | filio C. Naevius | Felix pater || doles fecit

698 Salv[i]ae | pro meritis | parvum mu|nus hoc tibi || doles redd(o). | s. t. t. l.

699 d. m. s. | pater | et ma|ter me||mori|am fe|cit Sol|acio. vi|xit ann. || XXIIII me|ss. VI

700 [d.] m. s. | [Sev]erus vicsit | [ann]os viginti | [du]os meses tres

---

686 CIL III 8500 (Dalmatien) 5 vgl. CIL XII 722 *covviva* **687** CIL III 10518 (Aquincum) 3 f *arm(orum) cus(todi)* **688** CIL X 2728 (Puteoli) 4 vgl. nro 711 **689** CIL XIV 429 (Ostia) **690** CIL X 3947 (Capua) **691** CIL III 1194 (Apulum) **692** CIL II 1818 (Gades) 4 *c(arus) s(uis)* 5 *c(um) b(onis) b(ene) v(ixit)* Mo **693** CIL VI 6242 (columb.) **694** CIL XIV 584 (Ostia) **695** CIL XIV 487 (Ostia) **696** CIL IX 3448 (Peltuinum) **697** CIL IX 1287 (Aeclanum) 5 desgl. CIL IX 1236 **698** CIL II 5910 (Castulo) 1 *salutae* der stein **699** CIL II 3347 (Tarraconensis) **700** CIL II 1240 (Sevilla)

701 domo Collina | Cibessos | d. m. s. | P. Alius || Alexan|der mil. | leg. III Aug. | (centuria) Aemili | Silvani || pius vixit | an. XXXXII. | fecid P. Ael|ius Oocavia|nus mesor leg. || eiusdem

702 Novesis ser|vus ages et Iu|ventilla Sur|isce filiae in-fel||icissime, que v|ixit an. II me. III. | b. m.

703 C. Curtius C. l. Protus | interp[re]s de isula | sibi libertisq. suis

704 Faustus pistor | Ti. Germanici ser. | Philo et Menophilus | coservi merenti f.

705 d. m. | Phileros Palai | [H]ermetis | [Homo]noeae coserbae || [opti]mae fecit

706 XVIII | Ugiae annoru. | Anteros et | Chia cose||rvae | suae

707 Vettiae C. f. Crhysidi |
te rogo, praeteries, ut parcas | calcare iacente, |
infantis miserae menbra || iacentis humo. |
quae totiens lugenda erit, quoti|es te, memorabilis aetas, |
erepta doluere sibi qui te | genu[e]re parentes. ||
non nasci melius fuerat quan | nunc índigna iacerent |
ossa. cinis facta est iam non | resposura parenti

708 [. . .] | tosor | umanus | p(edes) q(uadratos) XV

709 d. m. | L. Iuli Castri|ci eq. R. pricipi | civitatis

710 d. m. [s.] |
hoc nuc nos po[si]|to titulo nomenq[ue] | tuemur:
Pelagia Nata[li] || coiugi cu Optato l[i]ber[to]

711 e cuo | no dolui, | du fuí, nuc | dolio, qi[a] || no est. | i(n) frot(e) p. [. . .], | in ag. p. [. . .]

712 v. f. | M. Cominius | Iustinus | Valeriani f. || sibi et Successe | Pastorine | Terti fil. | coiugi sactisime | bene merent.

713 d. m. s. | Flavia Secundi|na virgo sacta | vixit annis XVIIII || meses VII. h. s. e. | q. r. q. t. i. t. e. q. u. | n. a. le fecit

---

701 CIL VIII 3028 (Castra Lambaesitana) **702** CIL III 2126 (Salonae) **703** CIL VI 33864 1 *interpetes* überl. **704** CIL VI 4356 add. p. 3416 (columb.) **705** CIL XIV 1463 (Ostia) 1 f vgl. CIL XIV 222. 1445 **706** CIL V 4525 (Brixia) 1 f d. i. *Hygiae annorum XVIII* **707** CIL VI 28695 CE 1145 zur rekonstruktion der verse vgl. die anm. von Buech. **708** CIL XII 4517 (Narbo) 1 f zur sache vgl. edict. Diocl. 7, 22 f, zur form CIL XII 4679 **709** CIL X 7808 (bei Cagliari) 3 desgl. CIL XIV 229 **710** CIL IX 2991 CE 642 (im ager Frentanus) **711** CIL XI 932 (Mutina) 3 *nunc*, wie CIL X 5020 **712** CIL V 6580 (im ager Novariensis) **713** CIL VIII 483 (bei Ammaedara)

714 [d.] m. | L. Cossacionio Por|cello defucto et | Sacrilae Sacrilee ‖ coniugi eiius si|bi et suis viva ti(tulum) di[c(avit)]

715 C. Vallicius | Avillius Volt(inia) | Nemauso vet|eranus leg. VII ‖ g(eminae) f(elicis), defuctus | ann. XL. h. s. e.

716 v. Viniciae | Cocessae | Sex. Serranius Se[. . .]

717 [. . .] | vcc[. . . an.] | LXXX et Rutil[i]o [Ge?]|mino an. III. h. s. s. | Rutilia Ursa et ‖ Rutilia Sacta | m(atri) et a(vo) et f(ilio) p(ro) p(ietate) f(aciendum) c(uraverunt) | et Loginio Olypo | vivo

718 lex rivi ul[t(erioris)?.] | si quis in eo m|ixserit, spurcit(iam) | fecerit, in temp(lum) ‖ Iovis d(omestici?) X I d(ato), de|l(atori) pars dim(idia) esto. | nesi l(ongius?) p(assibus?) V (*nämlich* a rivo spurcitiam fecerit)

719 divo Tito | Aug. | L. Flavius Quir. | Epidianus ‖ IIII vir i(ure) d(icundo) quiq(uennalis) | ob honor.

720 T. Flavio | Diocaito | et C. Finite | con. v. f. sbi ‖ et Igenuo | fi. an. XX.

721 Alexadrus | Ger(manici) atr(iesis)

722 d. m. | L. Cosconio | Iucundo con|iugi dulcissi‖mo defuncti | annorum XXXXI | Licinia Corin|thia coniux | dulcissima ‖ ponedum | curavit

723 Compe|dia ano|ru LXV

724 Vibia Terti f. | Gracilio Secudi|no mari(to) et sibi | v. f.

725 Nudinus

726 d. m. | C. Popeianus | vix. ann. XII. | pater et mater ‖ filio fecerut | pietisum(o)

727 d. m. | Euryalini | Onesimus | maritus ‖ et fili Ursulia|nus et Ursina | matri | pientissime | posuerut

728 d. n. | Constatino

---

714 CIL XIII 4166 (Neumagen bei Trier) 3 desgl. XIII 816 **715** CIL II 4173 (Tarraco) **716** CIL XII 5243 add. p. 855 **717** CIL III 4603 add. p. 2283 (Pannonia superior) **718** CIL XII 2426 (Aoste) 1 f vgl. CIL XIV 3343 *[de]ux* 5 *denarium unum* **719** CIL III 12680. 13818 (Dalmatien) **720** CIL III 14107 (Noricum, Marburg) 5 desgl. CIL III 14365^2 **721** CIL VI 4428 (columb.) **722** CIL XIII 715 (Bordeaux) **723** CIL II 5035 (Lusitanien) **724** CIL III 5482 add. p. 1837 (Noricum) 2 vgl. CIL XIV 2294 *secudus* **725** CIL III 15216^{11} (gefässinschrift aus Raetien) **726** CIL X 7545 (Sardinien) 5 desgl. CIL VI 27560 **727** CIL III 14269 (bei Salonae) 8 viell. *pientissimae* 9 vgl. CIL III 9260 sowie 11339 (*restituerut*) 14660^1 (zu 8775) *vixerut* **728** CIL III 6717 (meilenstein aus Syrien)

729 d. m. | T. Seranius Primian|us (centurio) legionis V Mac|edonice fecit colug||i sue Alagrie Ingenue | et filis suis Exxupera|to et Cogitato ben|e mebetibus | pietisimis

730 d. m. | Aurelia Pu|teolana Aemi|liae Afrodite || matri bene | mereti fe|cit

731 d. m. | Pr(i)mae Pri|mus et Do|nata pare||tes fece|runt. vixit | annis III | mensib. XI | diebus XXIX

732 Sex. Iulius Phy|ricus monume|tu fecit Grame | privignae suae. || vix. an. | XVIIII

733 monimetu | Sacuria Mutaci (uxor)

734 Fufia Q. l. Tertia sibi et | suis testameto fieri | iussit. in f. p. XVI, in a. p. XVI

735 d. m. | Aur. Valetino si|gnifero legio|nis XX, qui vixit || ann. L. Garini|a Emerita co|niugi merent|issimo | posuit

736 Aur. Eupateriae, | qui vixit an. XXIII, | Aur. Vera filie | posuit, Aur. Iovi||no innocetisimo | posuit

737 of. Quitini

738 translata ex obscu|ro loco curante | Iunio Gallieno v. c. p. p. | potif(ice) dei Solis invictí || cur. t(?) L(aurentum) L(avinatium)

739 m[e]moriae | Trebio Leotio | Trebius Vitalis | pater filio dul||cissimo b. m. [f.]

740 [. . .] | L. Deiio L. l. Au[. . .] | et cotibernali

741 Octạvia | Octaviaes | l. Sytyche | v. a. XL, || h. s.

742 C. Íulius Telesphorus | domó Ravennanś sibi et | Calpurniae Gemellináe | uxori fecit et libertis || [l]ibertábusq. posterísq. | [e]órum. | [in fro]nt. p. XX, in agr. p. XXV

743 Se[x. . . .]|nio Senece | mil. cl. pr. | Ravennas || D. Egnati|us Rufus | herens po|nendum cu|ravit

744 dis manibus | Laudio Monta|nio Cassiano | Vireius

---

729 CIL VI 3631 4 f *coiugi* 8 f *merentibus pientissimis* vgl. CIL V 4515 III 2246. 7457. 8012 u. v. a. **730** CIL X 2154 (Puteoli) 6 vgl. CIL X 270. 2728. 7833. 7841 XI 6076 u. o. **731** CIL VI 25017 **732** CIL X 7668 (Carales) **733** CIL XIII 2646 (Beaune) **734** CIL IX 2717 (Aesernia) 2 vgl. CIL IX 1527 *monumetum*, 5951 *Magnetius*, 1682 *spledid.* **735** CIL XII 678 (Arles, II/III jh.) **736** CIL III 12949 add. p. 2262 (Salonae, III jh.) **737** CIL XII 5686, 734[d] (gefässaufschrift) desgl. CIL XIV 2287. vgl. CIL III 14287[1] *vigiti* **738** CIL XIV 2082 (Lavinium) 4 desgl. CIL III 218 **739** CIL IX 1315 (Aeclanum) **740** CIL IX 2760 (Aesernia) **741** CIL IX 156 (Brindisi) **742** CIL XIV 1170 (Ostia) 2 dagegen nicht unrichtig *Atlans Pallans Thoans* 5 auf *i* ein Apex **743** XIV 3630 (Tibur) **744** CIL

Maximi||anus filius ad|optatus erens | Cassiani sup|ra scripti. ago | gratias tue || eredi|tati, [h]anc i[nfe]|rias [recte mit|tendo promereri | studebo ?]

745 d. m. et | perpetue securitati | Cl. Constantino, qu. | vix. ann. XXX et Ispan||ille coniugi eius, | que vixit ann. XXVI | et Reticio filio eoru|m, qui vix. ann. IIII. | Claudia Constanti||na soror et herens | fratri dulcissimo | hac pientissimo | f. c.

746 deo | sancto | Endovellico | Ann. Q. f. Mariana || pro Pompeia Prisca | ex rensponsu | a. l. p.

747 T. Flavius | Crensces | equ. ale Tam(pianae) ve|-x(illationis) Brit(annicae) an. XXX st(ip.) XV || dom(o) Duro-cor(toro) Rem(orum) | h. s. e. Flavius Silvan|us dec(urio) a[le ei]usd(em) | h(eres) [e(ius)] f(ecit)

748 [. . .] | [e]t diens XXII, | vetaeranus, | militavit in | l(egione) p(rima) M(inervia) sig(nifer)

749 M. Sestius Florus, vixsit | annis IIII, menses VI. s. t. t. l. | Sestia Cerialis Caensarie|nsis f. suo munumentu || faciendu curavit

750 Inside | sacr. | C. Roscius | Crescen[s] || v. s.

751 d. i(nferis) m. | Q. Messio | Solleni | Licinia Nopo||nta. cun c(o) vin|sin annis XXX. | congigi ponsi

752 semper | in hanc
tabula | hilare
ludamu | s amici

753 Lolia | Porci f. | hinc [s]íta

754 d. m. | L. Íulio Suprs|tenti I(ulia) Serv|ata coiugi pi||entissimo m[e]|rito [e]iu[s et] filio|rum

755 d. m. | Ti. Claudio | Thrasoni | Syntynche || benemer. fec.

756 Sitti|a Marc|iosa felix | fecunda ca||stissima, quae | moribus or|nata. cuin | parva quidem | memoria fi(li) || [f.] v. a. LXXV

757 [. . .] | Areo[. . . iun]|ioris ví|xit an. XXX. | conserva || posuit benemeretin

---

XII 122 (Axima) 10 ff die erg. vers. Hirschfeld **745** CIL III 5839. 11888 (Augsburg) 10 desgl. III 673 **746** CIL III 6265 (Lusitania) **747** CIL III 4466 (Carnuntum) 8 *h. f. f.* überl. **748** CIL XIII 5270 (Basel) 1 desgl. CIL XIV 471 u. ö. **749** CIL VIII 21116 (Caesarea) **750** CIL V 4220 (Brixia) 1 *Isidi*, wie CIL XII 1532 **751** CIL IX 2892 (Histonium) 3 *Sollemni* 4 f *Nepotia*? 5 f *vixi* 7 *coiugi posui* **752** CE 340 (spieltafel aus Rom) 1 statt *hac*, vgl. nro 638 und *Spenti* **753** CIL II 4386 (Tarraco) 3 desgl. CIL II 2592. 4402. vgl. III 8389 *vinxit* (= *vixit*?), VI 3637 (nro 758) *singnifer*, XIV 1386 *dingnissime* **754** CILXII 5827 (Avignon) **755** CIL IX 369 (Canusium) **756** CIL VIII 20062 (Milev) **757** CIL III 925 (Potaissa)

758 d. m. | Spycheni | Pothus | contub. || b. m. f.

759 d. m. s. | Val. Genialis milex | legionis secunde | Divitensium Italice, || singnifer, vixit annos L, | militavit annos XXVI, | posit Verina bene merenti

760 Iulius Donatus eq. leg. III Aug. ex opio|ne, vixit anis LV et milex anoru | XXV, efectum fili coniugi mer.

761 [d. m.] | [. .] Aureliu[s] | [E]uxenus | milix || Quietiae | Avite a(nnorum?) | [. .] coiugi | inconpa|rabili

762 [. . .] Prosdexix | [her]es eius | [. . . T]rophimus | [feci]t

763 d. m. | Gaberiae | Philetes | Gaberia || Tigrix | lib. | pientiss.

764 d. m. s. | Facilix vixit | anno men. VI, | h. s. e. s. t. t. l.

765 [C]aprio | xantissimo | dulcissimo | filio || Caprius pat|er et Oneris | mater | b. m. f.

766 Miggini medico, | qui vixit anz XX|V, minsis si, diebus | XXI

767 L̇ezbius | Suaví | Euschemonis o[ll.] | dat

768 d. m. | P. Valerio Pluto | Valeria Azbora | coniugi b. m. et sibi || posterisq. suis

769 dis manibus | C. Telegenio Azmeno, | vix. a. XXI m. III, Telegennia | mater

770 Maius Zmaragd. | verna | vix. ann. XVII

771 d. m. | Zozontis Orontes | et Damas fil. cariss. | fec. et sibi suis post. q.

772 Mamia | Zozima | h. s.

773 Mercurio | L. Saeconius | Zozimus | v. s.

774 d. m. | Claudiae | Zozimini an. | [. . .]

775 Statilia Lychoris | hic sita est. | T. Statiliu Carus | v. a. VIIII || cum mama sua

776 Cl. Hermes | fecit Cl. Calli|ope coniugi be|nemerenti || et sibi et suis. e|ptu locu (longus) p(edes) VI, (latus) p. III | S H C C n(ummis)

---

758 CIL VI 26713 **759** CIL VI 3637 add. p. 3407 De 2346 2 desgl. CIL X 536 V 893. 900 vgl. III 14349[5] *interprex* 4 vgl. PW V 1238 f unter *Divitia* (Deutz) **760** CIL VIII 2894 add. p. 1740 De 2328 (Lambaesis) 3 *fili* verderbt **761** CIL XII 1112 (Apta) **762** CIL IX 4088 (Carsioli) **763** CIL XII 4833 (Narbo) **764** CIL II 1228 (Sevilla) 2 vgl. CIL II 1154 *carisximo* **765** CIL IX 1055 (im ager Compsinus) **766** CIL VI 9592 2 *oui* der stein 2. 4 *XX:* scheinbar *v. a.* in ligatur **767** CIL VI 4155 (columb.) **768** CIL VI 28079 add. p. 3535 **769** CIL VI 27136 **770** CIL VI 4611[a] (columb.) **771** CIL VI 29680 **772** CIL IX 140 (Brindisi) **773** CIL V 4942 (im ager Camunnorum) **774** CIL III 11098 (Carnuntum) **775** CIL VI 6571 (columb.) **776** CIL VI 15099 7 = *HS* = *sestertiis*

777 aram Iovi fulge|ratoris ex precep|to deorum mon|tensium Val. Cres||centio pater deoru | omnium et Aur. Exu|perantius sacerdos | Silvani cun fratribus | et sororibu dedica||verunt

778 Aelie Felic|issime bene|merenti | locu plenu da||tu sibi et marit|o suo advenienti

779 L. Cuspiu | Primu v. a. | XXV. h. s.

780 P. Titiu P. l. Chius S[. . .]|ae contibernali [. . .]

781 A. Hordioniu | Essper vix. | an. LXV, | h. s. [e.]

782 [. . .]io Pisenae f(ilius) | [fui]t vitae nostrae | [h]on(or.) aspice
nati mei | signum miserandum, || ter spice.
quod decu parent. face(ret) | filius,
it mors acerb. fecit | ut face. mater filio

783 P. Gemi|nius C. f. | Severu | v. s. l. m.

784 d. m. | Kattia Augu|stina et Valer. | Mukianus pa||rentes et Val(e)r(ii) | fratres Kattianu, | Mukianu et Augu|sta posuerunt | ben(e) merenti || Vale(rio) Markellino, | qui vixit annos | XXVIII mens. II di. V

785 [d. m. Valerii . . .] | qui et Mannuli | et Va(l)eriae Aprillae C. | Valerius Primitius || parentibus bene | merentibus et sibi | et coniugi suae | Acutiae Ursae, | qui legaverunt || coll. fabris et cent(onariis) | ~~HS~~ n̄ $\overline{II}$ et oc ampliu | tabernas cun cenac(ulis) | coll. centonariorun, | quae sunt in vico Herc(ulio) || profusiones in perpetu(um) | per oficiales c(oll.) cent. | quod mi voluptati sati | non fecerit, iubio | castellum abere Ingenan(orum?). || quae r(e)ddunt d. C C, ut | ex d. C profusio nobis fiat et ex | d. C. tutelam taberum s(upra) s(criptarum)

786 Grecu

787 et memoriae | Pub. Maio|nis lib. de|fuc. an. LXV. || po(suit) minister | gener | eiu

788 Macrinu f(ecit)

---

777 CIL VI 377 add. p. 3005 De 3051 3 f d. i. *deorum montium urbis Romae* 5 *pater* im Mithraskult 9 s. Prosk. s. 56 **778** CIL XIV 525 6 *o a suo dvenienti* der stein **779** CIL IX 104 (Brindisi) **780** CIL IX 3763 (im ager Marsorum Marruvium) **781** Ephem. epigr. VIII 61 (Tarent) **782** CIL XI 5784 (Sentinum) **783** CIL V 2039[ab] (Bellunum) **784** CIL V 3555 (Verona) **785** CIL V 4488 (Brescia, aus constantinischer zeit) 4 *Primitivus* 10 man erwartet *fabrum et cent(onariorum)* 14 erg. *ut inde fiant* (nach 21) 17 *quod (si) meae voluntati* 22 *taber(nar)um* **786** CIL XII 5685, 18 (schüssel aus Ste-Colombe) **787** CIL XIII 816 (Bordeaux) **788** CIL VII 1336, 605 (schale in London)

789 C(orneliu) Silvanu f(ecit)

790 M. Rebur|rius Philip|pus caru suis | h. s. e. s. t. t. l.

791 Beru[l]us Beruli f. | eic situ esst. | anu et duo mess|e

792 litera nula docet | nomen causanque | sepulcri, scul(p)tu(s) | ines(t) lapidi bult[us] || [. . .]

793 d. m. | C. Iul. Alexander | mil. leg. IIII Fl. [f(elicis)] stip. X. | M. Sex. Candidianus || secu(s ?) here(s) et Q. | Variu Marcellus | proc. (?) corp(oris) b. m. h(eredes) t(estamento) | p(osuerunt). vixit annis p(lus) m(inus) | XXVIII

794 d. m. | Sacron(ius) | Ursinu | Anniae || Quint. | def. an. | LX b. m. p.

795 ego sum L. Lutatius | Paccius thurarius | de familia rege Mitredatis

796 L. Canini Batraci | decurione

797 d. m. | Eutyches Cae. n. s. pedisequ. | stationi casstrese fec. | matri pientissimae, et || Faustus colleg. aeius, | fecerunt sibi utriusque | suorum et posterisque | eorum

798 tegl(a) secipedale doliaris de | fig. Iuliae Proculae

799 Maxi|ma Fe|lice fi|λia p. v. || a. XXXX, | h. s.

800 murus communi | M( ) et Sextinae

801 sacerdoti | Iunoni reg. | Liciniae | Licinianae, || Liciniani trib. | filiae, | [Lic]inia Attiane | mater

802 T. Claudius Bericudus, | Lepidia Felicitas et Felix | fecerum sibi et | sui et libertis liberta||buque poterique | heorum

803 L. Seius Pilero | Vener(ia) L. l. | Seia eres v(iva) | emit duas || olas sib. et patr(ono)

804 d. m. | C. Aemilio | Octavio fi|lio, qui vis. || anni VI mes. | duo II die XX

805 d. m. | Qu. Aelia Sabin|a, quae vixi an|is XXV mesib||us VI. parente | bene merènti | filiae fecerum

---

789 CIL II 5416 (im conventus Astigitanus) **790** CIL II 1876 (Gades) **791** CIL VIII 21145 (Caesarea) 1 *Beruius* der stein 2 *EFC* der stein **792** CIL III 11451 CE 923 (Carnuntum, auf e. roten ziegel) 1 *doccet* der ziegel zu *d. . . . causam* s. Thes. III 668, 51 f 2 viell. *bult[us et acta notat]* Buech. **793** CIL III 387 (Alexandria Troas) 7 *pro[t(ector)]* verb. Mommsen **794** CIL III 14943^1 (Dalmatien) **795** CIL VI 5639 add. p. 3417 I 1065 (columb.) **796** CIL VI 7990 (columb.) **797** CIL VI 8523 De 1823 2 *Cae(saris) n(ostri) s(ervus)* 3 *stationis castrensis* (?) **798** CIL XV 650^a (ca 123 n. Chr., ziegel) **799** CIL VIII 17014 b_2 (Bu Atfan) 2 f *Felicis* **800** CIL XII 2037 (Vienne) **801** CIL IX 2111 (im ager Beneventanus) **802** CIL VI 15310 **803** CIL VI 26115 1 *Phileros* **804** CIL XIV 535 (Ostia) **805** CIL X 1323 (Nola) 5 *parentes*

806 d. m. | Ducenia | Agatetyce, | quae visit ani || VI mese VIII. | Duce(nia) Helpis | mater infe|licisima

807 d. m. s. | Titiae Felicitati | Seppiu Fortun. | coíug. santiss., || cum qua vixi | anni XL sine ul|la quaerella, | ben. mere. fec.

808 C. Valvennio | Apollonio | herde ex testamen(to)

809 d. m. | C. Crispio | Apro vixit | bienio mese V, || Crispia Silene | mater ben.

810 [. . .] | [qu]i vixit a[nn. . . .] | [men]sis X dies XX ora VIIII

811 Iumma Exobni fil(io) | cive Mediomatrico | annoru C. Atuns | Unnae ([B]unnae? [I]unnae?) filia[e] coiugi eius || annoru LXXX Dome|(. . .) Iustu filius et (h)ere(s) par|entibus fecit

812 d. m. | C. Iul. Alexander | mil. leg. IIII Fl(aviae) [f(elicis)] stip. X. | M. Sex(tius) Candidianus || secu here et Q. | Variu Marcellus | proc. corp(oris) b. m. h(eredes) t(estamento) | p. vixit annis p. m. | XXVIII

813 deo Mercur[i]|o Marcus Anto|nius Sabini|anus princep || v. s. l. m.

814 [in]vict(o) | Mitr(ae) Cor|nel. Fau|tu (centurio) lg. $\overline{XI}$ Cl(audiae)

815 d. m. | Iuliae Fautinae | defunte anno|rum XXV posuer[u]||nt parent[es pien?]|t[issimi . . .]

816 d. m. | Faeniae Filumen. | quae pietate coiu|gi in provincia pe||regrinata es. | Aurelius Sperchi|us uxori cariss|mae et inconpa|rabilis

817 L. Aemilio | Martialis | Emilia | Bauce || p. b. m.

818 d. m. | Sex. Valeri. Pudes (centuria) Iul. | Quintini militavit | anos VIIII, vixit || anos XXX, natio(ne) | Besus. s(ecus?) heres | Iul. Apolinaris | posuit ex clas. | pr. || Misenses

819 d. m. | et memoriae aeterne Iul|i Alexsadri natione Afri, civi | Carthaginesi, omini optimo, opif||ici artis vitriae,

---

806 CIL X 4113 (Capua) **807** CIL IX 2305 (Telesia) **808** CIL IX 896 (Luceria) **809** CIL IX 1515 (im pagus Veianus) **810** CIL XII 923 (Arles) **811** CIL XIII 6460 (Meinsheim in Württemberg) **812** CIL III 387 (Alexandria Troas) 7 Mo verb. *pro[t(ector)]* **813** CIL III 7856 (Dacien) **814** CIL III 7475 (Moesia inferior) **815** CIL III 14275[4] (Salonae) **816** CIL VI 17690 2 *Filumene* 3 f *ob pietatem erga coniugem* **817** CIL III 2156 (Salonae) 2 vgl. CIL III 10307 *filias* = *filia* **818** CIL III 7291 (Athen) 10 *Misenensi* **819** CIL XIII 2000 De 7648 (Lyon) 3 vgl. Thes. I 1531, 22 ff 4 *homini*

qui vix. anos LXXV | mensen V dies XXIII sene ulla | lesione animi cum coniuge | sua virginia, cum qua vix|sit annis XXXXVIII, ex qua || creavit filio III et [f]iliam, | ex quibus his omnibus ne|potes vidite deos supest|ites sibi reliquit. hunc | tumulum ponendum cu||raverunt Numonia Be|llia uxsor et Iulius Al|exsius filius et Iulius F|elix filius et Iulius Gal|-lonius filius et Num[o]||nia Belliosa filia, it[em] | nepotes eius Iulius Au[ct?]|us, Iulius Felix, Iuliu[s Aex?]|sander, Iulius Galoni[us?, Iuli]|us Leontius, Iulius Gall[. . .], || Iulius Eonius p. [p.] p. cyr(averunt) [et sub asc.] | dedicav[erunt]

820 d. m. | U[l]pio Ursino | evocato, | qui bixit annis XXXX || mensibus II diebus XV. | Mummia Afrodite | posuit marito pientis|simo bene merenti. | Arcadi, oxa tibi be(ne) || cesquant

821 *links ein gladiator, rechts ein mann in der toga mit einer palme* Iulius Balerianus, | qui vixit annis b(ene) XX, | natali suo d(ecessit), | sodaliciarius || bonus amoratus | Filetius usque at fotsa

---

822 ϑ | Heraclides | Xsanthrmi l. | med[i]cus hc sep. || Iacchus Lepotinis | [an]norum $\overline{\text{XIII}}$. Lepos | [l.?] patrono d. s. f.

823 d. m. | Mario Salbio Romano | Augusti liberto coiusx be|ne merenti fecit

824 dis m. | C. Tadius Restitutu[s] | et Mucia Crescentin[a] | Muciae Crescentinae || filiae pientissimae. | vixcsit anis XXV

825 Valerius M. l. Philologus. | Qutia Silvana ucxsor | virum ecxpecto meum

826 Tancorix | mulier | vicsit annos | secsaginta

827 Pontius Leo se bivo | fecit sibi | et Pontia Maia coius heius | fecerunt filio suo Apollinari bene || merenti

828 d. m. s. | Flavius | Castus. | tumulu || fecit co|nius mar|tio merenti

829 d. Viventi m. | titulum, qui vixsit | annos XLV mesis | V dies XXVIII, liber(tum) || reliquit piliatum. | coius pientissima fecit | memoria quator filiorum | mater

---

12 d. i. *vidit et eos* 25 *p(arenti) [p(iissimo)]* oder *p(ro) [p(ietate)] p(onendum)* **820** CIL VI 3446 **821** CIL VI 10185 6 *ad fossam* d. i. *sepulcrum* **822** CIL XII 4487 (Narbo) **823** CIL VI 25833 **824** CIL X 2993 (Puteoli) **825** CIL XII 5193 (Narbo) **826** CIL VII 355 (Old Carlisle) **827** CIL VI 24724^{a} add. p. 3521 **828** CIL VIII 3617 (Lambaesis) 6 f statt *marito* **829** CIL XII 4247^{b} (Baeterrae) 2 statt *titulus* 5 *pileatum*

830 d. m. | C. Iovio Iulio Ligu[ri], | [I]ovia Santippe fili[o p]i|[en]tissimo, qui annis vixit || [XX]III, meses IIII. |
[tu q]uoque communi | [mans]urus sede viator,
paul[um] siste, precor, spe|rans [tibi] talia ferri ||
et lece. nam nimium c|rud[eli . .]p[. .]n

831 d. m. s. | Antonius | Primus q|ui bisit an||nis XII m. IIII di|ebus XXI. [p]aren. | benemerenti

832 d. m | Pompeius Felx | visit annis XVII | diebus LVII. || parentes filio | dulcissimo

833 Titia Ruf|ina matr|i Varone p|iteseme, q||ue vissi(t) an. | LXXV

834 *a* i(n) Capitolio esaminata. | Ermetis Mat(idiae) Aug(ustae) *b* Forentina | Paoniais

835 d. m. s. | Dexter | et Amavilis | vi(vi) s(ibi) p. et Ma||si-mile filie, q. | vi(xit) an. XXV

836 d. m. | Iulia Veneri|a an. XXXII. | I(ulius) Alesan(der) con. || pientissimus | et I. Belicianus | f. monime(ntum) | f. c.

837 T. Flavius Aug. lib. | Alcon et Antonia | Lyde monu-mentu | fecerunt sibi et suis || libertis libertabusq. | communibus pos|terisque eorum | cum aedificio | Escitatiano cus||todiae causa m|onumenti. itum | actum aditum | ambitum | ita ut vivi || possedimus, | posterique | nostri po|ssideant, | vivi vivis || dedimus, | inscribi | iussimus. | quod si qis | eorum par||tem iuris | sui vendide|rit aut ex | consesu universorum, | ea pecunia in || aerarium po|puli Romani in|ferri iubemus. | hoc monumen. | cum sua custod||a heredem non sequetur

838 s(acrum) M(atri) d(eum). | Val. Gemina | vires esce|pit Eutyche||tis VIIII kal. | April. sacer|dote Traia|nio Nundi|nio d̄. n̄. Gordi||ano et Aviola cos.

839 [I.] o. [m.] | voverunt | in espedi|tione Ger||mica Sep. | Quintia|nus et Aur. | Gentilis. v. s. l. m.

840 d. m. s. | Iu(lia) Estr|ikta vixit | anis LI

841 d. m. s. | Vibiu|s Esri|catus || vixit | anis | LVII

842 I. o. m. | Verus | aram | sestum || k. posuit. | v. s. l. m.

---

830 CIL XII 213 CE 580 (Antipolis, diokletianischer zeit) **831** CIL X 2079 (Puteoli) **832** CIL X 7692 (Cagliari) 3 desgl. CIL IX 86 u. o. **833** CIL III 2564 (Salonae) **834** CIL XI 6727 (bronzewage) **835** CIL III 8324 (Dalmatien) **836** CIL VII 133 (Isca) **837** CIL VI 10238 De 8353 **838** CIL XIII 510 (Lactora) i. j. 238 **839** CIL III 3447 (Aquincum) 4 f statt *Germanica*? 4 f vgl. 4974^{a} *Espectato* **840** CIL VIII 20549 (Mauret. Sitif.) **841** CIL VIII 16313^{a} (bei Sicca) **842** CIL V 5583 (Corbetta beim lacus Verbanus)

843 Dester f(ecit)

844 Sestus | Tlaturius | Triti f(ilius) vius | f. sibi et coiu||gi annorum ( ). | d. m.

---

845 Cornel. | Soszomene | ϑ ann. XXV | animae in||comparabili | Aul. Ann. Per|petus con|iugi kariss.

846 Sosimo | structori | Logus de suo | posuit cons(ervo). || v. a. XVII

847 d. m. | I. Sosimeni | I. Nicaris | mater[t.] || optumae

848 deo | Mercurio | Aponius | Sosumus || a(nimo) l(ubens) v(otum) s(olvit)

849 [d.] m. | Dexte[r] | frate[r] soro|ri Sosemini || anoru IIII | b. m. p.

---

850 *zur linken der daemon Typhon Seth mit magischen griechischen lettern und zur linken des daemon trümmer einer zweiten inschrift* [. . .] | filius [. . .] | qui [. . .]o ab hac ora ab hoc die ab hac nocte | t[. . .]m tic[. . .]te | tere contere confri[ng]e e[t . . t]rade || morti fili[u]m Aselles Praeseti[ci]um pristinarium | qui manet in regione nona ubi videtur arte sua | facere, et trade Plutoni praeposito mortuorum, | et si forte te contempserit, patiatur febris | frigus tortionis palloris sudores obbripi||lationis meridianas interdianas seru|tinas nocturnas ab hac ora ab hoc die ab hac, | et perturba eum ne repraeensionem abeat | et si forte occansione invenerit, praefocato eum | Praestetium fili[um Asell]es in termas valneas in quocumque loco || cupede frange Pr[aesetici]o Aselles, et [si] forte te seducat per aliqua | [artifici]a et rideat de te et exsultetur tibi, | vince perccide filium mares Praesete|cium pristinar[iu]m filium [A]selles | qui manet in regione [nona, ed]e ede || tacy tacy *beischriften dreier figuren* Victor — Asella | mater — Prae[se]|tici[us] | pris[tina]|r[ius]

---

843 CIL VII 1336, 411 (gefässinschrift) **844** CIL III 15055 (Dalmatien) **845** CIL XII 794 (Arles) 2 vgl. CIL XII 4200 *Soszusa*, VI 25283 *Acmaszonti* **846** CIL XIV 2656 (Tusculum) **847** CIL XII 3925 (Nîmes) **848** CIL II 425 (Lusitanien) **849** CIL III 1922 (Dalmatien) **850** CIL VI 33899 De 8750 5 *pistrinarium* 9 f zu *obrepilatio* = *horror, tremor membrorum* s. Arch. f. lat. Lexikogr. 1, 71. 3, 541 11 *ab hac* nämlich *nocte* 12 d. i. ital. '*riprendersi*' (Hülsen) 13 man erw. *inveneris* 14 *in balneas* 15 *compedi* (= *alliga*) 17 *mares* unklar. Wünsch vgl. Hom. Il. 16, 54 CIL VIII 12511 19 f ἤδη ἤδη, ταχύ, ταχύ

851 *a* Malcio Nicones oculos, | manus, dicitos, bracias, uncis, | capilo, caput, pedes, femus, venter, | natis, umlicus, pectus, mamilas, || collus, os, bucas, dentes, labias, | me[nt]us, oclus, fronte, supercili., | scaplas, umerum, nervias, ossu., | medulas, venter, mentula, crus, | quastu, lucru, valetudines, defico || in as tabelas *auf der rückseite b* Rufa Pulica manus, detes, | oclos, bracia, venter, mamila, | pectus, osu., m[ed]ulas, venter, | crus, os, pedes, frontes, || uncis, dicitos, venter, | umlicus, cunus, | ulvas, ilae, Rufas Pulica de[f]ico | in as tabelas

852 dii iferi, vobis comedo, si quicqua sa|ctitates h[a]betes, ac tadro Ticene | Carisi, quodqud agat, quod incidat | omnia in adversa. dii iferi, vobis || comedo ilius memra, colore, | figura, caput, capilla, umbra, cereb|ru, frute, supe[rcil]ia, os, nasu, | metu, bucas, la[bra, ve]rba, alitu, | colu, iocur, umeros, cor, pulmones, || itestinas, vetre, bracia, dicit|os, manus, ublicu, visica, femena, | cenua, crura, talos, planta, | dicitos. | dii iferi, si illa videro tabescete, || vobis sacrificiu lubes ob anu|versariu facere dibus par|entibus iliu[s] voveo. | peculiu ta[be]scas

853 Cn. Numidium | Astragalum | vilius vita(m) valetudin. | quaistu|m ipsuq. || uti tabescat morbu | [. . .] C. Sextiu Tabsi | [. . .] mado rogo

854 Barcathes Dasi M. l., | M. Dassius, M. Allius | Cerdo salvi, nisei ista | re qua ages qum q. cava(?) || literas perlegerit C. Vitrasi

855 *a* dii inferi, C. Babullium et fotr(icem) eius Tertia(m) Salvia(m): *b* Quartae satiavi[t]: recipite inferis, Dite, [d]omum tuam

856 *a* denuntio personis infra | scribtis Leontino et Tasgil o, | ut adsin ad Plutonem — | quomodo hic catellus nemini ||

---

851 De 8751 (bleitafel aus Nomentum) a 1 *Niconis* 4 *umbilicum* 5 *buccas* s. Thes. II 2295 f 9 *quaestum* s. d. anm. von De b 7 *vulvas ilia*? **852** CIL X 8249 (bleitafel aus Minturnae) 2 *trado Tychenem* 7 *frontem* 8 *mentum* 8 f *halitum collum* oder *visu(m) colu* 10 *intestina* 11 *umbilicum vesicam femina* (= *femora*) **853** CIL X 3824 (bleiplättchen aus Capua) 2 *illius*? 5 *morbo*? *morbus*? 6 cogn. oder form von *tabes*? 7 *mando* **854** CIL X 8214 (bleiplättchen aus Cumae) 3 f *ista(m) re(m) qua(m) age(n)s* oder *agis* **855** Ephem. epigr. VIII 529 (bleiplättchen aus Cales) a statt *eius* b *Q. s.* nämlich *Tertia Babullium Dite* vocativ wie CIL I 818 (Altl. inschr. 560). s. auch Carola Proskauer Das auslautende *s* auf den lateinischen inschriften (Strassburg 1909) s. 35 **856** De 8752 (bleitäfelchen aus dem gebiete der Santonen) a 3 hier schliesst an z. 14, die versehentlich aus-

nocuit, sic que olosicod ma nec | illi hanc litem vincere possint; | quomodi nec mater huius catelli | defendere potuit, sic nec advo|cati eorom eo[s de]fendere non || possint; sic il[o]s [in]imicos | — Atracatetracatigal|lara precata egdarata | hehes celata mentis ablata | — [et] at Proserpinam hinc a[beant] —

b aversos ab hac l[i]te esse; quo|modi hic catellus aversus | est nec surgere potesti, | sic nec illi; sic traspecti sin[t] || quomodi ille. | quomodi in hoc monimont. ani|malia ommutuerun nec surge|re possun, nec illi mut[iant]. | Atracatetractigallara || precata egdarata he|hes celata mentis abla|ta

857 *a* nomina | data [dela]|ta le[gata] | ad inferos, || u[t] illos per vim | [c]orrip[i]ant

b Silonia | Surum Cae|nu | Secundum. || ille te | (s)ponsus pro|cat: ilum amo

858 Sinto Valetis sive alii inimici. | Sinto Valentinus inimcus sic comdi plumbum | subsidet, sic Sintonem et Martialem Sinto[nis] | et Adiutorium Sintonis et quisquis contra || Rubrium fr[atre]m et me Quartionem | ⟦siqui⟧ contravenerit ⟦Sintonem et Adiuto|rium eius Sintonis⟧ defero ad infero⟨s tanquam inferos⟩. | sic nusquam contra nos [inve]nisse respon[sio]|nis cum loquantur inimici. sic [d]esumat || non parentem ⟦tanquam inferos⟧

859 *zu beiden seiten einer rohen circusskizze mit schranken und signalfahne die pferdenamen:*

a [. . .]renalius, | Venator, | [Exs]uperus, | Augur, || Volens, | Sidereus, | Atonitus, | [B]eronica, | Crysiph||us

b Sidereus, | Igneus, | Turinus, | Martius, || Rapidus, | Armi-nius, | Inpulsator, | Castalius, | Gelos, || Piropus, | Euginis, | Animator, | Bladus, | Sidonius, || Omnipotens, | Aquila, | Licius, | Amazonius, | Imber *darunter zauberworte und:*

c ixcito [t]e | demon qui ic conver|sans, trado tibi os | equos,

---

gelassen war 5 *olosicod ma* lesung unsicher, unverständlich 11 f und b 9 ff zauberworte, die z. t. e. sinn anzudeuten scheinen **857** CIL XIII 7550 (bleitäfelchen aus d. nähe von Kreuznach) *b* 1 *Siloniam* 2 f nachträglich eingefügt 5 ff verstehe: *Secundus Siloniam sponsus procat: ego autem illum amo* **858** CIL XIII 7554 (wie nro 857) zur erkl. s. d. anm. von R. Wünsch 1 f *Vale(n)tis* und *Valentinus* nachträglich am rande zugefügt 2 *quomodi* = *quomodo* 7 ergänzt von Wünsch aus z. 10 8 d. i. *inveniant, inveniunto responsiones* 9 *desumat* nämlich *plumbum Sintonem* 10 d. i. *ita ut in iudicio non appareat* **859** CIL VIII 12504 De 8754 (bleitafel aus Carthago) *a* 1 *[F]renalius*? *b* 10 *Pyropus* 11 *Eugenes* 13 *Blandus* *c* 1 *excito* 2 f *conversas*

ut deteneas || illos et inplicentur | nec se movere possint *am obern rande und den beiden seiten zauberworte*

860 *b* te rogo, qui infernal|es partes tenes, commen|do tibi Iulia Faustilla, | ut eam celerius abduca||s, infernales partibus | in numeru tu abias

861 adiuro te demon qui|cunque es et demando ti|bi ex anc ora ex anc di|e ex oc momento, ut equos || prasini et albi crucies | ocidas, et agitatore Cla|rum et Felice et Primu|lum et Romanum ocidas | collida, neque spiritum illis || lerinquas; adiuro te | per eum qui te resolvit | temporibus deum pelagi|cum aerium Ιαω Ιασδαω | οοριω [. . .] αηια *auf der rückseite der daemon auf e. kahn mit zauberworten und den pferdenamen* (?) Noctivagus | Tiberis Oceanus

862 [. . .] ope commendo tibi quo [et] | [. . .] mella ut illan nmittas dae|[mon . . .] n aliquos infernales ut non pes | [. . .]is me contemnere, sed faciat || [quodcu]mque desidero Vettia quem pepe|rit Optata, vobis enim adiubantibus | ut amoris mei causa non dormiat non ce|bum non escam accipere possit | καρκε γευθιμοι μωκ θιε ωδδ [. .] ωκειν [. .] μοι θεψε || *magische zeichen* obligo Vettie [quam] | peperit Optata sensum sap[i]entiam et [intel]|lectum et voluntatem, ut amet me Fe[licem] | quem peperit Fructa ex hac die ex h[ac ora], | ut obliviscatur patris et matris, et [propinquor]|um suorum et amicorum omnium [et aliorum] | virorum amoris mei autem Fe[licem quem] | peperit Fructa, Vettia qu[em peperit Optata] | solum me in mente habeat [. . . dormi]|ens vigilans uratur friga[t . . .] || ardeat Vettia quam peper[it Optata . .] | [a]moris et deside[ri mei . . .]

863 ἀδ[ιουρο . . .] περ μαγνουμ δεουμ ἐτ | περ ἀνθεροτας ἐτ περ ἐουμ κουι ἄβετ | ἀρχεπτορεμ σουπρα χαπουθ ἐτ περ σε|πτεμ σθελλας, οὐθ, ἐξ κουα ὄρα || ὀχ comποσουερο, νον δορμιατ Σεξ|τιλλιος Διονισιε φιλιους, οὐραθουρ | φουρενς, νον δορμιατ νεκουε σεδεατ | νεκουε λοκουατουρ σεδ ἰν μεντεμ ἀβ|ιατ με Σεπθιμαμ 'Αμενε φιλια· οὐρα||θουρ φουρενς ἀμορε ἐτ δεσιδεριο | μεο, ἀνιμα ἐτ χορ οὐραθουρ Σεξτι|λι Διονισιε

= *conversaris* **860** CIL VIII 12505^{b} (vgl. 12505^{a}) (wie nro 859) 5 oder *infernalis* 6 *in numerum* 12505^{a} *habeas* **861** De 8753 (bleiplatte aus Hadrumetum) 10 *relinquas* (s. Buecheler Rh. Mus. 51, 640, Wünsch ebda 55, 247) **862** De 8756 (wie nro 861) 16 *autem*: man erwartet *causa* 19 *frigeat* **863** De 8757 (wie nro 861) 2 *Anterotas* 3 *accipitrem*, gemeint ist Horus oder Osiris

φιλιους ἀμορε ἐτ δεσιδε|ριο μεο Σεπτιμες 'Αμενε φιλιε. του αοὐ|τεμ Αβαρ Βαρβαριε Ἐλοεε Σαβαοθ || Παχνουφυ Πυθιπεμι, φαχ Σεξτι|λιουμ Διονισιε φιλιουμ νε σομνου|μ χονθινγαθ σεθ ἀμορε ἐτ δεσιδε|ριο μεο οὐραθουρ, οὐιους σιπιριτους | ετ χορ χομβουρατουρ ὀμνια μεμ||βρα θοθιους χορποριc Σεξθιλι Διονι|σιε φιλιους. σι μινους, δεσχενδο ἰν ἀ|δυτους 'Οσυριc ἐτ δισσολουαμ θεν | θαπεεν ἐτ μιτταμ οὐθ [[ἀ φουλ]] | ἀ φλουμινε φερατουρ. || ἐγὼ ἐνιμ σουμ μαγνους δεχανους δει μαγνι δει | Αρχαμμαχαλαλα [. .] ε

---

864 Σεξστος Κλωδιος | Δεχομου λιβερτινος | ἀντι διον τερτιον νωναις

865 κ̄. θ̄. | Αἰλια Μαξιμα | Ζουλιαι Εἰρινηνι | ματρι βενε μερεντι || φηκιτ

866 'Αντισθεια Πισ|τη φηκιτ μα|ρειτω μεω | Κανιω Κοδρα||τω δυλκισσι|μω ἐτ φειλι|αι Κλαυδειαι | Σαβειναι κα|ρισσιμε

867 Antonio Ροτεολα|νο φιλιο δουκισιμ|ο βεν(ε) μερετι Τ. 'Ατο|νιος Μαρινος π||ατερ φηκιτ

868 'Αλλονια | Μαρκ[ε]λα φη|κιτ μαριτο σου|ο bene mepeti 'Α||λονιο Ζωτικο, ἀνως βιξιτ μικ|ου XXII

869 Γαι Κουριατι | 'Αθισκτι | φηκες Σύρο|ς

870 δις μαν. | Γ. 'Ιουλιους Τιλεσφορος | φηκετ ἐτ σιβι ἐτ σου|εις λειβερτεις λειβερταβο||υσκε ἐωρὺμ. Τερεντια 'Ακτη | φηκετ Τερεντιω 'Ανεικητο ἐτ λ[ει]|βερτω ἐτ κονιουγει βενεμερεντει, ἐτ σι|βι ετ σουεις λειβερτεις λειβερταβουσκ|ε ἐωρουμ. δκ μονομεντου ἡδεφικατου || ἐσ κομουνε ἀβ 'Ιουνιω Τελεσφορω [ἐ]τ | Τερεντια 'Ακτη

871 δ(ις) μ(α)ν(ι)β(ους). | Μινδια | Πανθηρα | ἀλουμμnae || Φορτουνατε | μεμοριαι

872 δ. μ. | Γν. Πομπει 'Ισμηνι | 'Ιουλια Τυχη οὐιρω βενε | μερεντι

873 δ. μ. | Τιτιαι 'Ελπίδι Μαρ|κους Τιτιους Ζηνο|βιους κοιουγι βενε || μερεντι φηκιτ

---

18 *huius*, kaum *vius* = *vivus* 22 f τὴν ταφὴν weitere verfluchungstafeln: De 8755 (christl.) CIL XI 1823 XIII 7551. 7553. 5338 II 462 VIII 19525 III 11882 p. 961 (christl.) Rev. archéol. IV 2 (1903) s. 151 ff Mitth. d. österr. Inst. 1906 s. 194 usw. **864** CIL VI 8247 (columb.) **865** CIL VI 10939 add. p. 3507 1 καταχθονίοις θεοῖς **866** CIL VI 11933 **867** CIL VI 12006 Kaibel I. Gr. I. 1401 **868** CIL VI 15450b 2 μαρκβλα der stein **869** CIL VI 16621 (tonziegel) **870** CIL VI 20294 **871** CIL VI 22520 **872** CIL VI 24475 **873** CIL VI 27515

874 Ἡρακλέων Ἡλι|οδώρω ἀδελφ|ῶ φηκιτ βενε μερε|τι δεις μανιβους

875 [δ.] μ. | [Τοσσιω Ἑρ]μητι Ὀστιλια | [. . . κονι]ουγι καρισσιμω βενε | [μερεντι] φηκιτ κουμ Τοσσια || [. . .] ια φιλια σιβι ἐτ σουεις | [λειβερτει]ς λειβερταβουσκουε ετ φαμιλι|[αι ποστε]ρεισκουε ἑωρουμ φηκηρουντ

876 δε(ις) μ. | Αὐρηλιους | Ἰνπetratους | β(ετερανους) κ(λασσις) Μ(εισηνηνσις) βειξ(ετ) ἀνο || ν' μηζες ϛ' δει. η'. | κοζους ἰμβεια Εἰ|ρηνα μαριτο βενε | μερεντι φη|κετ

877 Ἀορηλις Ὀσπιτιανος, | Ἰολιος Σερηνος | Ἰολιε Ζοσκορουτι, | κουε βειξιτ ἀννις || XVIII dιης VI βενεν | μερεντι ποσουηρο

878 δ. μ. | σπιριτ. β. | Φλαβιαι Ἀλβιναι | Α. Π. φιλιαι κομμενδατο || κινερες | ἀρκα κονδο | α β κ φ λ δ

879 σαλβω Κομ|μοδω φηλιζ | Φαυστεινα

880 Παυλιν|α βιβας | Κωσθαν|τι

---

881 Octavis | Acutus

882 d. m. | Eutucianedi | coouci rene | mereti Nau||cellis cast|ellaris | fecit

883 d. m. | Arrius Hy|pnus et Bo|lumnis Eu||tychos | Menoge|ne fratri | suo bene | merenti || fecerumt

884 memoriae Valeria(e) Euterp[enis], | quae vixit annis XXV m.[. . .]. | Licinius Olupis maritu[s u]|xori bene merenti, cum || ⟦m⟧ quem vixit ann. VII m. [. . . fe]cit

885 d. m. | C. Loncini Maxi|mi Lib(urna) Clementia | nation. Pamphylis. || vix. annis XXXXV | milita. ann. XXV. | L. Valerius Valens | libraris dupliciar. | heres ben. mer. fec.

886 [T. V]aleris T. l. | Licnos l(ibens) a(nimo) d(at)

887 Ianuaris f(ecit)

888 d. m. | Aur. Victorino evok. ex kast. pret. | aunculo, qui b(ixit) ann. LXXX, m. VII | et d. V, et Aur. Valentine

---

874 CIL VI 35434 **875** CIL VI 35454 **876** CIL X 719 (Sorrent) **877** CIL X 2145 (Puteoli) **878** CIL X 6608 (Velitrae, chr.) **879** CIL II p. 1025 (gemme) **880** CIL III 15219 (goldner ring aus Raetien, linksläufig geschr.) 3 f nämlich *uxor* eine jüdische inschrift mit griech. lettern CIL III 10055 add. p. 2328[176] **881** CIL VI 4625 (columb.) **882** CIL VI 8492 3 *coiugi bene* 4 ff *Naucellius castellarius* **883** CIL VI 12375 add. p. 3510 3 f *Volumnius Eutychus* **884** CIL X 4388 (Capua) **885** Ephem. epigr. VIII 430 (Misenum) **886** CIL V 21 (Pola) 2 *Lychnus* oder *l(ibente)* **887** CIL XII 5698, 6 (am griff e. ehernen schale) häufige form, beachte den gen. *Ianuaris* (CIL XII 3621, II jh.) **888** CIL VI 2774 coiuci || eius amite meae, que vixit an. | LXXVII, m. VIIII et d. XXI, ex te[s]ta|m[en]to eres Valentinis una cun | Incenuo b. m. f.

889 d. m. | locus consacratus. | Iulia Luciane | vixit an. IIII me. VII || di. VIII

890 d. m. | Prepusae filiae b. m., | qae vixit [a]nn. VI dieb. X. | Ceciliane et Dydimus [[pa]]||parentes fecerunt et sibi | et suis posterisque | eorum

891 Iulia Clita Epapra | li(berti) regis Iuba liberte | vixit anos L. Dinam|is mater eius po(suit) ae sua || impesa

892 d. m. s. | Bebia Aeme|ríte vi. an. | LXI mes. III die. V. || Liberalis et Fus|cus et Emeritu | mat. kar. fec.

893 Iunia Augi | vixit an. XXVI. | olla Epagatus | de(dit)

---

894 Statil. Fortunata | Heraclaes uxor | vix. an. XXIIII

895 Optata Pasaes | ostiaria. fecerunt | amici

896 Obidia | Amor | viva sibi, | L. Ob[i]di || Sagites | decurionis | filia

897 C. Varius Eutichus | verna dulcissumus | Variae Primae et Audi | Themistoclenis ann. III

898 d. m. | Eusebetis | Albanus | fil. kar. f.

899 d. m. | Thiophiletis | medici. Secura | marito carissimo

900 Terraea | Nerotis l. | Melaenis | víxit ann. XXVII

901 Modestus | Athys l.

---

902 C. Iuli Euthychi | et Quintiliaes Auraes | immunium

903 Turulliaes M. l. | Alethiaes | hic ossa sita sunt

904 dis manib. | Modiaes M. l. | Venaeriaes

905 Genio | villaes | com(mune?) vill(aticorum?)

906 Sex. Cervio | Cerviaes Psy|ches l. Iucun|do Phota || Cerviaes Psy|ches vilicus | nutricio | suo | p.

---

889 CIL VI 5176 (columb.) **890** CIL VI 7958 (columb.) **891** CIL VIII 21086 (Caesarea) 1 f verst. *Iulia Clita Epaprae (= Epaphrae) liberti regis Iubae* (nro 44) *liberta* 4 *e* **892** CIL VIII 16581 (Theveste) **893** CIL VI 7631 (columb.) 1 *Auge* **894** CIL VI 6565 (columb.) 2 vgl. CIL VI 4063b (columb.) *Stratonice Hylaes* **895** CIL VI 6326 (columb.) **896** CIL IX 3093 (Sulmo) **897** CIL VI 28341 **898** CIL X 2394 (Puteoli) **899** CIL V 4510 (Brixia) **900** CIL IX 197 (Brindisi) **901** CIL VI 4174 (columb.) **902** CIL VI 4087 (columb.) **903** CIL VI 27840 1 f vgl. z. b. CIL XIV 515 **904** CIL XIV 1370 (Ostia) 2 vgl. CIL XIV 1581 *Deutaeraes* **905** CIL X 7947 (Sardinien) 2 vgl. CIL XIV 440 *coloniaes* **906** CIL IX 3103 (Sulmo)

907 d. m. | Philagrypno | Aug. vern. ex kap. | Africaes, qui vix. || ann. XXII mens. VIII | dieb. XXV. Heliodo|rus unctor ad | kaput Africaes | benemerenti || fecit

908 Iulia Fau|stilla Hel|enaes lib. | h. s. e.

909 Calupa Sab|inaes ser(va) v. f. s|ibi et Uppon(i) | con. kar. an. XXV || et Albane Sabinaes | anicillae v(ivae)

910 d. m. | P. Aelius Aug. lib. | Lycus paedagog. | puerorum a caput || Africas | [. . .]

911 [I]ucundus | Piladis serus | Quartas filius | vixit a. XX || hic situs est | [. . .]orcu criu[. . .]

912 memo|ria Ger|mani | et Donat||as bene | laboran|tes

913 Saburrio Antae vi|triari et Paulas f. vix|it menses sex. dulcis, h. s. e.

914 d. m. Valen[ti]|nas an. XXXV[.], | Marcellinus | fecit compari || [d]ul[ci]s[simae]

915 Vitalis C. Lavi Fausti | ser(vus), idem f(ilius), verna domo | natus, hic situs est. vixit | annos XVI. institor tabernas || Aprianas a populo acceptus, | idem ab dibus ereptus. rogo | vos, viatores, si quid minus | dedi mesura, ut patri meo adicere, | ignoscatis. rogo per superos || et inferos, ut patrem et matre | commendatos abeatis. | et vale

916 d. m. | Pediaes | Montanes

917 d. m. | Plotiae Lesbi f. | Lesbianes. | vixit annis XXVI || m. VI die. X

918 d. m. | Popilies Prisces. | Popilius Secundus | coniugi || benemerenti | fecit. | v. a. XXXVI d. V | m. XI

919 d. m. | hic situm corpus | Restitutes, quae ve|rae et nomine et || moribus Restitu|ta. vixit annis XXI. | bene merenti f.

920 d. m. | Varenes Blastenis coniugis benemerenti et sibi | fecit Antius Successus itenque Antiae Successe | filiae dulcissimae, quae super matrem suam vixit || an. m(inus) di. XXXX, quae fuit at diem mortis suae annorum | VIII me. VIII di. XV [[ag]]

---

907 CIL V 1039 (Aquileia) **908** CIL VIII 9347 (Caesarea) **909** CIL III 5061 (Noreia) 1 f 5 vgl. CIL III 2583. 9929^{a} 6 *ancillae* **910** CIL VI 8983 add. p. 3463 (zeit Neros) **911** CIL IX 2398 (Allifae) **912** CIL VIII 9273 add. p. 1975 (Mauret. Caesar.) 4 f vgl. CIL VIII 9430 **913** CIL VIII 9430 (Caesarea) **914** CIL III 11634 (Noricum) 1 f vgl. CIL III 4315 **915** CIL III 14206^{21} (Macedonien) 4 f *tabernae Aprianae* oder *tabernarum Aprianarum*? 6 vgl. CIL X 8249, 16 f nro 852 **916** CIL VI 5070 (columb.) **917** CIL VI 24339 **918** CIL VI 24811 **919** CIL XIV 3831 (Tibur) **920** CIL XIV 1731 CE 80 (Ostia)

acervam Ditis rapuit infantem domus ¦
nondum repletam vite dulci lumine,
pulcram decoram, quasi | delicium celitu.
flet pater et rogat tituli fidem,
ut omnis aetas | optet aei terram levem.

hoc monimentum, quot est in parte || dextra intrantibus adiectis columbaris n(umero) XII lib. liberta. poste(risq.) aerum

921 Fortunatus et P|riata titulum po|suerunt Velagies | ingenue file et a||lumne Valentine. | q(ui) si fato meliore | filias n(on) p(eperissent?), subi|to misellas in | p(erpetuum?) d(olorem?) non f(unerassent?)

922 memoria | Fundanianes, | quem fecet pa|ter et mater et || Leucadius m(a)ritu. | vixsit an. XX

922 a Vibunniaes | Matrones | in agro p. LS, | in fronte || p. XXVIII

923 in quem induxi sarcofagum; | in quem dum receptus fuerit cor|pus meum, numquam ullo liceat acced|ere neque aperire et vexare ossa mea, || neque filius neque nepotes neque de ad|finitate ullus; si quis autem ausus fuerit | infringere vel aperire, inferet poene nomi|ne reipub. C. folles mille. sane Nevia | Prisca si permanserit usque in diem fi||nitionis sues, recipietur ibi iuxta maritum suu[m]

924 d. m. s. | Ael(ii) Pinnes et Temus | parentes posuerunt | filio pientissimo || Pinnio militi legi|onis secundes, defunc|to Bassianis anno|rum XXXII

925 M. Antoni Symmachi | et Cusiniaes Chrestenis | concubinae

926 memo|ria Ni|cenis

927 d. m. | Cuties Epigonenis | Andrias ser. pub. | fec. sibi et coní. b. m. loc. don. || ab Cassia Nigella

928 d. m. | Flaviaes | Dafnenis. | Maria Fron||ime filiae i|ncompar|abili, quae | vixit ann|is VII m. VIIII || d. XV

---

1 zu *acervam . . . inf.* vgl. Thes. I 368, 36 ff 4 zum unvollständigen vers s. die anm. Buechelers 5 zu *omnis aetas* vgl. Thes. I 1137, 47 ff **921** CIL V 2956 (Padua) 1 f *Privata* 5 sie war vor der freilassung der eltern geboren **922** CIL II 5393 (Hispalis) **922 a** CIL III 14354^{16} (Laibach) **923** CIL IX 984 De 8237 (Compsa) 1 der anfang (auf einem verlorenen stein) fehlt *in quem* verst. *locum* oder *monimentum* 8 *C(ompsinorum)* zu *folles* vgl. De CIL III 12872 V 1880. 8697 **924** CIL III 12799 (Dalmatien) 6 vgl. CIL III 10716 (Pomp. Wandinschr. 509) 7631. oft bei griech. und lat. eigennamen **925** CIL VI 4521 (columb.) **926** CIL XIV 1401 (Ostia, zu beiden seiten e. portraits) **927** CIL XIV 197 (Ostia) **928** CIL XII 807 (Arles)

929 d. m. | Helvi|e Mar|ciane||nis | T. M. | Sexti|lius | matri || optime | posuit

930 L. Nummi L. l. Herm. | L. Obulci L. l. Pyrri | Nummiae Acume | ex test. || L. Obulci L. l. Pyrri | arbitr. | Nummiae Acumin(is)

931 ossa | Catiae | Q. l. | Compsinis

932 dis ma|nibus | Valeriaes | Plocinis. || posuit | Vinicius | Echio | coiugi | benemerenti

933 M. Veturius M. l. Alexander | ol. II emit de | Cn. Octavio Ↄ. l. Anterone. | [i]s intulit Veturiam || Eleutherinem libertam | suam et Veturiam Philumi[nam] | matrem Eleutherinis

933a Iulia Hesperis | Eleuternis l. vixit | annis [. .]L. Eros | Suru monomen||tum fecit sibi et | uxori suae

934 Cn. Pomponi A. [l.] | Hylae | v. Pomponiae Cn. l. | Vitalinis

935 Decimiae Clarae | dat Cinnamus | matri coniuges sues

936 d. m. | Aureliae Spenis T. l. | Mesius Hermeros co|iugi carissime et incon||paravili. con q. vixit an|is XIII m. V d. XXVIII h. XI. | que aute vixit annis XXVIII | m. V d. XXVIII h. XI. | manes tui sante

937 [Se]x. Petronius Mamertinus | praef. Aeg. audi Memnon. | VI idus Martias | Serviano III et Varo cos. || hora dies ante primam

---

938 d. m. s. | Tib. Iulio Asclepiade | marito pio et Reben|nio filio Iulia Tati||as bene merentibus fecit

939 M. Cottio Diocle | ex testam.

940 [. . .] | [. .]ii bixit anos | XXX. C. Memmius | Hierax optio | fratri bene || merente p.

941 d. m. | L. Pacubio | Eutycheti, q. | v. an. I m. XI d. II h. III. || Annaea Tyche | fil. dulciss. fec.

---

929 CIL XII 2862 (im ager Volcarum) **930** CIL IX 5325 (Cupra Maritima) **931** CIL V 1152 (Aquileia) **932** CIL III 2583 (Salonae) **933** CIL VI 28734 **933a** CIL VIII 9493 add. p. 1984 (Caesarea) **934** CIL VI 5552 (columb.) **935** CIL VI 4118 (columb.) 3 vgl. 4881 *fr(umentarius) leg. I aiutrices* **936** CIL VI 13383 2 desgl. z. b. CIL III 7331 **937** CIL III 44 (Theben in Aegypten) 5 vgl. *die* gen. CIL III 12036 **938** CIL XIV 1136 (Ostia) 2 vgl. CIL XIV 2547 *Alcibiade* dat. **939** CIL X 4102 (Capua) **940** CIL III 2044 (Salonae) **941** CIL VI 5714 (columb.)

942 Argenti, have. | d. m. L. Arrio Ho|rato Eyty|cheti Aci||lia Carnus | coiugi de | se b. m. f. | Argenti, tu nobis bibes

943 d. m. | P. Aelio Eutic|eti me vivo feci

944 d. m. | L. Aurelio Temis|thocleti Aurelia | Aureliane patri || benemerenti | fecit

945 dis manib. | A. Timinio Thaleni, | vix. an. XXII mens. VI | hor. VIIII, sodali || bene merenti fec.

946 Herculeni | Aug. sac. | L. Spurius | Restutianus

947 sacru dís manib. | Q. Iulius Q. l. | Statius | vivus fecit sibi || et Graeceiae | P. l. Praestae, | v. Q. Iulio Q. l. Natalini, | v. Iuliae Statí l. Optate

948 d. m. | C. Valerio | Protati | Valeria || Marcia | patrono | b. m.

949 Hilarus Líviae | Gugetianus ad argent. | dat Clyteni Zeuxidis l. olla

950 Stabili|ta matri | beneme|reti fecit || Agileni, | que visit an. | L

951 d. m. | Octaviae | Aeroticeni | ucs(ori) rariss. || post Herm. | Opilus mar(itus)

952 d. m. | Valerie | Tuceni fil|ieie dulcis||sime

953 d. m. | Callisteni | C. Aelius | Epictetia||nus | matri | b. m.

954 d. m. | M. Ulpius Blastus | conparavit sibi | et Iuliae Apolloniae || et Aeliae Iulianeni | et libertis libertabus|que posterisque eorum. | in fronte pedes XVIIS, | in agro pedes XXX

955 d. m. s. | Veseriae Marcia|neni Cipius Felix | coniug. b. m. f., || con qua vixit annis | XXV

956 d. m. s. | Successianeni | pientissimae | merenti p. || C( ) P( ) S( ) p. p. et | sibi

957 Obulcius | Agathopus | Obulciae | Augaeni || coiugi | beneme|renti posu|it nomen | saepulchre ||. titulum. cun | qua vixi an. XL

958 d. m. | Fl(aviae) Aepic|tesini | M. Lic. || Narciss(us) | con. raris.

---

942 CIL VI 10268 De 8127 1. 8 *Argenti* ist signum s. Rhein. Mus. 62 (1907) 402 **943** CIL VIII 3327 add. p. 1741 (Lambaesis) **944** CIL IX 4805 (Forum novum) **945** CIL VI 27431 **946** CIL III 10837 (Siscia) **947** CIL XII 4907 (Narbonne, anf. d. I jh.) 7 vgl. CIL XII 3929 III 11735 **948** CIL III 2576. 8646 (Salonae) **949** CIL VI 3941 (columb.) **950** CIL X 270 (Grumentum) **951** CIL II 2996 (Saragossa) 5 *posuit* **952** CIL VIII 4111 (Lambaesis) **953** CIL III 2263 add. p. 1509 (Salonae) **954** CIL XIV 1784 (Ostia) **955** CIL X 4399 (Capua) 2 f desgl. CIL V 3011 **956** CIL IX 5037 (Hadria) **957** CIL XI 84 (Ravenna) **958** CIL VI 4565 (columb.)

959 d. m. | N( ) Aepictesine, | quae bixit annos | LXXV

960 d. m. | Pliniae Euresini | fec. Plinius Hermes | coniugi suae || ben. mer.

961 Sallustiae Q. l. | Nobilini | Iaso fecit

962 d. m. | Pacniae Bi|talini, que bi|xit an. XXXVII || min. VI. Ma|gius Felicis|simus coniu|gi bnm. fe.

963 Marcia Q. et ɔ· l. | Maurilia ϑ | et | Marciae Suavini || l.

964 d. m. | Valeriae Tro|phini M. Val|aerius Vita||lis verna aeius cum par. | f. A. Atinio Ab|[. . .]

965 L. Cácius Cinnam. | Aug. et | Cáciaé Auxini

966 dis manibus | Manliae Rhodini | fil. vixit an. XVI. | C. Veratius Rhodon || pater | infelicissimus

967 [.] Statio L. f. Ter. | Capitoni, | Clodiae L. l. Niciní

968 Satur sibi | et Doticini | filiae piae et | Marioni fratrí

969 Durracinae | Barbiae Nymphini | matri

970 d. m. | Nicini def. | ann. X m. III | d. V. Fortu||natus ne|potiae | pos.

971 d. m. | Terentiae | Callistini | coniugi || [in]compara|[bili . . .]

972 d. m. | mater Meli|tinini | fi(liae) de(functae) an. || VII

973 d. m. | Cresteti fili|ae beneme|renti pater || suus fecit | X. (?) Beritius | Apollinaris

974 d. bone memoriae m. | perpetue securitati | Antonie Galeneti Alba|[ni]us Leontius et Eubsychi||[us] filí pientissimi

975 Quirine|ti bene | merenti | annoru || VII

976 Septimiae | Iulianeti co|iugi benem|erenti Try||fonianus. r(ecessit) VIII idus | Maias, vixi|t annos XXXII

977 d. m. | C. Baebutius Florus | fecit Aeliae Lucili|aneti coigi suae || carissimae

978 d. m. | Caeliae Q. f. No|bilianeti filiae | dulcissime, quae || vixit ann. VIIII m. IIII

979 Bebidiae Salvianeti, | que vixit ann. III m. V | d. XIIII. Tertius et Dona|ta parentes filie infe||licissime p.

---

959 CIL XIV 1385 (Ostia) 2 vgl. CIL XIV 2716 **960** CIL XIV 1474 (Ostia) **961** CIL VI 8189 (columb.) **962** CIL X 2822 (Puteoli) 2 f vgl. z. b. CIL VI 25441 **963** CIL XII 4979 (Narbonne) **964** CIL VI 28286 **965** CIL XIV 308 (Ostia) **966** CIL XIV 3478 (Varia) **967** CIL IX 2416 (Allifae) **968** CIL IX 4175 (Cliterna) **969** CIL V 4104 (Cremona) **970** CIL III 13013 (Salonae) **971** CIL III 13037 (Salonae) **972** CIL III 2434 (Salonae) **973** CIL XIV 2341 (im ager Albanus) **974** CIL XIII 8364 (Köln) **975** CIL VI 25340 **976** CIL VI 26274 **977** CIL XIV 688 (Ostia) 3 f desgl. 1621 *Gaianeti* **978** CIL X 5980 (Signia) **979** CIL III 8951 (Salonae)

980 d. m. | Sittiae Euthy|ciae libertae | et mamani || Sitti Ianuari patro|ni b. m. f.

981 d. m. | et memoriae | aeternae | Mariniae || Demetriati | natione Graece. | Maninius Deme|trius sorori dul|[ciss. . . .]

982 mamma fegit | Claudiae Hyciae | Iunone

983 d. m. s. | Iulia Don|ata v. a. XXXV. | Honorata || sodalai fec. | h. s. est

984 b. m. | Domitiai | Honeratai, | vixit a. VI || m. VIII d. XVI *daneben* D(omitiai) Rusticai, | vixit a. XVI | m. XI dies XXV. | D. Honeratus p(ater) *unter beiden* et Iulia Primosa filiabus pientisi|mis

985 Valeria Donatu|la Iuliai Quetai n|epoti suae filiaeq. | Vetosi dulcissim||e posit. vixit an|nis II

986 dis man. | Terentiae Spe, | vix. an. III, | fecerunt pa||rentes pien|tissimi et | avia et tata

987 d. m. | Scriboni[ae] | Speni | Popilius || Servandus | coniugi | benemerenti | fecit

988 d. m. Iulie | Ispeti coiugi | benemerenti fe(cit) | Istilius Hilarian.

989 d. m. | Aeclan|iae | Spenti || Aeclanius | Ianuarius | coni. b. m. | fecit

---

990 d. m. | Aur. Natalis | coiugi suae Aur. | Basse Marianeti, que || et Simpliciae, dulcis|sime, inconparabili | simplicitati, bone, | que vix. ann. XXII me. II | d. XXI. Aur. Natal. b. m. coiugi fecit

991 Flavia Marcellina | conditivom f. Flaviae | Hilaritati sorori b. m. | concesso loco intran||tibus in parte dexteriori | a Plotio Hermete et Vale|ria Saturnina

992 d. m. | Iulio Ma|rco decu|rioni Arici||norum omni | muneri fun|to, qui visit a|nnis XII msib|us duobus d||iebus duobus | oras VI. Aur|el. Tucca et Iu|lia Hermio|ne parentes || dulcissimi | f. c. f.

---

980 CIL X 2965 (Puteoli) 4 vgl. 3646 *tatani* **981** CIL XIII 2015 (Lyon) **982** CIL VI 15471 (unter einer marmorbüste eines mädchens) d. i. *Iunoni Claudiae Hygiae mamma fecit* **983** CIL VIII 3762. 18198 (Lambaesis) 5 *sodalae* = *sodali* desgl. 3783. vgl. *sodalas* plur. CIL VIII 21071 **984** CIL VIII 9462 (Caesarea) **985** CIL VIII 7819 (Cirta) 2 vgl. CIL VIII 6235. 7219. 9842 (i. j. 489) **986** CIL VI 27259 **987** CIL VI 26042 3 desgl. CIL XIV 2745 u. o. **988** CIL XIV 1198 (Ostia) **989** CIL IX 1204 (Aeclanum) **990** CIL X 2147 (Puteoli) **991** CIL XIV 1051 (Ostia) 5 vgl. CIL XIV 1868. 1383. 1473. 497 VI 11898 III 4279 u. ö. **992** CIL XIV 2170 (Aricia) 12 *Iucca* der cippus 13 f *Hermto|ne* der cippus

993 d. d. | infelicissimis infanti|bus et Ilarioni et Revocate fra|tribus, qui vixerunt puella an. || p. m. VIII, pue(r) an. p. m. IIII. qui in se i[n] | mare perierunt. Maximus pater pos.

994 d. m. Valerio Iustia|no eq. sig. domini nos. | t(urma) Rufiniani sup(erioris) cas|tris pr., oriendus Pa||nonie superiore. vic(sit) | an. XXXIIII, mi(litavit) an. XIIII. Flavi|us Tertulus et Elius | Longeus eredes | b. m. f. t(urma) s(upra) s(cripta)

---

995 d. m. | D. Haterio Prisco | Hateris Prisca, Pri|scus, Amandus fili || patri pientissimo ex | voluntate sua ex (sestertiis) | ∞ D n. arbitratu V[ennoni?] | Severi amici optimi | curavit

996 d. m. | Speni filiae | pientissimae, | quae vixit || annis X dieb. XXIII. | parentis | fecerunt

997 d. m. | Maxime feliae | kar. ann. V mens. | III Maxima et || Secundinus | parentis pie|ntissim[. . .]

998 *a* C. Sempronius | Q. f. Primus viv|os f. sib. et uxori | Clodiae Secunda || et Q. Sempronio | Tertio fratri suo. | in f. p. XXXVI, ret(ro) | p. XXVI *von anderer hand:*

b illi de|os iratos, quo||s om(n)is colunt,
si | quis de (e)o sepulcro | (quid) ·viola(ve)rit

---

999 Philomuso fulloni | colleg. castresem | curatoribus | Daphno sumptuario et || Hedylalo á manú

1000 ex praedis Ti. Iuli | Iuliani opus doliarem

1001 d. m. | Crescenti | Sili Italici | collegium || salutarem

1002 d. [m.] | Balerius Macrinus et Quinta Aure[lia . . . sibi] | et filibus suis: Balerius Ianu[arius bixit ann. . . .] | diebus XIII, Balerius Macrinus [bixit ann. . . .], || Balerius Benustus bixit ann. [. . . m. . . . d. . .], | Aurelius Faustinus alumnus, [qui . . . inter] | filios nostris fuit, bixit annos [. . . quod] | obtabilem fuit, ut bos nobis face[retis . . .] | infelices, qui

---

993 CIL III 3107 (Dalmatien) **994** CIL VI 3293 3 gleichnamige decurionen wurden durch *superior* und *inferior* (vgl. CIL VI 3198. 3213) unterschieden **995** CIL X 380 (bei Atina) 3 = *Haterii*, wie CIL IX 1705 *Vibbis* 6 man erw. *eius* 7 *uha[.]* der stein 8 man erw. *curaverunt* **996** CIL VI 26688 **997** CIL III 15035 (Dalmatien) 6 desgl. 14873^2. 15210^1 **998** CIL V 3034 add. p. 1073 CE 199 (Padua) b 1 erg. *velim* (Buech. vgl. Mart. 4. 43, 5) 1 f *omis*, *deo*, *violarit* der stein **999** CIL VI 7281^a (columb.) 2 zum neutr. auf *-em* vgl. Di s. 194 ff **1000** CIL XV 2177 (ziegel, mitte des II jh.) **1001** CIL XIV 2653 (Tusculum) 4 f vgl. CIL XIV 2215 *collarem* (neutr. 2mal) **1002** CIL VI 28052 3 s. Di s. 200 7 man erw. *nostros* 8 statt *op-*

tales ramos per[didimus . . .]||bimus dulcitudinem filio[rum . . . .] | sepulcri | i l

1003 hic iacet | exanimen | corpus Do|mitiae civ. || Treverae. | def. V k. Febr. | Postumo | cos.

1004 s(itus) e(st)? | crude|lem fu|nus pu||aero G. | Paetro|nio Val. | an. XIIII | parentes || [d]esola|[ti . . .]

1005 d. m. | L. Iulius L. fil. Pal. | Crescens | fecit sibi || et libert. libertabusq. suis, | ita ut si exteri nominis heredes | habuero eos quoad vivent in hoc | monimentum ius habere volo, ita | ne de nomine meo exiat aut ne alius || titulus alterius nominis inscriptus | infigatur, et post eorum excessu omnem | ius huius monimenti ad libert. liber|tasq. meos et postteros eor. pertinere volo. | in fron. p. XXXVII, bersur. sinister. p. XLV. || in agro paries long. p. LV

1006 C. Sulpicio Victori | patri ee. qq. RR., homini | innocentissimo, patrono | municipi, s. p. L. ob in||parem obsequium et | erga se inmensam mu|nificentiam eius eques|trem ponendam cen|suerunt dedicarumq. || ob cuius dedicationem | viritim divisit decuri|onibus et Augustalib. | et curis n. XXIIII et curie | mulierum epulum || duplum dedit

1007 Liciniae Se|cundae bo|nae memoriae ma|ritae, cuius fa||tum talem fuit, ut | ne quidem pignus | communem memo|riae suae solacio | nostri relinqueret, || quaeque in ipso li|mine iuventutis | auspicata est senectuti. | vix. an. XXV m. VII d. XXI

1008 d(is) m(anibus) s(acrum). |
hoc in loco | suo condi|tum est cor||pus meum
Iu|niae Victoriae | a Iunio Hyacin|tho marito ra|ri exempli, quae || vixi annis XXVI | m. III d. XXIII
iugu|mque coniugalem | pudicum piissimo |
marito exhibui || in diem vitae meae. |
vos superi bene facite, | diu vivite et venite

---

tabile 12 unverständlich **1003** CIL XIII 633^b (Bordeaux, viell. chr.) 2 vgl. CIL XIII 8371 *dulcem nomen* voc. III 1193 *vexillum insignem* 7 f i. j. 258? **1004** CIL III 14321^{26} (Dalmatien) **1005** CIL VI 19915 De 8266 6 f s. Di s. 101 11 f desgl. CIL VI 9405 14 *versura sinister(ior?)* **1006** CIL XIV 2120 De 6199 (Lanuvium) 2 *equitum Romanorum duorum* 4 man erw. *s(enatus) p(opulus) q(ue) L(anuvinensium)* 5 man erw. *incomparabilem.* zur neutralform s. Di s. 194 ff 7 f *equestrem* scil. *statuam* 9 *dedicaruntque.* vgl. Di s. 287 13 *curiis nummos* **1007** CIL VIII 21564 (Mauret. Caesar.) **1008** CIL VIII 5030 CE 141 De 8455 (Thubursicum Numidarum) 5 vgl. Thes. IV 322, 14 f 5 ff s. die anm. bei Buech.

1009 in [hi]s praedis Aure|liae Faustinianae | balineus. lavat(ur) mo|re urbico et omnis || humanitas praesta|tur

1010 d. m. | Nestori fratri, qui vi|sit annis XXII mesibus | VI diebus XV. Restu||tus frater et collegius | bene merenti fecerunt

1011 d. m. | Haevelpisti | Beneaccipioni | collegius Dia||nes(ium) de domu publica

1012 d. m. s. | Repentinus Aug. tabe|llarius, vix. an|nis XXV, || colegius tabela|ri fecerunt

1013 avete, anime innocentissime. | L. Oc(tavius) Treb|iasius Max. Val|erianae matri || carsm., quae vi|xit ann. XXXVI di. | VIII, et L. Oc. Lucili|ano patri nobili|ssimo, qui vixit an. || LI m. III dies XXII. |

coniugiu[s] hic ille iacet castissime fame, |
quibus non in se licuit bis denos viverent | annos, |
quos cito nimium rapuerunt fata tenebre. ||

vetor | [aliud ac m]eum nomen legi. | *zu beiden seiten* d. m.

1014 [intran]|tibus in | parte de|xteriori | ubi cubi||culus es|t, aedicu|la cu ol|lis et co|nditivo || et colum|baris | n̄. II et | in front|e cubicu||li n̄. XI, | et solariu | et cubic|uli et vi|giliari || partem | IIII

1015 qualis fuit, | Aconia, mune|ris ut meus fa|tus esset brev[is]. || cunti fuimus pares

1016 d. m. | bene sit tibi, viator, | qui me non praete|risti. lege noopaus[.]s [. .] || iaceo mil. Samiistriaria | natus. vi. ann. IV me[ns. . . .] | si quit superu hic me|soleus nemini II debet

1017 Valerius Damas et Os|tilia Hermione fece|runt sibi et suis liber|tis libertabusque pos||terisque eorum. beto | hunc monimentum ne|que vendere neque do|nare

---

1009 CIL XIV 4015 (Ficulea) 3 zur vertauschung der genera vgl. Di s. 196 ff und Fortunat. rhet. 4, 4 **1010** CIL VI 34026 5 desgl. CIL VI 34027 X 8339[d] **1011** CIL XI 2720 De 7300 (Bolsena) 2 *Euelpisti* 3 agnomen des Euelpistus 4 s. De 7300[a b] **1012** CIL VIII 1878 add. p. 1576 De 1709 (Theveste) 5 f *collegium tabellariorum fecit* oder *tabellari fecerunt* **1013** CIL V 3996 CE 595 (in der nähe des Gardasees) 1 *coniugius* (wie *collegius* gebildet) die ehegatten. s. Thes. IV 325, 46 ff 2 *in se* = *una*. vgl. die anm. von De zu nro 8460 **1014** CIL XIV 1868 De 7922 (Ostia) 3 f s. Thes. 1266, 34 ff 8 f s. Thes. IV 146, 8 ff Altl. inschr. 463 19 vgl. CIL XIV 527 **1015** CIL VIII 3319 CE 1608 (Lambaese) der tote spricht zu Aconia 3 f sehr häufige nebenform allerorten s. Di s. 196 f, ausserdem CIL VI 6932. 20182 III 3196. 6593 **1016** CIL II 4174 (Tarraco) 6 zahl verkehrt 8 *II* unverständlich **1017** CIL VI 27977 6 desgl. CIL X 3750

1018 d. m. | Marcia Augurina sepul|crum parentum suorum | vetustate conrup||tum permissu pontificum | c. v. restituit, libertis lib|ertabusque posterisque eo[r]|um. hic monimentus extra|neu herede non sequitur

1019 d. m. | T. Aelius Aug. lib. Saturninus | et Aelia Glyconis ínfelicissimi | parentes hunc munimentum compara-vi||mus nobis et T. Aelio Saturnino filio | nostro dulcissimo, qui vixit annis VI | mensibus VIII dib. XVI horis VI, et libertis | libertabusque posterisque aeorum. | post obitum nostrum quisque hunc || munimentum dolo malo donationis | causa tradedisse voluerit, | compellabitur a pomtitices | poenae nomine SS $\overline{XXX}$ n.

1020 C. f. Frugi | magna hom[i]|nis hic ossa teg[it] | saxsus

1021 votum quem ſ promisit Hercu|li Irsiti Rogatus | fecit dedicait || libes animo

---

1022 [? du]o sarcofaga | [lib.] lib. pos. eor. | [be]ne baleas | [tu, qui q]uae non iscri||[pseris li]teras. iam | [meos me h]ic condedisse | [cum scias hon]estae, de me ita | [facito, ut dei]n apothnesconta | [te memineris]

1023 d. m. | L. V( ) Ireneus | titulum ae|ternale posu||it filiae Irene | dulcissimae

1024 d. m. | Ottediae Zmyrnae coniug. b. m. q. v. ann. $\overline{XVI}$ | m. $\overline{VIIII}$: C. Satrius Abascantus fecit, et sibi et | suis posterisq. eorum. ||

hic iaceo infelix Zmyrna puella tenebris, |
quae annos aetatis agens sex et dece mensib(us) octo |
amisi lucem. anima mea rapuerunt fata íniqua. |
castior ut probior servatior ulla marito? |
te precor, hoc qui releges, si pietas habet ulla locum, ||
sic simile titulum natis non scribere possis, |
discedens dic: Zmyrna vale. iterum te repetem(us) | ín anno

1018 CIL VI 22120 De 8383 8 vgl. CIL VI 16645 X 3717 II 266 u. ö. *munimentus*, ausserdem *hunc sepulcrum* (Di s. 197), *letus* CE 562, 18 f **1019** CIL VI 10791 De 8228 12 De vgl. CIL VI 10284 *a pontifices* statt *ad* oder *apud p.* **1020** CIL X 4431 (Capua) 4 s. CE 848 *saxsolus* **1021** CIL VIII 5667 (bei Sigus) 1 vgl. CIL VIII 9796 *eum templum*, 8426 *castellus* **1022** CIL VI 4870 (columb.) erg. Mo 1 vgl. 36590 *sartofaga dua* **1023** CIL VI 27895 **1024** CIL VI 23629 CE 496 1 der namen stört den rythmus 2 in der überschrift *VIIII* 4 'man erw. *aut probior servatur nulla*, oder als erbitterte frage: *ut castior, probior, servantior ulla marito* näml. *fuerit*?' Buech. 5 beachte metrum 6 *simile(m)* oder *titulum* neutr. wie CE 134. 465. 1020. 1080 u. ö. vgl. *hoc tumulum* CE 502 *natis* beweist die entlehnung des verses

1025 d. m. (*zu beiden seiten*)
hic iacet Aufidia Severina signo Florenti, |
bis quinos denos quae vixit annos aetatis. |
casta fide semper toru maritale dilexit |
sobria, non moecha, sinplex animoque benigno, ||
dedita coniugí soli suo, ignara alienum. |
conpari dulcí suae íncomparabili solae |
Basileus fecit, quod fierí ab illa cupiebat |

1026 d. m. | in hoc tumulo iacet corpus exanimis | cuius spiritus inter deos receptus est. | sic enim meruit, L. Statius Onesimus || viae Appiae multorum annorum negotias, | homo super omnes fidelissimus, | cuius fama in aeterno nota est, | qui vixit sine macula an. p. m. LXVIII, | Statia Crescentina coiux || marito dignissimo et merito, | cum quo vixit cum bona concordia | sine alteritrum animi lesionem, | bene merenti fecit

1027 Liguriae Q. fíl. | Frontínae, | Q. Hortensi Katulli. | huic ordo Narbonesis || publice funus et | omnes vectigales decrevit

1028 d. m. | P. Pom( ) | Firmo | infelic(issimo), || quem ma|ris apstulit | undis. Iul(ia) | Olympia ma|rito b. m. p.

1029 Soli ínbicto Mitre | M. Ulp(ius) Maximus prae|positus tabellari|orum aram cum || suis ornamentis | et bela domini | insicnia habentes | n. IIII | ut voverat d. d.

1030 d. m. | Claudiae Fortu|natae et Fortuna|to et Laeto filis eius || bene merentibus | Abascantus conliber|tus fecit. quisque Ma|nes inquetaberit, habebit illas ira|tas

1031 d. m. | Valeri Resti|tuti posuit Bas|saeus Severia||nus et omnes | domestici. sci|unt manes tuae, | me voluisse et | laborasse te li||berum videre, | si ora et fatus | dictasset

1032 Caesar princeps | iuvent. vias et | pontes vetus|tate conlapsas || restituet

---

1025 CIL VI 34060 CE 548 (ende des III jh.) 1 zu *signo Florenti* vgl. Rh. Mus. 62 (1907) 390 ff 3 vgl. *commune torum* CE 448, 2 5 *alienum* acc., gleichsam abhängig von *ignorans* 6 das wortspiel! **1026** CIL VI 9663 De 7518 (christl.?) 2 zu *corpus* masc. s. Thes. IV 999, 18 ff. vgl. *pectum* CIL XI 3571 und CE 103 *omne flos* 4 *negotians* 6 s. Di s. 79 f 10 s. Di s. 52 **1027** CIL XII 4399 (Narbonne) **1028** CIL V 3014 (Padua) 5 f desgl. CIL III 1899 (CE 826). vgl. ὁ πόντος und CIL X 6430 *marem* (acc.) **1029** CIL VI 746^b (i. j. 183) **1030** CIL X 2289 (Puteoli) **1031** CIL V 6710 (Vercellae) **1032** CIL XIII 8874 (meilenstein vom wege von Lyon über Aginnum nach Bordeaux) 3 vgl. CE 796 (chr.) *Romuleae . . . fontis*

1033 C. Iuli Demetri | in ossuaria | magna oll[ae] | III, vacuae sunṭ II || [. . .]isqu |

1034 in his praediis M. Aureli | Vasefanis v. p. castram se|ne cuiiusque commdum laboribus | suis filis nepo[t]ibusque suis || abituris perfecit. coepta nonas | Februarias [. . . a]n. p. CCC

1035 Graniaes Primi|geniaes locus. | qui hoc titulum sustu|lerit, habeat iratas || umbras, qui híc posití | sunt

1036 d. Thiasus m. | Valerius Verus | bis navarcus cla|sis praetorio Mese||natium. vixit | annis XXIIII. Valerius | evok(atus) pater et Iulia | mater filio fecerunt

1037 d. m. s. | Valeriae Ma|ximae, quae v. | a. LXXV m. VI. || Valerius Fus|cus aulae su|ae et patri ka|rissimis fec(it) | aeternos sedes

---

1038 Silvan. | Plabao|tius et | colegi || d. d.

1039 [F]l. Valens ex praepositis superstens | hoc memorium ex fundamentis | fabrica[b]i mihi uxorique meae | Eustorgiae et filiae meae dul||cissimae Severae

1040 resta viator et lege. Fl. Marcus protector, | natus in Dacia provincia in vico Valentiniano, | militavit in v[e]xillatione Fesianesa annis XXIII, | unde factus protector, idequi militavit in || scola protectoru[m] annis [q]uin[q]ue, qui petivit sibi | memoriam fieri de proprio virum, quique mandavit | Marian[e] coniugi suae et Thalarioni puerum su[u]m, qu[em] | et liberum dimisit, et presentibus collegibus | suis, id est Perulam et Frontinum, Superianum, || Maxentium et Ursinum, astantibus qu[i]bus su|pr[a], mandavit d[i]li[g]entia fieri. | havete, transitores, | balete, transitores

---

1033 CIL VI 35547 **1034** CIL VIII 21531 (Maur. Caes.) 2 zu *castra* fem. s. Thes. III 548, 44 ff 2 f *sine cuiusquam incommodo*? vgl. Di s. 51 5 *(h)abituris* 6 i. j. 339 **1035** CIL X 2487 (Puteoli) **1036** CIL VI 32772 De 2843 3 f *navarchus classis praetoriae Misenatium* **1037** CIL VIII 4120^{b} (Lambaesis) 9 vgl. CIL XII 3179 (zeit d. Tib.) *duos turres* **1038** CIL III 7827 (Ampelum) 4 zur vertauschung der deklinationen vgl. Di s. 199 f **1039** CIL III 410 (zw. Sardes und Smyrna) 3 *fabricari* überl. **1040** CIL III 371 add. p. 977 De 2783 (Cyzicum) 3 namen unbekannt 4 *indeque* 6 *virum* unverständlich 8 zu *collegibus* vgl. CIL VIII 828 *cathedrebus* und Di s. 200

1041 d. m. | Fabiae Urbicae q. (vixit) ann. VI m. III | d. X, et Fabiae Sa[e]berae, q. ann. II | m. II d. IX. sorores una die obitae sunt. || Fl. Crescentianus alumni|bus fecit

1042 Tí. Ci. Sotas | fecit ami|cibus su|is

1043 d. m. | Aurelia Ursula, | Aurelia Secund|a pro pietate p(o)sui||suerun Iulio Labio(ni) | pientissimo, pare|ntibus, amicibus, | fratri Iulio Tertto | b(ene) m(e)r(entibus)

1044 [m.] | Virono Taur|o Doideri f. | Vad(iniensi) annoru||m XL h. s. e. | Placidus au|nculis pos(uit)

1045 d. m. s. | [T]itini|a Sec|unda || pia vix. | an. LX | h. s. *daneben* d. m. s. | C. Titini|us Gra|tus [pi]||us v[ix.] | an. LXV | h. s. *darunter* M. Titinius Secundi|anus fec. avibus | suis

1046 dibus cae[l.] | Camulia At|tica aram | posuit

1047 dibus et | deabus | Iulia Re|ticiana || pro se et | suis d. d.

1048 Iulia | Maxi|mina | vix. ann. || dibus manibus

1049 dib(us) de|ab(us) q. | omnib. | Frument||ius mil. coh. $\overline{II}$ | Tungr.

1050 dibus manibus. | Valerius Tertuli[[li]]ani (filius) vibus fe|cit coiuce Secundine obite (*am rande* [an(orum)] | XXX), | Valentinus an. XXX, || Valerius a. XL. | Tertulla

1051 d. m. | Aurelius Pergamus et Ae|milia Eutyχia fecerum | sibi et filibus suibus et || libertis libertabusque | posterisque eorum. locu | donatu a M. manebus

1052 d. m. s. | Q. Petron. | Castus fe. | Quinto et || Castulo | filibus pi. | vixerunt an. | VI m. IIII h(oram). | h. s. s.

1053 I. o. m. | Cerdo pro | se et filibus | suis aram || posuit et | votum solvi(t) | v. s. m.

1054 [. . .] Dom[. . .] | vix. ann. LX, Gaudentis | filius vixit ann. XVIII, | Teodora filia vix. ann. || XX, Maximina filia | vix. ann. V. Bona ca|rissima coniux | cum natibus suis | Vitalem, Valentin||o, Cumenio, Valente | et Cyrilla benemeri|to pari et patri titu|lo posuerunt

---

1041 CIL VI 17633 **1042** CIL VI 15267 1 viell. *Cl(audius)* **1043** CIL III 12953 (Dalmatien) 4 f *p(o)sui* verb. in *p(o)suerun(t)* 8 statt *Tertio* **1044** CIL II 5720 (leg. VII gemina im conventus Asturum) **1045** CIL VIII 4669 (Thagora) **1046** CIL XIII 2457 (Ambarri) 1 desgl. CIL X 8249 (nro 852) XI 1920 V 1863. vgl. VIII 14879 *ziatonibus* (1273 *diatonis*) **1047** CIL XIII 3638 (Trier) **1048** CIL VIII 7505 (Cirta) **1049** CIL VII 1074 **1050** CIL III 14367[1] (zw. Emona und Celeia) am rande: *na* statt *an* **1051** CIL VI 13176/7 4 desgl.: 15902. 28052 (nro 1002) **1052** CIL VIII 21810 (Mauret. Caes.) 6 desgl. CIL VIII 9101 **1053** CIL III 7535 (Tomi) **1054** CIL III 7521 (Moesia inferior) 2 *Gaudentius* 8 desgl. CIL III 914 10 *Cominio* 12 *compari*

1055 d. s. m. | Aurelio Emereto, qui | vixsit annis XLIII et Au|relie Gaudentie Aure||lia Desideria et Aur. | Primus et Aurelia | Iobina patronibus | suibus benemerent|ebus fecerunt

1056 d. m. | Iulia Victoria | fecit se viba si|vi et sibus liber||tis libertabus|que posterisque aeorum

1057 Gladia Felicita|s conpara|bit se biba si|bi et suibus

1058 ossa sita | P. Publici Luciferis. | víxit an. XX

1059 Martiu | vixit an|os LXXXV. | fecerun || titu(lum) fili et | generes

1060 Regilla . a. XIIX | Quartionis fu|lloni vicaria. | quae ut vicsi nulli || dedi dolore, non|leba esse acerbis at in|feros, | quae at superos dulcís fui, fecit

---

1061 C. Tit. C. fil. Serg. Antonius | P[e]culiaris dec. col. | S[e]pt(imiae) Aq(uinci), item dec. m(unicipi) | Sing(iduni) ornamentum || forus rei publicae | d. d.

1062 Marcia Marci Demetriano kariss. coniunx | de suo sibi et filis communis memoriam et st(at)uas posuit

1063 P. Caninius PP. et ɔ· lib. | Restitutus fec. sibi | et Caniniae Nice lib. | et heredis heredisve || eorum et qui ab eis | nascentur. | exterum nomen in|ferri non licet. | in f. p. VIIII, in agro p. XII

1064 A. Kanuleius fra(tri) ve(ne)me(renti). | d. m. s. | A. Kanuleio A. K(anulei) | f(ilio) ispeldido equiti || Romano cib[i Ca]|nusino, omnis [hono]|ris funtus, bis m[unus ?] | ededit lecaro XXIII [. . .]

1065 dis manis. parentis | bene fecerunt filio | digno Stercorio, qui | vixit anum et meses V

1066 Atinia | L. filia | Procla vixit | anocla et || mesoru quator

1067 C. Petronius | Marcellinus | C. Petronio | filio fecit || anorum duorum | mesorum quatuor | diaerum XXI

1055 CIL VI 13080 8 desgl. CIL VI 11839. 13176/7 (nro 1051) **1056** CIL VI 20726 **1057** CIL VI 35381 **1058** CIL VI 25138 **1059** CIL VIII 7928 (bei Cirta) 6 desgl. CIL VIII 3492, vgl. III 1584 und 8258 *generi* (dat.) **1060** CIL XI 6078 (Urbino) 6 f nämlich *morte mea praematura* **1061** CIL III 10495 (Aquincum) 5 vgl. auch CIL III 12442 und II 5136 *ex votu*, III 9973 *ex edictu*, VI 4228 *ex decretu* u. ä. **1062** CIL III 6147 (Moesia inferior) 2 vgl. CE 629 *incidi febribus acris* (und hierzu Thes. I 357, 2 ff), CIL III 12666 *filis bene merentis* **1063** CIL XIV 766 (Ostia) **1064** CIL VI 31850 5 f oder *Ve]nusino* 6 f *omnibus honoribus functo* 8 unverständlich **1065** CIL VI 26849 1 desgl. CIL III 14217[1]. 7584 **1066** CIL VI 12675 4 f vgl. Di s. 235 **1067** CIL X 623 (Amalfi)

1068 [. M]unatius Ɔ· l. Catu[s] | v. a. XXIII | [e]t Amandus | bimus et quator || mesorus

1069 diís manibus | Paezonti | Caesaris a copís | militarís. || vix. ann. XXXV, fec. | Flavia Laure coniugi | suo bene merenti

1070 Brumasius | deo mesa posuit | salbum | patre cum || [o]mnis byyris | [sa]cratis

1071 Iunius Vale[. . .] | et Iunia Valeri[. . .] | Iuniae Florentina[e . . .] | omniorum refrigeriu || Tintinavellus

1072 hic situs est M. | Ulpius Firmus A. l. | anima bona su|peris reddita, || raptus a nymphis. | vix. ann. VIIII m. VI, | deceptor parento|rum. Ulpius Nymphicus | fil. dulcissimo

1073 dis m. | Sept(imius) Ibins et Septimi|a Ie[.]tina vixerunt | annis LIIII, poser||unt Sep. Bamp(. . .) Bas(us) et Aur. | Vales patris bene | merentis

1074 pauperis cena pane vinu radic.

1075 d. m. | M. Ulpius Aug. l. Erastus | ex n(umero) decurionis lecticario|rum fecit ex permisso decre||ti. ibi postea Ianuarius et Satu|rio scribe lecticariorum ex | permissu pontificorum fece|runt sibi et suis ex decreto | pontificum. item Saturio coiu||gi suae Aureliae Sebere bene fecisse, | Ianuarius Aurelio Fortunato et Vic|torino filis bene fecit, Saturio Fe|lici alumno bene fecisse posteris|quae aeorum

1076 Veneria C|astoris votu | ponet dom|ae Regina. P. || Iulius scrip(sit)

1077 Silvano Silvestro | P. Ael. Capito v. s. l. m. | imp. Ant. Aug. II et | Advento cos.

1078 d. m. | L. Valerio Sol|lemmo v. a. VIIII | m. X. L. Valerius || Verus patronus | vernae suo fe|cit

1079 Fl. Urσuϛ fil(ius) Q. Mestr(i) | q(uon)d(am) Bonouσi prfec|tus a patre an(no) II fact|us, a[n.] XVI provitus || mil(es) of(ficialis) Ladici pref(ecti), st|ip(endiorum) IIII, vixit an. XX et | sinmestrum (e)t Σu|σemenε matronam

---

1068 CIL VI 22647 4 f vgl. CIL VI 12675 X 4495 II 5535 **1069** CIL VI 8539 add. p. 3459 **1070** CIL VI 3722ª = 31038 2 *Mithrae.* s. auch Di s. 246 3 *salvo* 5 vgl. Lindsay-Nohl s. 32 f **1071** CIL VI 5601 (columb.) **1072** CIL VI 29195 7 f desgl. CE 1568 **1073** CIL III 12598 (Dacien) 6 f *patribus* = *parentibus bene merentibus* **1074** CIL III 14114, 13 (lucerna aus Poetovio) **1075** CIL VI 8875 3 *decurionis* an verkehrter stelle, statt hinter *decreti* (z. 4 f.) **1076** CIL III 12476 (Moesia inferior) 1 ff *Castori* oder *Castoribus votum ponit et dominae Reginae* **1077** CIL III 3499 (Aquincum) 3 f i. j. 218, *II* ist zu streichen **1078** CIL VI 28117 **1079** CIL III 7547 (Tomi) 2 statt *Bonosi*? 3 *aiaire* der stein 4 *probatus* 7 f *Zosimene*?

1080 Ro|ma capus | mundi

1081 L. Aelius L. [f.] | Gal. Celer | Clun(iensis) mil. | leg. VII g(eminae) f(elicis) Cl||audia(e) Mart[ia]||lis ann. XXX [. . .] |, aerorum | XIII h. s. c(arus) s(uis)

1082 d. m. | Optata fecit | Ianuariae fil. | suae beneme||rentae, quae | vixit an. IIII d. | XLV

1083 Domitia Licini f. de suo | fecit Lucia nepta | et Tertula nuri

1084 d. m. | Epaphrae | annorum | LXXII, Charis || nepta ao suo | vivo posuit

1085 Caecilia Zaba sacerda magna | [vixi]t ann. LXXXV

1086 Seiius Fundanus nutrivit natos duo
in prima | aetate ex Germana coniuga
in studiisq. misit et | honores tribuit.
post tantos sumptus non fruitus ne|mine
funeravit natos et hanc coepit opera.
senex la||borans haec perfe[cit] omnia.
v(ixit) a(nnos) Germana | coniunx v. a. LXXX.
sororiq. coniugis or|navit memoria,
quae Iulia Prima v. a. LXXX.
valeas, viator, lector meis carminis

1087 d. m. s. | Nimp[h]ydia | miserina, | vixit anno || uno m. VIII diebus | XX noctu una | orabus IIII

1088 d. m. | Valerius Taurus miles cortis | VII pretorie, centurio evocatus, qui visit | annis XXXXVII. remisit filios duos gemnos || pisinus anucus et mesero VIII. conpare sua | vist bene. nationatu Panonius. uxsor fecit | bene merent.

1089 Antipater vilicus | Lesbiae coniugi ann. | XXIII et filiae menser. | VIIII fecit de suo

---

1080 CIL VI 29849[a] (im bodenpflaster des circus Flaminius eingeritzt) 2 vgl. CE 782 (chr.) **1081** CIL II 5265 (Astigi) **1082** CIL VI 23552 **1083** CIL X 3032 (bei Nîmes) **1084** CIL X 7648 (Cagliari) **1085** CIL VIII 10575 (im saltus Burunitanus) 1 vgl. CIL VIII 3307 **1086** CIL VIII 5370. 17497 add. p. 962. 1660 CE 112 (Calama) 2 zu *coniuga* vgl. Thes. IV 21, 71 ff, insbes. Apul. met. 6, 4 3 *in* stört den rythmus, *istudiisq.* statt *studiisq.* vgl. Buech. *honores* näml. seiner heimatstadt 4 zu *non nemine* vgl. Enn. trag. 139 u. a. wie *frunītus* 7 nach *a.* fehlt die altersangabe des Seius **1087** CIL VIII 12794 De 8495 (Carthago) 2 *Nymphidia* **1088** CIL VI 2662. 32657 De 2147 4 *remisit* = *reliquit* 4 ff *geminos pisinnos anniculos et mensum VIII.* ⟨*cum*⟩ *conpare . . . visit . . . natio*⟨*ne*⟩ *natu(s)* **1089** CIL IX 820 (Luceria)

1090 ossa | L. Talponio C. f. | ann. XIIX et | L. Talponio C. f. C. n. || Firmo menser. | XIIII

1091 Piine innocen(tissime) | Victoricus pa|ter posuit de-| suncti annu||cli meserum | octo

---

1092 M. Attius Ias fecit memoria | cum duobus introitis sivis et | coiugi et filis suis: Vitrasiae | Luciane, Attia Kalliste, Attius || Crescens et Attius Iunianus, | Attius Vitrasius Fausti- nian|us, Attia Vítrasia Luciane | et liberti eorum libertabu|sque posterisque eorum

1093 Silvanab(us) et | Quadribis Aug. sacrum. | C. Antonius Valentinus | vet. leg. XIIII g(eminae) murum a fu||ndamentis cum suo int|roito et porticum cum | accubito vetustate conla|-bsum impendio restitu|it Gentiano et Basso cos.

1094 [. . .] | [n]aufragio exi|sse, annum | vertentem || vixisse, pos an|num mano uma|na sublatum | esse, Aur. Aeladi. | pater filio pi||entissimo | pos.

1095 [. . .]re vellit vel si qui voluptati meae conten||[der]it, [inf]eret in erario populi poene nomine | [. . .] m̄. n. excepto dari bolo Ti. Claudio Eutycheti | [alu]mno benemerenti et L. Valerio Hermeti || [a]mico optimo, in front. p. XXVIII, in agro p. XX | [. . .] cum portico suo

1096 L. Flaminius D. f. Arn. | mil. leg. III Aug. | 7 Iuli Longi, dilecto | lectus ab M. Silano, mil. || annis XIX in praesidio | ut esset in salto Philomu|siano, ab hostem in pugna | occissus, vixit pie | annis XL, || h. s. e.

1097 d. m. | C. Vettio Capitolino filio pientis|simo Plotia Capitolina mater ín|felicissima fecit: vix. annis XIII: || qui die natali suo hora qua natus | est obiít

tan cito pictor acu Sty|gia delatus ad umbras,

1090 CIL V 2701 (Ateste) **1091** CIL III 2602 (Salonae, viell. chr.) 1 *Pitne* = *Pitane*? **1092** CIL VI 12737 2 *sibi* oder = *suis sibi* **1093** CIL III 4441 add. p. 1770 5 f vgl. CIL VI 28449 *in circuito*, 10812 *aditis* (III 8722 CE 698 chr.) 9 i. j. 211 **1094** CIL III 8910 De 8515 (Salonae) 3 f vgl. De Cic. Phil. 13, 21 ff **1095** CIL VI 15048 1 *voluntati*. vgl. 15018 *volunptati* 2 vgl. Di s. 72 6 s. CE 299 (chr.) *binos porticos arcos*, 796 (chr.) *diaconati*, 791 (chr.) *artos* u. a. m. **1096** CIL VIII 14603 De 2305 (Simitthu) 4 *M. Iunius Silanus* war *proc. Africae* i. j. 33—38 n. Chr. s. Prosopogr. II 247, 552 7 f s. Di s. 14 **1097** CIL VI 6182 CE 1150 De 7589 1 f vgl. Verg. Aen. 9, 582. 11, 777 Ov. met. 6, 23 Thes. I 469, 72 ff, *acupictura* und die anm. Buech. 1 man erwart. *Stygias d. ad u.* wie CE 1186, 9

quam puer ingenio notus | in arte sua.
quod si fata velint alia pro spirito | vitam,
hoc mater titulo maluit ante legi. ||
sibi f. et [[s]] suis posterisque eorum

1098 Acrai[. . .]ntiane, quae | vixit annis XXVI m. VIII d. XIII h. II, | corpori et spirito inconpabili. | ob iunctam atfectionem fecit || his, a quo meruit. | locu concessu a Pacedio Fortunato

1099 d. m. | Plustia Dynate | Plustio Panca|lo coniugi be||ne merenti sum|ptis suis fecit

1100 Abaddiri sa|ncto culto|res iuniores | suis sumtis || aram constitu. | pro[v. . . .]

1101 d. m. | N. Comfloni Hygini | fecerunt | S[e]x. Caelius Narcissus || et N. Comflonius Felix | heredes sibi et suís | lib. lib. que posterisque | eorum. huí monimento ítum am||bitum debetur

1102 M. Iun. Secundus, C. Val. Terentianus, C. Val. Decu|mainus, Quartia Sextilla grada d(e) s(uo) d(ederunt)

1103 Maxima sibei et | Curtiae L. f. Secundae nuruae, | Q. Novellio Q. f. Crescenti n., | Sex. Novellio Q. f. n.

1104 d. m. | C. Marius | Donatus | vet. || vixit | annis LXXV. | C. Marius | Secundus | patri caris||simo fecit | cura agente | Iulia Maio|rica nuram | eius

1105 d. m. | Aeliae Euresi | Gettius Ama|ndus socre || b. m.

1106 nomen quí retinens tu(um), | magnus Alexander, |
Pallados ínventum | medicinalemq. laborem ||

---

2 *iam* Mo **1098** CIL XIV 497 (Ostia) 3 desgl. XIII 1898 **1099** CIL VI 24350 **1100** CIL VIII 21481 (Mauret. Caes.) 1 s. Thes. I 43 und die anm. d. hrsgg. 4 vgl. auch CE 437 *versorum* (u. ä. 745. 735 chr.), CIL III 167 (i. j. 344) *grados* (VI 13267) **1101** CIL VI 34124 9 f vgl. CIL V 1863 (CE 891) *invium . . . transitum non placuit curiae* CIL VI 15106 *tale exsitum*, X 1211 (i. j. 170) *omne apparatum*, III 8385 *crudele luctum*, 7000 (i. j. 352) 1, 18 *magistratum*, CE 429 *cursum* u. a. m. **1102** CIL XII 1753 (Valentia, auf e. steinstufe) 1 f statt *Decuminus*? 2 vgl. CE 1061 *volta* (Enn. Lucr.) 639 *cubita* (= *cubilia*) **1103** CIL V 2452 (Rovigo) 2 vgl. CIL V 5249 *nuri* (6512 III 5143), III 10289 *niri* **1104** CIL VIII 4293 (Batna) 13 vgl. CIL VIII 2604 **1105** CIL XIV 526 (Ostia) 4 vgl. CIL XIV 3851 VII 229 (*socaere*) u. o. **1106** CIL VI 9604 add. p. 3470 CE 1253 1 vgl. d. anm. Buech.

quot feci, studio pro|ximus ipse meo, |
testor nunc superos: non | hoc meruisse videbar, |
ín volnus genoris quot || subito occidimus. |
í nunc et dubias fatorum | neclege clades. |
coníunx, quod potuit, titu|lum mihi reddidit uní. ||
Valeria Ursilla

1107 d. m. | Rubria Hedia fil|io suo Q. Luta|tio Securo m||ater, qui an|nis vixit XX|V, dibus XV, | fecit

1108 d. m. s. | Iucunda | vix. an. II m. III | dibus XI. pater || eilie dulcissim.

1109 dís ma[nib]us | Iuniae Amil[l]e | fecerunt | M. Iunius Artius || collibertus et | M. Iunius Hamillus | iuvenior matri | karissimae benemer.

1110 L. Statius | L. l. Antiocus | amantisimus | suvis

1111 d. m. | Calistiano | divo et domi|no meo dulcisi||mo et pientisi|mo, vix. anis IIII m. IIII die. IIII hor. X

1112 d. m. L. Pacio | Eutyco v. a. VII | m. II d. XXVII. Pa|cia State et C. || Lusius Tertius | filio pientisimo | fecrunt

1113 d. m. | Silvius vixit | anis VIIII m. X | d. XXVII. Silvana || mater infelicisi|ma fil. piisimo

1114 d. m. | Aurelio Palatrcontii | Domni f., qui | vicsit anis XXIIII || m. II d. XII, | frater pientisi|mus posuit

1115 d. m. | Titi Blaesí | Titiani, | Flavia Resti(tuta) || f. pientisim.

1116 d. m. | Aninus | posui An|nae Cale||dige mate|rtere pia|e, que vi|csit a|nnis || LXXX *daneben:* d. m. | Aninus | filius | Dovide||nae Ca|ledige | matri p|iaenti|sime qu||ae vixsit annnis LXXV *unter beiden:* Aninus indulge|ntisimis posuit

1117 T. I. Rufinus | v. f. sibi et | Cl. Corom|arae coniug||i pientesime | an. XXXVII h. s. e. | Flaviae Ru|fillae ano(rum) | XIII

1118 Messaline fili|ae dulcismae, | quae bixit | annis XXVIIII || m. VIII d. XXI *zu beiden seiten* d. m.

1107 CIL VI 25540 **1108** Ephem. epigr. VIII 257 (im ager Teuranus) 5 *filiae* **1109** CIL X 2622 (Puteoli) **1110** CIL VI 8011ᵃ (columb.) **1111** CIL VI 14094 add. p. 3514 De 8496 **1112** CIL VI 23660 4 viell. *Stacte* **1113** CIL IX 2302 (Telesia) **1114** CIL XI 3266 (Sutrium) **1115** CIL XII 3473 (Nîmes, III jh.) **1116** CIL II 6299 (Tarraconensis) **1117** CIL III 10783 (Emona in Pannonia superior) **1118** CIL XIV 1342 (Ostia)

1119 d. m. | P( ) Florentiae | pater et mater | filiae dcsme || [e]t Martius coiug. | b. m. p(o)ser(unt), | quae vixit | anos XX ms. VIII

1120 d. m. | Pompeiae | Bocontiae | Gemellus || coiugi karis|mae

1121 Maedomiae | Vispiiae Mo|derate Aure|lius Silvius || centurio deputa|tus miserissimus coi[u]|x

1122 [. . . mater] miserissima Sept | Ingenuo eq. leg. | XIIII gem., qui Partia | decidit in bello, || Sept. Iuliano eq. | [l]eg. XI[. . .]

1123 d. m. s. | Crittiae P. f. Valentinae | M. Avidius Proculus | uxori integrissimae || fecit

1124 d. m. s. | Aelius Saggeus | pius vicxit annis LX | m. IIII. Aelia Felixima || vixit annis XXXX m. II

1125 ad ocloru dolo|rem aut ang(orem) | ligavi patri et | matri mo

1126 d. m. s. | [. . .]a Probata Fructo | coniuci so pientissi|mo publico, idem si(bi) || et viro fortissi|mo. in fronte p. VIII, | in agro p. XXXX

1127 d. m. s. | Iustinus Quar|tae coniugi siae ca|rissimae beneme||[renti . . .] | [. . .] | one nepoti, | q. vixit an. XXI | m. IIII d. VII

1128 d. m. Aurelius Daza centenarius | pelece hic iacio, qui vixi annis quinqu|aginta et militavi annis XXX et sum | natus in provincia Dacia et milita||vi inter ecuites catafractarios Picta|vensis succura Romani propositi. Au|relia Piactu coniux, qui posit titulo be|nemerenti caro mar(i)t[o s]uo. resta | viator et lege titulo nestro, dunc le||ces et perausas

1129 dis manibu[s] | Felicis. v. m. VIII, | Volussiae Cheone

1119 CIL XI 5865 (Iguvium) **1120** CIL XIII 160 (Aquitanien) **1121** CIL VI 3557 5 s. die anm. Mommsens 6 desgl. CIL IX 3729 X 8160 **1122** CIL III 4480 De 2307 (Carnuntum) **1123** CIL IX 2878 (Histonium) 4 desgl. CIL X 30 II 1085 **1124** CIL VIII 12930 (Carthago) **1125** Ephem. epigr. VIII 238 (goldplättchen aus S. Ginesio bei Falerio) 2 oder *ang(inam)* 4 desgl. CIL XI 746 (nro 1145) **1126** CIL V 2007 (Opitergium) 3 *suo* **1127** CIL IX 3472 (Peltuinum) 3 vgl. CIL III 8921 *sis* = *suis* **1128** CIL III 14406a (Macedonien) 1 *SAZA* der stein, viell. *Saxa* 2 *perlege*? *peleger* (= *peregrinus*?) *iaceo* 5 s. Thes. III 591 f 6 *praepositi* 9 f *titulum nostrum (nestro* wie auch CIL III 7584. 13742 nach *vestro*), *dum leges et repausas* **1129** CIL

Corneliae | posuit filio suo carissimo. || si quis huhic ammuerit, iendem | dolorem experiscatur quem ego | experta sum

1130 d. m. | T. Volusio Valenti|no fecit Scabria Fo|rtunata coiux, quae || vixit cum ium ann|is X m. III, coiugi be|ne merenti, qui vi|xit annis XI m. III | diebus VI. bene || m[e]renti fecit

1131 d. m. L. Saufeio Tholomeo | fecerunt [. . .] | Saufeia Marcella et L. Saufei|us Euphrosynus patri pientissi||mo et sibi et suis libertis liber|tabusque posterisque eorum. | hoc monumentu ne de nomine ex|iat. si quis eo vel titulo manus in-|tulerit, dabit aerario sestertia || quique milia nummorum

1132 d. m. s. | Memius Co|mes vixit a|nis LXXX. curi||ales eo fe|cerunt | curia. Iovia | uxor ei fecit

1133 Vibiae Psyche v. a. XXIV. | Q. Vibius Polybius l(ibertae) suae | eaedem coniugi

1134 C. Iulius Nigri | lib. Oriens víxit | annos XXXXV. | Iade contubernali suo dignissimo, || quoi non licuit, in suis manibus | ultimum illui spiritum ut | exciperet

1135 Aurelia Victorina, que | emit arca ex proprio suo | et vixit annus XLV et dies | tres, et post [ob]itum ipseius | fecit Fortunatus alonnus | ipseius, ex [b]o[t]o ips[e]ius fecit. | si quis voluerit corpus in|pon[e]re, dabit in fiscum | (denarium ?) [f]ol(les) (mille)

1136 d. m. | Alfiae Herma|phrodite | filiae dulcis||simae bene | merenti, que | vixit annis | VIIII diebus X. | parentes ipse||us fecerunt

1137 [. . . vi]|xit annis quadracin|ta cinque, ex quo na|ti sun fili viginti un|u, et Camuriusnia Ro||fina filia ipsuius, q|ue vixit annis cin|quaginta quator, | baene maerenti fecerun

1138 d. m. | Iulio Vaenti|no nutrix et Fla|via Iustina vi||rginia inpsuiu|s pientissimo d|efuncto anno|rum plus minus | XXV

1139 d. m. | Octaviae Felici|ssime, que vixsit | annos XXXXVI || meses V, N. Didi|us Felix coiug|i bene merenti |

VI 7308 De 8186 (columb.) 3 d. i. *Cheone (Chione) Volusiae Corneliae* (CIL VI 7296), der tochter des cos. *L. Volusius Saturninus* (s. Prosopogr. III 483, 661. 487, 667) 5 *hunc amoverit eundem.* s. CIL III 6084 VI 7652 und vgl. CIL VIII 11825 (De 8181) *qui me commusserit* **1130** CIL VI 29544 8 *XI*: verb. *XL* **1131** CIL VI 25961 8 desgl. CIL VI 22021 u. ö. **1132** CIL VIII 3302 (Lambaesis) 5 desgl. CIL VIII 3889 **1133** CIL VI 28881 **1134** CIL X 2564 (Puteoli) **1135** CIL III 2240 (Salonae, chr.?) 6 vgl. CIL II 155 *ipsaius* **1136** CIL X 5434 (Aquinum) **1137** CIL X 5939 (Anagnia) **1138** CIL III 2377. 8626 (Salonae) 2 *vafnti* der stein **1139** CIL IX 1524 (im

fecit. de queiu|s castitate nun||qam questus su|m, cum qua vixs|it annos XXV me|ses IIII dies III

1140 d. m. s. | Primitius | Fadilles ser. | Paeline || conservae, | quem succepi | annorum XI | et vixit mecum | annis XXVIII, || qouaeí parem | gratiam re|ferre non potui | in tanta sim|plicitate. || b. m. p.

1141 d. m. s(a)c(rum). | Maria Euprepi|a, quai Fate | concesseru||nt vivere a|nis XXXXV. ben|emerenti Mo|destus coniu|gi sue posuit

1142 d. m. | Ianuaria cara | coiux Agatoni|co coiugi vene||menti fecit, | qun qun vi|xi annis XXV

1143 d. m. | Balgius Athenio | Benuleiae | Liberalini coniugi || fecit suae, cum quae | vixi ann. XIIII bene|mereti

1144 Prec[i]|[li]ae Seve|rinae G. | Sinule||ius Micca|lus, con q|uae vixi an. | II meses VIII | dies XXII. || coiugi | b. m.

1145 Aurelia De|cia Aurelio | Lucio coniug|i mo, qi vix. an||is viginti du|o, die octo. de qu|ae nulla qaerel|a pose dicere. be|ne merenti posuit

1146 d. m. | Iu[l]io Diodoro | fecit Iulia Sisip|pae beneme ren||ti marito suo. | quiqun vixi anis | X mes. VI dib. VIII

1147 d. m. | Graeciniae | Tyche C. Graecinus | Vernus, con quicu || vix. an. LIII. | Graecinius Seve|rus et Primitius | m(atri) b. m.

1148 have Septima, sit tibi | terra levis.
quisqu|e huic tumulo pos|suit ardente lucer||nam,
illius ciner|es aurea terra tegat

1149 d. m. s. |
quisq. pre|teriens titul. | scriptu lege||ris,
tactus pie|tate precor | ut dicas: Dona|te, sit tibi terra le|-
vis. v. a. LXV

1150 d. m. | L. Pomponius Draco | Aug(ustalis) vivus posuit sibi | et Iuliae Anniae coiu(gi) || suae. veto autem in h[a]c arca | alium corpus inferi aut ossua | poni. si qis autem

---

pagus Veianus) 8 f desgl. CIL X 3980. 5654 III 1846 vgl. X 5409 *quaeius* **1140** Ephem. epigr. VIII 152 (Corfinium) **1141** CIL II 89 (Lusitanien) **1142** CIL VI 19645 5 *merenti* 6 *cum quem.* vgl. Di s. 19 ff 303 **1143** CIL VI 28298 **1144** CIL XI 1103 (Parma) **1145** CIL XI 746 (Bologna) 8 *possem* **1146** CIL VI 35548a 6 desgl. CIL VI 23571 u. o. **1147** CIL XI 5779 (Sentinum) 3 f *Graecinius Verinus* **1148** CIL X 633 Ri 96e CE 1308 De 8132 (Salerno) 2 *quisquis* vgl. CE 133 und nro 1149 zur sache vgl. CIL VI 10248 XI 2596 Dig. 40, 4, 44 und Marquardt Privatl.[2] s. 368, 1 3 vgl. Thes. II 1492, 2 f **1149** CIL VIII 4120 CE 133 anm. vgl. CIL VIII 3727. 4122 (Lambaesis) 2 *quisquē* = *quisquis* s. Prosk. s. 148 f **1150** CIL III 2098 add. p. 1509 (Salonae) 6 desgl. CIL V 121 zu *alium* s. Thes. I 1623, 31 ff

intuleri[t], dabit | r(ei) p(ublicae) Salonitanorum [HS] n. $\overline{X}$ et | ne quis ante arca[m hanc aliam ponat ?]

1151 [. . .]|et apparabant escam [. . .]
et imponebant in purpureo nid⟨ul⟩o |
ut perferantur, si qua sunt, ad inferos. |
date terrae fructum, ut terra possit reddere. ||
ab alio speres, altero quod feceris

1152 d. m. | Ponpeiae | Pollittae, | bixis annis LX || messibus III diebus | V oris duobus. con|iux fecit bene me|renti

1153 d. [m.] | Aur. Castinus [. . .] | Aeli. Iobine uxori | infelicissime, que || vixxit an. XXVI. si qu|is autem voluerit | super hec trea cor|pora ponere volu|erit, imfer(et) decre(to) || curiae nostre | f(olles) ∞

1154 di. m. | M. Ulpius | Aibinus | mils coh. VI || pr(aetoriae) stup. X, vixi|t annis XXX|V mesib. quat|tor diaebus X. | Iulius Respct||us contuber|nali suo ob(ito) be|nemerenti f|ecit in trasi|to

1154 a d. m. s. | T. Annia | Fortuna | vixit an. || sex mes. | qator

1155 Víbius Geminus et | Valeria Dignitas | Valerio Gemino | nepoti, || qui vixit annis quique | meses septe | diebus duobus

1156 deo | Iovi et Volca(no) | Vassinus. | cum velli||nt me con|sacratum | conserva[r]e, | promisi dena|rios six pro vo||to sa[lutis ?] rest(itutae ?)

1157 d. m. s. | Calidromus | vixsit annis | triginta quinq||ue diebus nove, | Plegetusa ben|e merito fecit. | e. r. i. p. u. l. f. d. s. i. l.

1158 dis manib. | Privata mater | Asterope filiae | fecit. || vixit anno men|sib. novim

1159 diis manibus | sacrum | Carin. Q. f. Gal[l]ae, | vixit annis || septe mensi[bus] | dece diebus | XII

1160 d. m. | Felicissimo filio piissi|mo, qui vixit annis

1151 CIL VI 36653 CE 192 3 zu *si qua sunt* vgl. CE 132. 179 Buech. adn. 2 Buech. vgl. Cic. Tusc. 3, 59 (Eur. frg. 757) *r. p.* überl. 5 vgl. Thes. I 1730, 55 ff Christl. inschr. 166 **1152** CIL IX 2151[a] (bei Benevent) **1153** CIL III 13917 (Salonae) **1154** CIL III 7148 (Karien) 1 oder *d. i(nferis) m.* 3 *Albinus* 7 f *ouattor* der stein 13 f *in trasito* (schwerl. *intra sito*) gehört zu *ob(ito)* **1154** a CIL VIII 8789 (Mauret. Sitif.) **1155** CIL X 4407 (Capua) 6 zu den formen der zahlwörter und ihrer gegenseitigen beeinflussung vgl. Di s. 191 ff **1156** CIL VII 80 **1157** CIL VI 14079 8 unverständlich **1158** CIL VI 25058 **1159** CIL VIII 1040 (Carthago) **1160** CIL XIV 1009 (Ostia)

quin|que mensibus duobus || diebus tredecem | horis undecim. parentes in|felicissimi

1161 d. m. | fecit mater infe|licissima filio pien|tissimo et karissimo || Annio Leonati, qui | vixit annis viginti | et septe, mesibus qu|inque diebus quindeci

1162 d. m. | L. Passieno Ch|rusanto Passie|na Trofime ma||ter f(iliae) fecit. vixit | annis sedeci mesi|bus X diebus XX, | et sibi et suis

1163 d. m. s. | Caius Iulius Qu[i]|etianus vixit an|nis viginti quat||tor mensibus nove dieb|us vinti quattor

---

1164 bene sit tibi qui | iacis intus, et tu qui trasis
et leges | hunc titulum, || opta 'tibi terra | leve'

1165 Valeriano | II et Lucillo con. | pro salute | [G]alieno Aug. || [et] Cornelie | [Sa]lonine Au|[. . .]o sacn|[. . .]o Iuno-|ni Ari ≷e || A. Vale|rius Iovi|nus mi|les chor|tis prim||e preto|rie cen. | Valeria|ni botu|m solbu||int

1166 Speratus vix. men. V [. . .] |
flet domus et cari lugunt sine fíne parentes |
abreptum fatis: contegor hoc titulo. |
quis non exempli doleatur mortis acerbae? ||
si me vidisses aut si mea funera nosses, |
fudisses lacrimas, hospes, in ossa mea. |
Speratus Attalus Politice

1167 diís manibus | Sallubio Agathoni | Sallubia Helpis | fecit sibi et suis || libertis libertabusque | et filis filiorum posterisq. | eorum. ne de nomine exiet

1168 tu ne vellis aliena membra | inquitare iacentis, dolies | conparabit sibi. quod si no|cueris, noceberis ab alio

1169 hic ego sum Cornutus doliens | cum filis dulcissimis VIII

1170 deo | sancto | Silvano | M. Aurel. || Sabinus | evok. | Aug. n̄. | libiens voto | pos[u]it

---

1161 CIL II 4331 (Tarraco) **1162** CIL VI 7260 (columb.) **1163** CIL VIII 8573 (Sitifis) 6 zu *centu* s. nro 1372 **1164** CIL XIV 1873 CE 128 De 8134 (Ostia) 1 vgl. Thes. II 2113, 84 ff (2114, 23 ff) **1165** CIL VI 32565 1 f i. j. 265 9 *Arime* **1166** CIL VI 26680 CE 1173 1 zu *lugunt* vgl. CE 721, 8 2 vgl. CE 1012, 4 *contegor á tumulo* 3 Buech. vgl. *misereatur* **1167** CIL VI 25771 add. p. 3532 **1168** CIL VI 29947 De 8187ª 1 vgl. nro 1156 **1169** CIL VI 16483 CE 604 *h. e. s. d. c. f. dulcibus octo* ein hexameter vgl. CE 820 *doleunt*, CIL VI 12128 *disciunt* = *discunt* **1170** CIL VI 32596

1171 deo Sil[v]an|o votu lib|ies solvi | ego Legitax

1172 ponit in|victo deo | Austo, po|nit lebien||s Fronto | aram invi|cto deo Au|sto, p(onit?) leven|s, ponit pre||sedente pa|trem patra|tum leone|m

1173 T. Lollius T. l. | Masculus | IIIIII vir | Bodincomagensis || positus propter | viam, ut dicant | praeterientes: | Lolli ave

1174 d. m. | mat. pientissima | non merues scelus | fec. filio suo carissi||mo Iulio Marco, q. | bix. ann. XXIII, | et sibi et coiugi suo

1175 tene me | ne fugia, revo|cas me regione | prma Aurelio (*kopf eines hirsches*)

1176 M. Cominio | M. f. Secundo | Cam. Commelio | a. LXXXV || et Terentiae Pr. f. | Clarae | parentibus fili s. p. | Primus et M. et C. | et M. Cominio M. f. Celeri || et Q. Cominio M. f. | fratribus. |

discitis crescentes | pietate redere | vostris

1177 dis manibus | Epitynchani Caes. | n. serv. Candidian., | qui exiebat in officio || Asiae ark. XX hered.

1178 Isidi Aug. | L. Figilius Secundus Fl. Crispinus | aediles lacum quod annis IIII | cessaverit, ut saleret curaverunt

1179 d. m. | Candidae coniugi beneme|renti ann. p. m. XXX. que me|cum vixit ann. p. m. VII. || que est cruciata ut pari|ret diebus IIII, et non pe|perit, et est ita vita fu|ncta. Iustus conser. p.

1180 diis manibus | Claudiae Pistes: | Primus coniugi | optumae sanctae || et piae benemeritae |

non aequos Parcae statuistis stamina vitae, |
tam bene compositos potuistis sede tenere. |
amissa est coniunx, cur ego et ipse moror? |
si felix essem, Piste mea vivere debuit. ||

1171 CIL III 10453 (Aquincum) 2 f vgl. CIL III 611. 3158b. 10202 **1172** CIL II 5728 (im conventus Asturum) 8 oder *F(ronto)* **1173** CIL V 7464 (Vardagate) **1174** CIL X 8402 (Tarracina) **1175** CIL XV 7183 (wie nro 649) 2 ff statt *revoca me in regionem primam Aurelio (Cerviano* wegen des hirschkopfes). vgl. CE 77 *moraris* imp. **1176** CIL V 7537 CE 833 (Ligurien) 12 vgl. CIL III 756 (add. p. 1338) *havetis* = *havete* **1177** CIL X 6977 (Messana) **1178** CIL VIII 2631. 18101 (Lambaesis) **1179** CIL III 2267 add. p. 2260 (Salonae) **1180** CIL VI 15546 CE 493 1 *aequos* näml. *fusos*, *dies* oder *coniuges* Buech.: graecisier. adv. (wie *sophos*) Leo beachte das wortspiel 3 vgl. Hor. carm. 2, 17, 6

tristia contigerun, qui amissa coniuge vivo. |
nil est tam miserum quam totam perdere vitam |
nec vitae nasci.
dura peregistis crudelia pensa sorores, |
ruptaque deficiunt in primo munere fusi: |
o nimis iniustae ter denos dare munus in annos. ||
deceptus — gravius fatum, sic pressit egestas | —
dum vitam tulero, Primus Pistes lugea coniugium

1181 [mem]oria[e] et innocentiae | [. . .]ci qui vixit ann. V m. IIII bidu[o | et . . .]ae filiae, quae v. m. VII dieb. X, | e[t Pri]mitivae coniugi, matri eor||um, Gaius Aug. libertus. si qui | [a]utem temptaverit eunde|m monimentum quod | appellatur pyramis in ali|quo, inferevit fisco d. n. I L I

1182 S(ilvano) d(eo) d(omestico) ex voto | camaram et | paretes suis | inpendis a novo || vestibit Crescentian(us) actor Orfiti | c. p.

1183 Ptronia (dicor). tene me, quia fugibi, et revoca me ad domun Theodotenis ad domnum meum Vitalione

1184 d. m. | Gaius Vetti|us Hilarus pos|tus est in re su||a. posibit Gaius | Vettius Alexan|der

1185 d. m. sacris. | Titia Datiba Caelio | Victor. f. Gaio coniugi | dulcissimo titulum || posibit, in quo vixit | annos XXXV me. V d. | n. X horis n. XI. c(oniux) | vixit usque quo | potuit

1186 d. m. | Lur(ia) Bictoria, o(bita) [a]n(norum) XXVI. item fius Mari|nus o(bitus) [a]n(norum) IIII. posibit coig(i) Au(relius) Dioclis

1187 hic est Hirculis, qu[i] a matrastra sua | perivit

1188 L. Catilio Severo II, | T. Aurelio Fulvo cos. | posit titulu fra|tri bene mereni || C. Sycerna Festio | C. Sycerne Brobo. | vix. anis XXVII | mesibus VI

---

8 vgl. Stat. Theb. 5, 274 f 9 '*fusi* gen. sing.' Buech. 11 näml. 'der vergönnten jahre' 12 mit ausschluss der namen ein pentameter = *lugeam* = *lugebo*. vgl. CIL VI 13203 *veniet* = *venibit* **1181** CIL VIII 19174 De 8102 (Numidien) 6 f s. Di s. 196 9 *inferet f. d(omini) n(ostri) (unam) l(ibram) (unam)*. zur sache vgl. CIL VI 13387 Christl. inschr. kap. VIII und litterat. s. 46 Mommsen Röm. Strafrecht s. 812 ff **1182** CIL VI 3714 = 31007 1 oder *d(ono) d(atum)* **1183** CIL XV 7176 (wie nro 649) *eugibi* das band **1184** CIL XIV 1755 (Ostia) **1185** CIL X 3010 (Puteoli) 5 man erw. *cum quo* 8 oder *C(aelius)* **1186** CIL III 14809 (Salonae) 2 f *q n* beide male der stein 2 *filius* 3 zu *coigi* s. Thes. IV 341, 74 f **1187** CIL XI 6730, 4 (mosaik bei Ancona) **1188** CIL VI 27041 1 f i. j. 120 3 sehr häufige nebenform allerorten wie *possuit* (CIL V 5623 XIII 588. 3457), orthogr. variante 4 *merenti* 6 f zu den gentil-

1189 *a* Hochmae|a virgo | dei | Ha||dara|nis, | quia *b* annis | XX pan|em | non || edi|dit, iussu | ipsius | dei | v. l. a. s.

1190 *a* D(ianae) A(ugustae) s(acrum). | T. Ael. Messor | v. l. m. s. *darüber zu einem Dianarelief* *b* Maximinus | sculpet

1191 Iovi′ optimo′ ma[x.′] | Cap.′ sanct.′ de′ vot.′ fec. | pr(opter) vot.′ meum′. Au[r.′] Vale′. | mil.′ cho.′ III′ pre[t.′ (centuria)] Felicis || nationem′ Mesacus | vic(o) votum libens s[olvit] | et alia facivt

1192 Maticius fecuit

1193 Lucius Valerius | Cretus Papiria | [l]at(eres) cusit, e Ratiaria

1194 P. Aelius Callistus | concessu sibi a Marco | Aurelio Epagatho, et | Aeliae Primeniae et || Liciniae Antesphoridi | et libertis eorum | de(dit). ceteri et liberti mei | propii meriti non fustis | neque filia mea

1195 Claudiorum | Ungelio et Irene | cubiculum memo|riae atquaesierunt || communi inpendis suis | fecerumt libertis lib|er-tabusque posteris|quae eorum. Cauden|tiorum

1196 d. m. | Cluvius Marcianus | et Aurelia Origenia fe|cierunt sibi et filibus || suis et libertis liber|tabusque posterisque | eorum, in fronte pedes XI, | in agro pedes XII

1197 d. m. | Iulius Aeolus et | Iulia Agate Iulia|e filiae dolctsima||ae ed pientisimo | memoriae eius fe|cierut. ani(s) VIIII | me. VIIII d. VIIII q.

1198 d. m. | A. Decius Eutyches e[t] | Decia Thallusa feceriun | sibi et libertis libertab||usque posterisque | eorum

1199 d. m. | Messorin|ae filiae inc|ompavili d(e)f(unctae) || ann. VII imfe(licissimi) | parentes po|sierunt

1200 [. . .]ium | scandulam et | tegerunt naval[e] | Con-[se]ntius et || [A]u[re]lianus et | [R]u[f]ianus dis[c]e[s] | illorum

---

namen vgl. W. Schulze s. 95 **1189** CIL III 14384^{1} (Heliupolis in Syrien) **1190** CIL III 8509 (Dalmatien) *b* 2 = *sculpsit* **1191** CIL VI 32589 4 vgl. CIL VI 2493 5 *Mesacus* nicht völlig sicher 6 den namen des *vicus* liess der steinmetz fort 7 *fecit* **1192** CIL III 6010, 137 (auf e. gefäss aus Westerndorf) vgl. CE 1320 *reguit*, 1086 *coguit*, CIL VIII 20394 *legueris* **1193** CIL III 14599^{2} (ziegel aus Moesia superior) 3 *coxit* **1194** CIL VI 7470 De 8286 4 *Primigeniae* 8 *proprii* . . . *fuistis* **1195** CIL VI 10276 6 vgl. *fecerun* und *fecerum* u. ä. 8 f vgl. Rh. Mus. 62 (1907) 402 **1196** CIL XIV 849 (Ostia) 3 f desgl. CIL XIV 655 **1197** CIL VI 19805 3 auf einem pendant *Agele* 4 f *dulcissimae et pientissimae* 7 erg. *vixit* **1198** CIL XIV 904 (Ostia) **1199** CIL III 9228 (Salonae) 6 vgl. CIL III 7572 *poserunt* **1200** CIL III 14360^{20} (ziegelgraffito aus Savaria)

1201 [. . .] Claudie Ide fil. suae | [et] libertis libertabus | posterisque eorum. | ne qui liciat ius sum || vendere. quodsi vend|erit, ad aerarium sex | milia dabet

1202 Domit[i]ae Dione matri [. . . et] | Domit[io Be]roniciano patri [. . .] | [. . . Domi]tius Beronicianus | eques Romanus parentibus sanctis||imis fecit. tabernas n(umero) III, quae sunt | sepulcro a dextera lebaque adiunct|ae donabit, cum horto, qui est intra | concluso, et abitationes, quae sunt sup|er tabernas, eaed(em) sepulturae. et libertis || libertabusque posterique eorum, | (ut) quadius nomem originis nostre costituerit, | [ad] eos pertineat. quod si nomen oricinis | [nostre de]fecerit, tunc ad possessorem

1203 quisque henc | memoriam le|xerit, sit illo | semper bene. || sit tibi semper | b(e)ne. d. m.

1204 I. o. m. | Aur. Martinus | Basus et Aur. | Castor po(ntem?) Lyd||i circumstantes | viderunt numen | aquilae descidise | monte supra dracone | tres valida vii. || supstrinxit aquila. | hi s(upra) s(cripti) aquila de | periculo | liberaverunt. | v. l. m. p.

1205 *ein reiter, einen löwen attakierend, zur seite ein bursche und ein hund*

respice praeteriens, viator, consobrini | pietate parata:
cum lacrimis statui, quan|to in munere posto videtis.
Pannonia terra | creat, tumulat Italia tellus.
ann(is) XXVI, ut sibi || castris honorem atquireret ipse,
dolori ma[g]||no substentavit tempore longo.
postea cum | sperans dolorem effugisse nefandam,
ante | diem meritum hunc demersit at Styga Pluton. |
quotsi fata eo sinuissent luce videre, ||
ista prius triste munus posui dolori repletus, |
munus inane quidem. terra nunc dividit ista |
ossua sub titulo potius. tu opta, viator,
cum pie|tate tua ipso terra leve, nobis fortuna beata, |
ex qua tu possis obitus bene linquere nato. ||

1201 CIL VI 15477 4 *ne cui liceat i. suum* **1202** CIL VI 31852 11 *constiterit* **1203** CIL III 12484 (Moesia inferior) **1204** CIL III 7756 (Apulum) 3 vgl. CIL III 7834 *basus?* 5 *po(pulo?)* 7. 10. 11 *aouila(-e)* der stein 7 *descendisse* 8 *dracones* 9 *vi* **1205** CIL VI 32808 CE 474 (ende des II jh.) 2 *quantum . . . postum (= positum,* wie CE 373 *compostus)* 4 nach 25 dienstjahren erfolgte bei den equites singulares die ehrenvolle entlassung 5 *dolorem magnum* 6 man erwartet *speraret* 8 *eum sivissent lucem* 9 f vgl. CE 475 (nro 643) 5 f 12 *ipsi terram levem, nobis fortunam beatam* 13 *linouere* d. stein *natum*

Val. Antonius et Aur. Victorinus hered. | Ulpio Quintiano eq. sing. ben. mer. posuer.

1206 d. m. s. | Caninia Antiochis hoc mu|nimentu se viva fecit sibi et | sues libertis libertabusque poste||risque eorum. hoc munimentu ve|to veniri neque donari, quot si | [. . .]

1207 T. Aelius Aug. lib. Primitivus | archimagirus et | Aelia Aug. lib. Tyche coniunx | fecerunt sibi et suis lib. libertabusq. || posterisque eorum. | custodia monimenti inhabitandi ne quis inter|dicere vellit. quod si nemo de hac memoria nostra | extiterit, pertinere debebit ad collegium cocorum | Aug. n., quod consistit in Palatio. quod neque donari || neque veniri promittimus. quodsi quis contra | legem s. s. fecerit, dare debebit corpori, qui sunt | in hac stationem, HS L. m. n.

1208 d. m. | Iaolenae Thyceni | Narcissus conservae | bene maerenti fecit, || quod se voluit | obri, v. a. XXX

1209 diis manibus sacru. | A. Furio Epaphrodito, qui | vixit annis LXXX, et Consiae Pro|cule, que vixit ann. LXV, patronis bene || merentibus fecerunt. | liberti libertaequae et colli|berto Furio Epaphrodito, qui in eum | sepulcrum est conditus verna eorum, | qui vixit annis XIX. hic tumulus nullo || patebet. si quis autem in hoc sepulcrum | marmorato reliquias corporis intulerit, | poenibitu inter suos collibertos HS ∞ n̄. | et posterisque nostroru eam poenam. huius | sepulcri cura egit Furius Successus

1210 C. Naevius Ɔ· l. Dromo et | Naevia Ɔ· l. Philumina, | dum licuit suaviter | fructí sunt annos LV. || monumentum heredem | non sequetur. níquis | eo postea inferatur

1211 d. m. s. |
non sufecerat uno dolore | miseros bibere parentes, |
quod iam unam natam omiser||ant ante:
ecce nunc et aliam | saepelitam uno dolorem, |
quod iam prope nupptum myserae | defunctae sunt ambae,
set | qui dolor abs te nobis, Harmo||nia Rufina, relictum est,
ut anni|s XIII m. VI d. XXVI nobiscum ad|vixeris una.
et nos optamus | ad vos properare parentes, |

1206 CIL VI 14344 6 desgl. CIL VI 21096 **1207** CIL VI 7458 De 1798. vgl. CIL VI 8750 10 *venire* 11 *s(upra) s(criptam)* 12 *statione m(ilia) n(ummum)* **1208** CIL VI 19668 1 *Iavolenae Tycheni* 6 statt *obrui* **1209** CIL VI 18758 7 f vgl. Di s. 197 12 *poenibitur* = *punietur* 14 zu *cura egit* s. Di s. 208 ff **1210** CIL XI 987 (Regium Lepidum) **1211** CIL X 2496 CE 613 (bei Puteoli) 2 *amiserant* wie CE 629, 3 3 *dolore* 5 zu *relictum est* = *relictust* s. Di s. 118. doch vgl. nro 1458

ego pater Harmonius Ianua||rius cum bestra matrem |
que gemuit, vibet et dolet, Clo|dia Trophime.
nec dubita|mur enim vita carere m[orique]

1212 d. m. s. | Veneriae | piíssimae matri. | vixit annis L. || post obitum | tuum, piíssima | mater, quae|que fuerunt | tibi, funeri la||ta sunt sepelli|ta et post reli|quias recol||lectas, ut molli|ter essent, tumu||lo conditas ef|feci ego | Primus Aug. n̄. | adiut. [tab(ulariorum), f]ilius

1213 d. ma. sa. | Aemilia Q. | filia Gala vix. | anis LXXXVII. || hic sepelita

1214 d. m. s. | M. Antonius Faustia|nus Nepos Principinus | insigni piaetate praebitus, || moribus et ingenio clarus, | acceptus patriae, dicen|di peritus, hic cum sum|mo honore parentium | dilectus. p. v. a. XVIII d. VI .

1215 dea | Victo|ria | cons||tuta

1216 [hic cineres at]q. ossa iacent tantumodo | [vitae] adque animae sanctae. |
[sed qu]od aput Manes sensus valet, | [imp]raeco illae ereptaeq. animae, || [sit] quoq. terra levis. |
[hi]c Lais Genices l. vix. an. XXXXV. | hic (sita) e(st)

1217 d. m. | M. Aurelio | Ermaisco | bene merenti, || quen omnes sodales | sui querunt

1218 d. m. | Aurelio Max|simo, q(ui) fatum | suum funxit, || civitatis Vas(iensis), | quem pater et | mater sepul|ture tradide|runt

1219 Ianuarius pp. vidi et miravi | locu cun filia mea Ianuarina. | valete omnes

1220 diis manib. | Nymphe | Iuliae Meliti | bene merenti de || fratr(e) sui coniuge. | vix. ann. cum eo VI, | ann. decess. XXVII | piíssima, de qua | nihil aliud dolitus || est nisi mortem

---

9 *vivetque dolens* verb. Buech. 10 *d.* deponens wie *moramur cunctamur* **1212** CIL VIII 4373. vgl. 4372 (Seriana in Numidien) 11 f vgl. CIL VIII 4372, 11 f *reliquias recollectas* accus. absolut. **1213** CIL VIII 15915 (Sicca) 3 *Galla* oder *Cala* = καλή? 5 vgl. CIL VIII 15639 (chr.) *sepelutta* **1214** CIL VIII 12159 (Byzacena) 4 = *praeditus.* vgl. CIL V 8278 *probitus* **1215** CIL XII 1339 (Vasio) 4 f vgl. nro 1242 *Restuta* und im ind. *ristitor* **1216** CIL X 2645 CE 1324 (Neapel) 2 *imprecor illi* **1217** CIL VI 34025 **1218** CIL XII 1381 (Vasio) **1219** CIL III 70 (Theben) 1 *p(rae)p(ositus)* oder *p(rimus) p(ilus)* **1220** CIL VI 23176 add. p. 3529 3 μέλιτι? 5 = ἑαυτῆς? 9 vgl. CIL VI 15454, 12 *doleatur*

1221 d. m. | Orato pub. Fabianó | ab opera publica, | Folia Trophime coniu. || bene merenti fecit. | v. a. LXV

1222 d. m. s. | Panope ornatrix | Torquate Q. Volu|si (uxoris) vixit annis XXII, || et Phoebe a specu|lum vixit annis XXXVII. | Spendo contu|bernalibus suis | bene merentibus || fecit et sibi. | loc. d. dec. decu.

1223 Celtus M. Silani | a munera. | víx. ann. XXV

1224 d. m. | M. Ulpio | Agathonico | paedagogo || a caput Afri|ce

1225 [d.] m. | [. . .]o Achilleo Aug. lib. numin|[clatori] a census, qui vixit annis XXXV | [. . .] fecit Porcia Crescentina || [coniug]i bene merenti, cum quo vixi [a. . . . m. . . .] II d. XI

1226 Philusa Andraei | liberti uxor | ollam et titulum | datum ab conservas || pedisequas

1227 dis manibus. M. Aurelius Felix | et Aelia Vitalis ex consensu | eorum hoc monimentum | a tempestatem vexatum || reficiendum curaverunt | sibi et suis libertis libertabus|quae posterisquae eorum

1228 L. Maecius Marcus refecit | aeterna domu lib. libertab. | posterisque eorum. | non fui et so, non ero, non mihi dolet. || L. Maecius Marcus se vibo dedit | donavit solium intro parte | leva et super ossuaria | Felici iun., Felici Saturo sen. genna | aera Neapolitanorum ci||trariorum, C. Saturo Selugo, | Saturnino Saturo, Q. Saturo, | Q. iun(iori) Saturo. me vibo itum am|bitum dedi donavi ab heredes | meos clavem

1229 crudelis inpia ma|ter caris suis dulcis|simis Vet. Publilio Potito | c. v., qui vixit an. n. XIII, di. || LV et Aeriae Aeliae Theodo|re h. f., que vixit an. n. XXVII | di. XLI. infelicissima mater, | que vidit funus suum | crudelissimum. que si deum || propitium habuisse, hoc debuera ab eos pati

1230 d. m. s. | Fl. Probincia fecit sibi | — T. Coelius Sentinianus For. | Cor., (centurio) coh. II vig., petit a ponti||fices, ut sibi permitterent | reficere n. monumentum | iuris sui — lib. libertabusque, | sibi et suis posterisque | eorum

---

1221 CIL VI 5558 (columb.) 3 zu *a* c. acc. s. Di s. 12 ff **1222** CIL VI 7297 (columb.) **1223** CIL VI 7612 (columb.) **1224** CIL VI 8985 **1225** CIL VI 8937 = XIV 4010 **1226** CIL VI 4355 (columb.) **1227** CIL VI 13099 **1228** CIL VI 9258 add. p. 3469 4 vgl. anm. bei De 8162 8 f *genna aera* unverständlich **1229** CIL VI 1537 add. p. 3142 (viell. christl.) 4 *c(larissimo) v(iro)* und 6 *h(onestissimae) f(eminae)* **1230** CIL VI 2963 De 8382 3 f *For(o) Cor(nelii)* 4 ff De vgl. Dig. Ulp. 11, 8, 5 Cod. Theod. 9, 17, 2, zur syntax s. Di s. 12 6 *n(ovum)*?

1231 Tychici | sutoris | a Spem ve|tere
1232 *a* ex figlinis Tonneianis ab | L. Licinio Felicem *b* ex figl. | Tonneianis ab L. Licinio | Felicis
1233 dis manib. | Galatae filio | ab Danahes. pater | fecit. vixit || anno I mens. I | dieb. XXVII d. d.

1234 d. m. | [Ael.] Mucianum [m]il. leg. | [. . . d]eceptum a barba||[ris Ae]l. Durazis fra||[te]r eius memoriam | [c]ausam posuit. | valete | viatores
1235 C. Plarius Privatus sen. se vibo cessit Pla|riae Privatae libertae suae de se bene me|renti adcumbitorium cum condi-ti|bum, quod est longum pedes VI lat. || p. IIII, ita ut liceat ei itum aditum | ambitum humandumve sacrificandum caussa | habere (Plari ave) | parte senesteriori ubi positum est | ossuarium Plarii Ianuarii
1236 rogo vos, | domini, | paucis die|bus susti||neatis cau|sa utilitatis | caementorum, | quo citius in | usum vestrum || possit esse

---

1237 deo Soli invicto | Mytrae Felix Messala | cum omnes sacratos, Catel||lus et Dianus posuerunt
1238 Euseb|i vivas cu|m omnis t|uos abe||as amo(rem?)
1239 Fedimus condit|or sacrari Veneris | Chendies cum po|rticum et cocina||torium costitui | et ente(cam?) donavi
1240 C. Vi[. . .]| emit columbarium | cum ollas duas ab Lar|cio Fausto sibi et su||is posteris q. eorum
1241 Modie Heliogratiae | b(onae) m(emoriae) f(eminae) coiugi | inconpara|vili dulcissime abstinan|tissime boni pudoris casti||sime, comiti optime, quae vi|xit mecum cum omnem | simplicitatem. vixit [f]a|to suo annis XXVII nens. | XI diebus XXI. ego Provi||ncius amantissimus | tibi benemerenti feci
1242 d. m. | Aur. Zotico | vene merenti | coiuegi fecit || Aelia Restuta, | com quen bixit | annos X

1231 CIL XV 5929 (graffito unter e. vas Arretinum) **1232** CIL XV 636 (ziegel, ende des I jh.) **1233** CIL VI 18846 **1234** CIL III 12392 add. p. 2316[45] (Moesia inferior) **1235** CIL XIV 1473 De 8116 (Ostia) 3 f vgl. nro 1014 6 f man erwartet *humandi sacrificandive.* vgl. Di s. 21. 55 **1236** CIL X 7042 (Catina) **1237** CIL VI 730 3 zu *cum* c. acc. s. Di s. 17 ff **1238** CIL XV 7211 4 f oder *aveas amor*? **1239** CIL VI 2273 3 statt *Cnidiaes*? **1240** CIL VI 28759 **1241** CIL VI 35868 **1242** CIL VI 13271 6 zu *cum quem* u. ä. s. Di s. 19 f

1243 d. m. | Spesinae fecit | benemerent|ii marito, qun || quen vixit a. XV, | qui vixit a. XXXX|V

1244 [. . .]edius Priscus | [f]eci heredes f(i)lio(s) meo|s i(nfra) s(criptos) qui nomen meum | tulerint cum nepot||es eorum: hortum, | tabernam, cenaculum (*nämlich* sepulcri causa iisdem dedi). quod si anima|lium filis meis aliqu|[od nocuerit . . .]

1245 Floro cum | Pacatianum | Aper ex testamen(to)

1246 d. m. s. | Novantia | Procula hic | situ duxit || cum filios su|os tres. vix. an|nis ( )

1247 d(is) m(anibus) s(acrum). | C. Aemilio Ianu[a]|rio iuniori signo | agentis memoria | [l]itterarum Amandio
ob || sorte e[t] fortuna impro|ba,
qui cum per annos | bis octonos vita gerit,
o | non ut meruit pesti vi||ta functus est,
inofesus | cum ministeria tria, | Fortunata Augendus | Augenda. ei conscius | [a]eter. ||
h(ic) e(st), b(ene) q(uiescat)

1248 Antius Victoricus cum | Antios Victoricu et Mausolu iuniores viso | moniti libens animo colegiaris donave|runt ex S. n. CC. s(ua) p(ecunia) f(ecerunt) d(ecurionum) d(ecreto)

1249 Q. Vitell[i]us Funestus | v. ann. XXIII, hic sit. est qum | patre et matrem

1250 [s.] t. t. l. | Salvilla | cum Pacata | delicium suum

1251 in h. d. d. genio vexillar. et | imaginif. Attianus Coresi (filius) vex., | Fortionius Constitutus | imag. signum cum edicla || et tabl. marmoream d. d. d. | imp. dn. Gordino Aug. et Aviola cos.

1252 Plutoni, Cyriae et Cere|ri matri diis sanctis | Q. Clod(ius) Clodianus colo|nie patronus dispunctor || omnibus honoribus perf|unctus votum promis|sum cum Iulia Donata | coniuge et Clodiis Apri|le filio ceterasque fi||lias aram constituit | dedicavitque a. p. CCLXXXI | XI kal. Mart.

1243 CIL XIV 2555 (bei Frascati) **1244** CIL IX 1938 (Benevent) **1245** CIL II 405 (Lusitanien) **1246** CIL VIII 3933 (Lambaesis) 4 '*situ(m) duxit* = *deposuit*' (*situm* supin.) Mo **1247** CIL VIII 18792 CE 1788 vgl. CE 110 (Numidien) 2 *signo a. memoria(m) l. A.* = *scribentis ac litterati* Mommsen: *s. Agentis* (= *Agentius*), *memoria l. amando* (= *librorum amabilium editori*) Schm. 4 *sedecim* die vorl. 6 *inoffensus* 7 viell. *et.* vgl. Verg. Aen. 4, 167 **1248** CIL VIII 6970 (Cirta) **1249** CIL VI 29085 **1250** CIL VI 25812 **1251** CIL XIII 7753 De 2349 (Niederbieber bei Neuwied) 1 f *vexillar(iorum) et imaginif(erorum)* 5 *d(onum) d(ant.) d(edicatum)* 6 i. j. 239 **1252** CIL VIII 9020 (Auzia) 11 i. j. 320

1253 Cucumio et Victoria | se vivos fecerunt | capsararius de Antoninianas

1254 Claudia Primigenia | fecit sibi et | A. Cascellio Eroti | coniugi b. m. libertis || libertabusque suis posterisq. eor. | ne de nomen exiat. | h. m. h. n. s.

1255 ollarum partion. | de olas n. XVIII, que su|nt intro in monimen|to communi, ex parte || III oll. n. VI, que sunt ( )

1256 *a* Clodi | Hermo|genian|i v. c. ex pr||efecto | urbi de or|tum ip|sius | sum, Olybri

1257 C. Iuli Hilari | empt. ol. II de | Vettio Felicem | Seia Doris || [. . .]

1258 [. . .] | sibi et suis | A. Fabius A. l. | Philargurus || curator terti. | ex sortitone | ollas sex, et | emtas ollas | duas de Cn. Co||rnelio Flix ex | sort. prim., et a. s. | L. Maclonio Sabine. | ex sorte ter. olla. d. | C. Vetienus C. l. Phila||delpus, Vetiena | C. l. Nyissa a. m.

1259 opus dol. de pred. Aug. n. | ex figulinas veteres

1260 d. m. | Hortensiae Firmi et filiorum | eius L. Serbili Eutychani sen. et L. | Serbili Eutychiani [i]un. ex dona-|| tionem M. Publili Saturnini | nutritoris

1261 d. m. | Romanius Epuloniu[s] | Damas [. . .] a solo | feci mihi et filibus me||is et Papiriae Tertiae coniugi. | ex quem habui nomine Epu|lonium Damant. iuniorem | filium incomparabilem, | qui vixit annis XIII men||sib. XI

1262 Valeriae Ursae quae vixit | mecum annos XXX men. III d. VII, | quae coll. fabror. agellu Aeseianum suum | mancipavit se viva ex demid. port. sua s. s., ita ut ex red||itum eiusde agelli q. a. silie coniugi suo id est pri. k. Mar. | diae natalis eius, item pr. k. Mar. diae natalis sui, sing. | ex X̶ L

1253 CIL VI 9232 3 zu *de* cum acc. s. Di s. 28 ff Thes. V 43, 30 ff **1254** CIL VI 7457b (columb.) **1255** CIL VI 29983 1 *partio* oder *partionem* oder *partiones* 5 (*tertia*) **1256** CIL XV 7199a (auf e. halsband) i. j. 369/370 desgl. *b* **1257** CIL VI 4966 (columb.) **1258** CIL VI 10329 De 7893. vgl. CIL VI 33969 10 *Felice* 11 *a(mico) s(anctissimo)* 12 *Sabine(nsi)* 13 *olla(m) d(edit)* 16 *a(mico) m(erenti)* **1259** CIL XV 190 (ziegelstempel) 1 *Commodi* oder *Severi* 2 zu *ex* c. acc. s. Di s. 31 ff **1260** CIL VI 19547 2 statt *Firme* 4 *iun.* der stein 5 f vgl. CIL XIV 523 **1261** CIL VI 18107b 2 'viell. freigelassen vom *collegium epulonum*' Mommsen **1262** CIL V 4489 De 8370 (Brixia) 4 *dimid(ia) port(ione) s. s(upra) s(cripta)*: beziehung fehlt 5 *q(uot) a(nnis) silie* = *silicernia* datum des gatten falsch. s. z. 11 6 f *sing(ulis) ex (denariis quinquagenis)* 7 f zu den *parentalia*

per magistros celebrent., item diebus parentalio|rum et rosalior. in sing. ex 𐆖 X[X]V [pr]o[f]us. in p[er]petu. [fie]rent. | item qua et coll. farmac. publicor. agellu[. . .]ive[. .]ianu || suum mancipavit se viva, ut ex redit. eiusde agell. q. a. | silie coniugi suo id est VIII k. Nov. diae natal. eius, item pr. k. Mar. | diae natalis sui ut ex 𐆖 L per magistr. celebrentur, item diebus | parentalior. et rosal. in sing. ex 𐆖 XXV in perpetum fier[e]nt. *an der seite* M. Ulpius | Fortuni|us coniu|gi casti|simae

1263 salvos | ire, | salvos | venire || date ex | Agin|num

1264 [. . .]|rnus [. . .]|us v. s. l. a. ex | vitulum

1265 [I.] o. [m.] | Ael. Inserus II v[ir?] | pro se et suorum | ex votum pos||uit aram

1266 d. m. s. Sex. Iul. Iulianus | ex Germania superiorem, | tribunus n. Syrorum Me|vensium, hic sepultus est, || dum deducit Eumorisbas S. s. | ∞ in Tingitana provinciam, | qui vixit annis XXXXV, cui | monimentum fecit | Iul. Ingenuus frater || et heres, curante | Sacimatho | liberto eiusdem | defuncti

1267 d. m. s. | Aurelio Se|uti veter|ano ex equti||bus siculares ipp. | [n.]n. vixit annos XXX

1268 d. m. s. | M. Iul(ius) miles ex cor|tis singularium, | beneficiarius, mil. || an. XX, v. a. LX, et | Sentio Corento. | Iulia Prima patri | et marito fecit et | dedicavit

1269 d. m. s. | levis sit | tibi ter|ra *daneben:* Palla||di *darunter:* C. Iul(ius) Nestor iunior vix. an. | VII m. VIIII. C. Iul. Nestor vet. pa|ter contributus ex | leg. III Gallicae in || leg. III Aug. et Agria | Fabia[n]a mater filio dul|cissimo fecerunt

---

1270 dís manibus | [. . .] Aug. líb. Bathyllus aeditus templi divi Aug. | [e]t divae Augustae, quod est in Palatium, | inmunis et honoratus

1271 L. Vibius Fortuna|tus v. a. LX in | hanc ola|m conditus

---

vgl. Wissowa Rel. u. K. 187 f 8 *uobus* der stein 9 *quae et (?) . . . pharmacopolarum* **1263** CIL V 7615 (Pollentia) **1264** CIL VIII 15149 (Thignica) 2 f vgl. CIL VIII 20857 *ex numerum singularium* **1265** CIL III 12466 (Moesia inferior) 3 f s. Di s. 49. 31 f 4 desgl. CIL III 642 (add. p. 689) VI 31165 (i. j. 250) **1266** CIL VIII 9381. 20945 De 2763 (bei Caesarea) 3 *n(umeri)* 5 f *S(yrorum) s(agittariorum) m(illiarius)* Mo **1267** CIL III 6122 add. p. 1336 (Thracien) 4 f *equitibus singularibus* 5 f *imperatorum nostrorum* 6 viell. *LXXX* **1268** CIL VIII 9058b (Auzia) 2 f zu *ex* c. gen. vgl. Di s. 33 f **1269** CIL VIII 3157 (Lambaesis) **1270** CIL VI 4222 (columb.) 3 zu *in* c. acc. statt abl. s. Di s. 34 ff **1271** CIL VI 28807

1272 d. m. | praecedere voluisti sanctissima coiux, | ut me relinqueres in lachrimis, | si est aliquit in infernas partes bene, — || ego autem sine te vitam sordidam exigo, — | esto felix et ibi, dulcissima Thalassia, | educatrix c. v. et mihi in conuvio per annos XXXX. | Papirius Vitalis arte pictoria maritus eius, | feminae incomparabili, fecit sibi et suis

1273 d. m. | Flavio Sapido | marito incom|parabili, qui vixit || in coniugium me|cum ann. XXIII men|sib. VII dieb. XVII. | Flavia Felicitas | bene merenti fecit

1274 reliquiae cineris tumulo man|data quiescun(t),
Aug(usti) lib(erte), sacro hoc tibi, Metro|bie.
huic non dura colu Clotho decrevit | in annis,
ter decies quinos degere quem voluit. ||
praefuit hic longum tibi, Pandotira, per aevom |
providaque in melius iura dedit populo. |
plena bono mens aequa fuit, non aspera lingu(a), |
inculpata fides innocuusque pudor. |
nullus fulgorem valuit decerpere livor, ||
constit(it) ad finem ultima[que h]ora nitor. |
te tua natorum deflet pia tur[ba] tuorum |
consesuque pari turba piata gemit. |
esse tibi credas omnes de mor[t]e parentes: |
usque adeo aequalis maeror in ora fuit. ||
eminet in luctus prima omnium Iulia coniunx, |
per quem si fas est vivis [i]n Elysium. |
decessit $\overline{X}$ k. Δecem. L. Arr(un)tio T. Flavio Basso cos.

1275 nomen non dico nec | quod vixerit annis, |
ne dolor im mentem || cum legimus maneat. |
infans dulcis eras, sed | tempore parvo. |
mors vitam vicit, ne li|bertatem teneres. ||
he.iu non dolor est, ut | quem amas pereat? |
nunc mors perpetua liber|tatem dedit

1276 d. m. | M. Aur. Athenio veteranus | ex leg. $\overline{IIII}$ Fl(avia) ex b(eneficiario) sibi vivos et | coniugi suae Aur. Ammiae sar||cofagum posuit in aram, quam | ipse construit. in quo iam posi|tus est filius eorum. alter | enim non ponetur

---

1272 CIL VI 9792 add. p. 3470 De 7674 (II/III jh.) **1273** CIL X 5815 (Aletrium) 5 vgl. CIL X 427 **1274** CIL X 6785 CE 1189 (auf d. insel Pandateria) 5 d. i. Πανδώτειρα, *Pandateria*, *Pandataria* 12 s. d. anm. Buech. 16 verst. *quam* **1275** CE 1331 (Carthago) 5 urspr. *hexiu*: *heheu*, *heus tu* Buech. 6 *perpetuam* **1276** CIL III 13663 (Asien)

in eum [ni]|si ipse con coniugi sua. [eum] ‖ si quis atfectaverit, i[nfe]|ret poenae nomi[ne fisco?] | X MM

1277 in hoc cepotaphio maceria cinctum | Anniae Maximinae et Anniorum | Celerionis Maximini et Celerinae | filiorum eius, ‖ quae est domus aeternalis

---

1278 pro salutem et victorias | dd. nn. | impp. Severi et Antonini Augg. | et Iuliae Aug. matri Augg. totiusq. ‖ domus divinae eorum | ex concessu in praediis suis sacrarium | dei Liberi cum aedicula et colum|nis suis inpendis marmo[r]arun[t] | et aream et ortulum super nym‖phis qui locus appellatur Memphi | donum dederunt spirae

1279 Novelian[us] | Paddarus | I. o. m. v. s. l. m. | pro se rem ‖ domum f(ecit) | qum dis | deabusq. | d. d. d.

1280 I. o. m. opseque. | M. Varenus | Polybius pro se | et suos ‖ v. l. s. i. (?) | M. Cornelio Caet[h]|ego C. Erucio Claro | cos.

1281 Herculi Saxsano | sacrum. Iulius Vi|ctor (centurio) pro se et co|militones si‖ngulares pedite|s Acili Strabonis | leg. Aug. v. s. l. m.

1282 End(ovellico) sacr. | pro vern|aclam | Treb(ia) Muse ‖ ser(va) Q. L. Ca|tullus | a. l. v. s.

1283 d. m. |
hic pietatis honos, | haec sunt pia dona | mariti,
cui multum ‖ dilecta fui ego Mar|cellina,
pro merita: | cernis que mihi | solus coniunx | Aelius coque post ‖ obitum memor | amoris dicat

1284 divo Augusto sacrum. | C. Pontius C. Ɔ. l. Chrestus, | Perelia A. A. Ɔ. l. Nymphe | pro filiis suis ‖ A. Perelium Nymphium | A. Perelium Nymphodorum | A. Perelium Nymphicum | v. s. l. m.

---

12 d. i. *duo milia* **1277** CIL X 2066 De 8080 (Puteoli) 1 zu *cepotaphio* s. Thes. III 848 s. v. *cincto* **1278** CIL VI 461 1 zu *pro* cum acc. s. Di s. 46 ff 11 zu *spirae* vgl. CIL VI 261 Wissowa Rel. u. Kultus 248, 6 **1279** CIL V 5661^{a} (bei Mailand) 1 f vgl. b *Novellianus Pandarus* 8 viell. *d(eo) d(onum) d(at)* **1280** CIL XI 619 (Ravenna) 3 f zu dieser formel vgl. CIL XII 1185 XIII 7342^{b} u. Di s. 46 f 49 5 i. j. 170 **1281** CIL XIII 7709 (Brohl) **1282** CIL II 6267^{a} (Lusitanien) **1283** CIL III 1537 p. 1407 CE 597 (Sarmizegetusa) 1 vgl. Verg. Aen. 1, 253 3 s. die anm. Buech. **1284** CIL VI 880

1285 [. . .] | be[ne]me|renti fi|lius posu|[i]t an. (?) pro Fla||via Inge|nuae. vi|xit annis | [. . .]

1286 I. o. m. | Cornelius | Primus vet. | leg. XIII g(eminae), quot || votum fecit | pro se et suorumqu|e posuit

---

1287 d. m. L. Ofillius | Artemidorus | vius sibi fecit | secus Curtia P. f. Tyche || coniug. simplicissim. sua, | cum quem vix. an. IIII sine | querell., et contra Ofillia | Vitali filis dulciss. sua | ex Caulia Ianuaria matr., || et Lucii Septimanus et Euty|ches filii fecerunt patri | optimo cum Sulpicia L. f. | Valentina uxore eius. | quisq. autem secus ara igne fecer., || sciat se ad pontifices disputaturu

---

1288 d. m. C. Rutilio | Threpto. vix. | an. XXXV sine | crimen. fec. || Coceia Glafyra | [f]ra(tri) p.

1289 Anteros | arg. | sub Hilarum | quí fuit

1290 d. m. |

Curtia hic sita est | Fabiae nata, Fabiaeque | Cerealis egregiae gentis. |
nomen Curtiorum Fabiorum | compositum tumulo semper | sub Tartara vibunt

1291 G. Iul. [Maxi]mus vetran. qui sub ambos militavit ficit

1292 d. m. | sub hunc | lapide corpus positum | est. T. Fl. Archimedes vixit || annis XII, m. XI

1293 Syneros | Marcellae | ad veste

1294 C. Iulio | Basso | Aemiliano | actori Caesaris || ad Castor. et ad loricata | ad auctoritatem | Heliodorus l. fecit

---

1285 CIL III 14213 add. p. 2316[45] (Moesia inferior) **1286** CIL III 1041 add. p. 1390 (Apulum) 6 verquickt *pro se et suis* und *p. salute sua suorumque (et s.)*, wie CIL III 1068. 10800. 12466 u. ö. vgl. auch Di s. 49 **1287** CIL VI 35987 De 8392 4 *secundum* 14 = *iuxta* = *aliter ac* **1288** CIL VI 25668 3 f vgl. Di s. 51 **1289** CIL VI 5982 (columb.) 3 zu *sub* c. acc. statt abl. s. Di s. 52 f **1290** CIL VI 16653 CE 549 1 also tochter der Fabia und gattin des Fabius Cerealis **1291** CIL III 108 add. p. 969 (Arabien) **1292** CIL VI 35279 **1293** CIL VI 4477 (columb.) 3 zu *ad* c. abl. vgl. Di s. 56 ff **1294** CIL VI 8688 add. p. 3461

1295 [si quis s]ibi huic loco in omne fabrica impe||[traverit aut mortuum ib]i posuerit aut ossua mea amoverit, testis | [deus esto, contingat ei qu]od mi contigit X kal. Iulias sub ippso onere | [ruere lapso equo m]eo, item peior dolor kal. Iulis infelicisimus || [dies mortis uxoris. ex iis] quae ad díae mortis meae rediquit in omnem, | [quae fueru]nt SS XXXV m(ilia) n(ummum) de meis laboribus, hoc mi solu | [remanet . . .] *zu beiden seiten:* [d.] m.

1296 commune es[t] | culina et puteum | et iter at triclia

1297 d. m. | Automato | Caes. n̄. ser. | contra script. || pistorum. | qui vix. an. XXVIIII | amantissimus | omnibus. | a prima etate || usque at fine | legisti. | salvus sis

1298 d. curator m. | Aurelius Constans eques sin. | Aug. n. castris nobis t(urma) Balerian(i) | inferioris st[i.] XX, natus in Pa||nonia inferiore domo Briget|one at legione prima at- [i]utri(ce). | fecit Aurelia Ianuara coiugi | dulcissimo benemerito

1299 [. . . s]ibi et fil(io) suo Ne||[p]oti ex HS LX n̄. poni íussit | et ob dedicatione earum | dec(urionibus) X V, VI vir(is) X III, pleb(eis) X II || dari íussit. ítem reliquit | ad balineí fabrica rei p. | Tif(ernatium) Tib(erinorum) HS CL n̄., quae exsen|tentia Aemili Frontonis | cl. vir(i), postea deinde Arri || Antonini cl. vir. rei p. Tif. Tib. | ab Cipellis Profuturo et Pi|centino her(edibus) et ab Arruntia | Ampiana her(ede) Arrunti Grania|ni numerata sunt. her(edes) posuer. || l. d. d. d.

1300 ad capella hic

1301 C. Octavius Agathop. min(or) | ab oriente ad occidente fessus | híc requiescit, it Regilla f(ilia) | Cn. Sentio Q. Pomponio cos.

1302 dis | manibus | Coc. Elius pos. | vivo suo sibi || et Titie Matri|ne coiuci sue | bene merenti, qu|e vixit ann. XXX, | obita ad vila || sua titulum po|suit

1303 d. m. | M. Aureli Donati | iunioris qui vixit | annis II mensibus II || diebus XVI, | M. Aurelius Donatus et | Iunia

---

1295 CIL VI 7652 (columb., erg. Mo) 1 *hunc locum in omnem fabricam* 5 *ad diem . . . redegi* (eher als *reliqui*) *omnino* **1296** CIL VI 29958 vgl. CIL VI 29959 **1297** CIL VI 8999 **1298** CIL VI 32783 ad n. 3198 De 2207 1 das amt des *curator* ist nachträglich eingefügt 2 *sin(gularis)* 4 *st. l. XX* der stein **1299** CIL XI 5939 (Tifernum Tiberinum) **1300** CIL X 3160 (Puteoli) **1301** CIL X 2792 (Puteoli) 2 vgl. CIL VI 10154 3 *et* 4 i. j. 41 **1302** CIL III 14214^{20} (Moesia inferior) **1303** CIL VI 13075 De 8137

Felicitas | parntes filio suo | karissimo fecerunt. || tu qui perleges vivas, | valeas, ames, ameris | usque at die tun. | b. b.

1304 d. m. | area hec ante faci|ae et in fronte perti|net ad monimentum || Iuliae Euthymiae et | M. Mettí Phoebí. emerunt lib. Agatho|pus, Eutychus, Vestalis, | Mettius Diogenes sibi | libertis libertabusque || posterisque eorum

1305 dis man. | Ragoniaes Primitives | et Ragonia Queta sibi et | Q. Mantio Agathemero || coniugi et libert. libertabus | posterisq., aedicla que est con|tra ostiu cum olas n. IIII et ante aed|icla l. p. V, lat. p. III

1306 dis manibus | L. Tarquitio Marciano | filio dulcissimo qui | vixit annis VIIII mens. VI || diebus XVIIII horis XI, | L. Tarquitius Trophimus | et Tarquitia Eutychia | parentes filio dulcissimo | fecerunt. cuius corpus causa || ponderis ante ara positu est

---

1307 d. m. s. | bonus vi(ator) o(pto) t(u) valis. | C. Iulius C. f. Q(uirina) Pon|ticus pere||gri poteus quam | domus suae, proe|sus sicut meruit, | apud Lare suo | vita privatus est. || v. a. LXII. o(ssa) e(ius) b(ene) q(uiescant). | Iulia C. fil. Optata | v. a. XIII. h. s. e. o. t. b. q.

1308 d. m. | Sabino Aug. lib. | infanti dulcissimo, | qui víx. anñ. XVI m. VIı. || infelicissimi | parentes contra voto | fecerunt

1309 d. m. | Annio Cele|rino infir|me aetatis || adulescenti, | qui v(i)x. ann. XXII | mens. VIIII. di. II, | Bictoria coiux | contra boto b. m. f.

1310 Írenio ab orna[m.] | int(ulit) in una (olla) Genesim | Vener(iam) et Alcistum f.

---

13 *b(onis) b(ene)* s. die anm. bei De **1304** CIL VI 20448 2 f zu *ante* c. abl. s. Di s. 63 f 6 *e. l.* übergeschrieben **1305** CIL VI 25359 De 7927 8 *l(ongum)* **1306** CIL VI 27109 De 7965 9 f s. Thes. III 684, 38 ff **1307** CIL VIII 5784 add. p. 1826 (Sigus) 2 auflösungen unsicher 4 f *peregre potius* 6 f *domi ... prorsus* 8 s. Di s. 64 f 11 *eil* der stein **1308** CIL VI 6814 = 30510 6 vgl. Di s. 65 f **1309** CIL X 2056 (Puteoli) 7. 8 nachträglich angefügt **1310** CIL VI 3992 (columb.) 2 zu *in* c. abl. statt *in* c. acc. s. Di s. 68 ff

1311 familia T. Statili Tauri | patris ex. d. d. | Antoniae M. l. Chryse, in | honore Statili Storacis || ollam dederunt

1312 Iulia Arescusa fecit sibi et | Q. Haterio Euagogo coniugí suo benemer. | dec. coll. fabrum tignuariorum | libertis libertabus posterisq. eorum || et Q. Haterio Valenti itu ambitu e[t] | Iuliae Euraesini filiae itu ambitu excepto | Q. Haterio Felice, ne introitu habeat in | hoc monumento. h. m. h. n. s.

1313 Licinia Soteris fecit sibi | et Licinio Seleuco patrono b. m. | quisque heres meus corpus | meu in hoc sarcofago non adiecerit, || imf(eret) rei publ. Ost(iensium) S. m. XXV n. *zu beiden seiten* d. m.

1314 *über dem kopf e. gladiators mit goldenen buchstaben* Stratonicae bene vicisti, vade in Aurelia, *unterhalb* pie zesis

1315 fugiti|bus so, revo|ca me in Aben|tino in domu || Potiti vc. | ad Decia|nas

1316 Allia Europa v. a. XVII | pia sancta frugi in suis

1317 [. . .] coniugi pien|tissimae bene me|renti de se fecit | et sibi. || Vettiena Spyche benedicta | hic sum in patrono meo | semper pia

1318 dis manibus sacrum. | Claudiae Ti. f. Euresis, pia vix. | ann. XVII, Valentinus ex | numero cubiculariorum Aug., || fecit uxori carissimae et ob | meritis, quod se secuta esset | in provincia Africa. h. s. e.

1319 d. m. | L. Publicius Trophi|mus heres institut(us) ab Val. | Philete uxore mea in memo||ria karae coniugis et mi po|suí stilibatam causa arae | viatorib. bene concordes |
vivite. vivendo fit minus | una dies. ||
commemora tecum | nil stomacandi. haec | nobis d(omus) perpetua

1320 Marcia Aelia sib[i et] | Ulpio Andronic[o con]|iugi: vivi feceru[nt] |

1311 CIL VI 6213 (columb.) **1312** CIL VI 9408 6 f s. Di s. 270 f 73 6 *Heuresini . . . itum ambitum* **1313** CIL IX 4822 (Forum Novum) **1314** CIL VI 10186 (auf e. runden glasplatte) **1315** CIL XV 7181 (wie nro 649) 4 statt *domum* 5 *Potitus. v. c.* war *vicarius u. R.* in den jj. 379 und 381 5 f nämlich *thermas* **1316** CIL VI 11491^b 2 über die auf spanischem boden geprägte formel *pius in suis (suos)* vgl. Di s. 75 **1317** CIL VI 28661 **1318** CIL VIII 12657 De 1744 (Carthago) **1319** CIL III 9302 add. p. 2326 CE 1588 (Salonae, II jh.) 6 στυλοβάτην zur wortstell. *c. a.* vgl. Thes. III 684, 38 ff 6 f viell. *causa arae. viatorib(us):* näml. *edico* 7 zu *bene* als steigerungspartikel von adj. und adv. vgl. Thes. II 2125 f **1320** CIL III 6380 add. p. 2326 CE 1267 (Salonae)

sum Frygiae te[rra] || natus et multa p[era]|grans
veni in [Dal]|matia: sane Sa[lona] | bona,
in quan[tum li]|cuit aeterna [habi]|tare domu

1321 Q. Pompeius Falco Sosius Priscus | c. v. pontifex praetor designatus | Q. Pompeio Quirina Sosio Prisco | proavo, qui vixit annis LXII || mens. VIII d. XIIII in Praesente II cos. | sanctissimo viro et fortissimo, somnio | monitus pronepos piíssimo et domus suae | conditori religiosissimo consecravit

---

1322 Viscia Paula soror et coniunx | Viscia Firma |
uno anno obiere sim[ul d]uo mensibus inter, |
nonaginta annos vixerunt adque duo||bus,
quadraginta et quinque | soror, reliquos fuit uxor, |
quarum pro meritis tumulis | duo corpora iunxi
Q. Viscius | Valens d[u]plici pietate || propinquus

1323 d. m. | Papinia Elpis | fecit sibi et suis | loco emancipato || ab P. Tullio Agatho|po, quod est intra fr|onte monumenti in | parte sinesteriore | in f. p. II quoquo

---

1324 Viatorinus prot|ector mitavit a|nos triginta, o|ccissus in bar||barico iuxta D|ivitia a Franco, | vicarius Divitesi(u)m

---

1325 dís manib. | Euhemero | ob praecepto | T. Satr[. . .] || D[. . .]

1326 Hermia Lentini | Baucini coniugi | ob meritieis | Sabinus || Philargyrus

1327 L. Pacilio Preponti | Larcia Secund|a ommeritis

1328 de suó ob merits suis

1329 Crestus decurio corpor(e) c(ustodum), | Aule uxor posit ob | meeritis eius

---

1 man erwartet *Frygia* 2 *sa[lute] bona*? Mommsen 3 oder *[expec]tare* Buech.: *[non habi]tare*, *[evi]tare* Mommsen zu *aeterna domu* vgl. Thes. I 1145, 78 ff **1321** CIL VI 1490 5 i. j. 180 **1322** CIL III 14237 (Dalmatien) 2 vgl. Di s. 83 f **1323** CIL VI 23774 9 nämlich *versus* **1324** CIL XIII 8274 De 2784 (Köln) 2 *militavit* 4 f vgl. Thes. II 1733, 55 ff 7 *vicarius (tribuni) Divitiensium* erkl. Mo Herm. 24 s. 270, 5 **1325** CIL VI 17330 3 zu *ob* c. abl. s. Di s. 85 ff **1326** CIL VI 19419 **1327** CIL VI 23680 3 desgl. CIL VI 26094 vgl. Di s. 88 **1328** CIL VIII 21345a (Caesarea) **1329** CIL VIII 21068 (Caesarea)

1330 Felix publicus | Asinianus pontific(um) | Bonae deae agresti felic( ) v( ) | votum solvit iunicem alba(m) || libens animo ob luminibus | restitutis, derelictus a medicis, post | menses decem bineficio dominaes medicinis sanatus. per | eam restituta omnia, | ministerio C. Anniae Fortunatae

1331 d. m. | Aurelia Victorina | donatum sibi ab Aure|lia Gen. patrona sua || ob inopia reficiendum | Ael. Aug. lib. Saturnino | marito suo | 'suisque omnibus fecit | [c]onsummavitque

1332 Genio coloniae | Ostiensium | M. Cornelius | Epagathus | curat. || Augustal. argent. p. $\overline{X}$ d. d. | ob dedicatione eíus | viritim dedit $\overline{X}$ I n. | íd. Dec. Stloga et Severo cos.

1333 M. Aurelio Basileo | viro ducenario proc. | rationis castrensis | ordo decurionum ob || tanto amore quam erga | patriam nostram praes|tare consuevit

1334 d. m. | Aemili|ae Fortun|atae ob pie||tatis causa | fil. Ae[m.] Mo[. .]

1335 Aiía Deccav[i] | fília, Cossillo | fil., Pusinna fil., | Sextio filius, || C. Coiedius Trever. | coniux ob pietate | posit

1336 d. m. s. | Íulius Fex | coiugi karisi|me Valerie Te||rtule fecit, v|ixit an. XXXX. op memoria | pietatis

1337 *a* [o]b mem|[o]ria Caeli | [Pie]tatis, vi(xit) | [a]n. XVIII *daneben b* ob m|emori|ae Rutiliae | Ianuariae sa||cerdotis, v. a. | XLV *daneben c* ob m|oria Romani, v. a. | XXVIII fr|atri || xanc(tissimo ?) *unter a und b* Caelius | Macrin|us coniugi et fratr(i) f.

1338 I. o. m. | [.] Barbius | Finitus mil. | coh. $\overline{I}$ pr[aet.] || ob peregrina|tionis exped[i]|tionum regr[es]|sus in urbe[m] | sacr. v. s. l. m.

1339 Aur. Ianuarius b(ene)f(iciarius) tri|buni Valerie Lucille con|iugi pient. q. vixit an. XX, | in se coiiugio fuerunt || annis III, que reliquit | filium Au[r. M]aximi|num an(norum) dum. ob memo|riae defunte l. i[. . .]s maes (?)

1330 CIL VI 68 add. p. 3003 **1331** CIL VI 13394 **1332** CIL XIV 8 (Ostia) 8 i. j. 141 **1333** CIL X 5336 (Interamna Lirenas) **1334** CIL XII 2819 (im ager Volcarum) **1335** CIL XIII 7516^a (Bingen) **1336** CIL VIII 3716 (Lambaesis) 2 *Felix* **1337** CIL VIII 9072 (Auzia) **1338** CIL III 11697 (Celeia) 6 f *expeditionem* erkl. Hirschfeld, d. i. *ob peregrinationem bene expeditam* 8 f vgl. Friedlaender Sittengesch. I^6 p. 75 **1339** CIL III 4314 (Brigetio) 8 überl. *defunti*

1340 d. m. Maximina annos vixit | XXVII. Gorgonius memori|am posuit compari sue | carissime de provincia || Dalmatia, defuncta penus | colonia Sirmi. manibus | posita memoria

---

1341 deo invicto d. d. | Marci Mattí | Fortunatus et Alexander | et Pardus || et Eficax | per Fl. Alexandro patre

1342 Q. Minucio Glyce[ro] | hoc sepulchrum con|cessum est per gradu | hereditario, quot eum C. Do||mitius Satu[r]ninus heredem | instituerit. | et lib. lib. po[s]terisque suis

1343 *a* schola armatur(arum) | Fl. Mariano v. p. praef. | classis et curatori | reip. Misenatium, cuius || nobis argumentis | ponte ligneum, qui per | multo tempore vetustate | conlapsus adque destitu|tus fuerat, per quo nullus || hominum iter facere | potuerat, providit, fecit | dedicavitque ob meritis eius | honestissimus ordo digno | patrono *daneben b* d[ed]icata ídib. Aprilib. | [Quin]tilló et Priscó | c[ó]s.

1344 dedic. VII kal. Octobr. | Maecio Laeto $\overline{II}$ et Sulla Ceriale cos. per | cur. r. p. L. Egnatio Marciano | IIII viris || Q. Vedio Sabiniano et | P. Satreno Primo

1345 d. m. | Decimia | Marcella | Taurisco || Vitali co|iugi dulc|issimo, q|ui mecum | convixit an||nis vicinti se|pte, menses | tres. per cui|us beneficio e|t benignitate i||npar fui. b. m. p.

1346 C. Iulio | Fido eq. | cho. VII Lusitan|orum vix. an. || XXV per Iulio | Casto fratre

1347 d. m. s. | L. Aurelius | Saturninus | v. a. XXXII, || factu per | fratribus

1348 Sabinae Herme|tis N(ovi) P(ersici) et Noviae Do|natae et No. Hermae | Sabinus per suis fecit || de Sabinino mil. | coh. VIII vol(untariorum) an. XXII

1349 Placidae | reginae | eq(uites) $\overline{v}$. $\overline{l}$. $\overline{p}$. | per Proculo || princ(ipe) et | [G]aio opt(ione)

1340 CIL III 6441 add. p. 1671 (Sirmium) **1341** CIL VI 735 add. p. 3006 6 zu *per* c. abl. s. Di s. 93 ff **1342** CIL XIV 1357 (Ostia) **1343** CIL X 3344 De 5902 (Misenum) ausser *a 1* und *b* ist der text im 5. jh. erneuert 5 *novis b* i. j. 159 **1344** CIL IX 4972 (Cures) 2 i. j. 215 **1345** CIL XI 6417 (Pisaurum) **1346** CIL VIII 3147 add. p. 1741 (Lambaesis) **1347** CIL VIII 3455 add. p. 1741 (Lambaesis) **1348** CIL III 1743 add. p. 1028 (Epidaurum) **1349** CIL III 8029 (Dacien) 1 *Isidi* 3 *v(oto) l(ibentes) p(osuerunt)* 4 zu *per* c. abl. vgl. Di s. 96 5 f nämlich der *auxiliarii*

1350 C. Iulio C. l. | Fausto immiun. | intestato, quot | ex funere eius || superfuit per | Spíronte et | Dextrum | quaestores | quartum

1351 Aemilia | Serapias | taurobolium fecit | et aram taurobolatam || posuit | per sacerdotes | Valerio Pancarpo | ídib. Mais Anullino II | et Frontone cos.

1352 G. Vescíus G. lib. | Prímus lanius h. s. e. | C. Vescíus C. f. Sevrus | et Peregrina G. || Vesci filia feceru|nt per auctorem | tutorem G. Vescio | G. lib. Vaaro

1353 d. m. | Aur. Vibiano | veterano leg. | per Aur. Bavila || f(ilium) [et] libertum

1354 [. . .|.] ac per An|tiochu sa|cerdos || loci

1355 d. m. | Antistiae Victriae con|iugi dulcissimae et be|ne merenti, quae vixit an||nis XVII mens n. II dieb. XXVII, | quae post virginitate | sua vixit cum marito | suo mens. XI dieb. XXVII. | Egnatius Eutychianus || maritus fẹcit uxori ra-|rissimae

1356 d. m. | A. Septicius Apollo|nius et Septicia Anti|ochis coniux fece||runt sibi post secu|ritate

1357 post titulo | quoquo vers. p. III. | dís manibus | sacrum. || L. Valerio Ínfanti | raptus qui est subito, | quo fato non scitur. | natus noctis h. VI. | vixit diebus LXXI, || abit noctis ⟦ab⟧ h. VI. | quisquis eum laesit, | sic cum suis valeat. | ín frontes duo p(edes) ter(nos), | et ín latera duo p. ter.

1358 d. m. | Q. Carisio Pudenti | veterano coh. XII urb. (centuria) | Egnati, mil. an. XXII, hic || vixit pos missione dies | XV, et Carisio Tauro, vix. | an. II dies XXV, Carisia | Quetilla patrono et [fi]lio bene merenti posuit

1359 d. m. v. f. | Q. Vibius L. f. Sca(ptia) | Maximus Smintius | aerarius sexvir || sibi et Maeminiae Q. f. | Maximae uxori dulcissim. | et Q. Vibio Q. f. Vero f. et L. fratri suo. |

1350 CIL VI 10322 add. p. 3504 2 *immuni* **1351** CIL XIV 39 (Ostia) 8 f i. j. 199 **1352** CIL XIII 7521 (Bingen) **1353** CIL III 14348 (Pannonia inferior) **1354** CIL III 7791 (Apulum Daciae) **1355** CIL VI 11939 6 zu *post* c. abl. s. Di s. 99 ff **1356** CIL VI 26227 **1357** CIL VI 28044 **1358** CIL VI 2907 De 2110 **1359** CIL

hic lapis et tutámen erit post morte sepulcri |
et dabit indicíum obitos hic esse sepultos, ||
si tamen at Manes credimus esse aliquit. |
vívere quo prodest, nisi sí post morte cavemus? |
nomen, fama volat tantum corpusque crematur, |
aeternamque domum petimus et fine laborum. |
dum legis hoc, disce ponere et ipse tibi |

1360 d. m. s. |
reddere | quot solum licuit post m|orte m(a)rite,
hunc tumulum || vobis, m(a)nes, m[o]nim(enta)que [s]acra |
obsequiumque mei Victorinus | vovi dolor(is).
iacet in hoc loco | Iulia Kara quae vix(it) ann. | XL m. III d. XI
et linquit || dulces natos et coniuge [dig]|nu.
fec(it) d(e)d(icavit anno) pr(ovinciae) CCXX

1361 Hiero vibus síbi posuit | et Silvane Patriciae | domi-nae et uxori mu|liaeri pientissimae, || quius beneficio vix|i pos misione anos XXX | sene bile

---

1362 d. m. | Cl. Apelles fecit et | Cl. Primitiba (sibi et) libertis libertab|usq. et familiae utrisqe posterq. || eorum praeter Eutucho libert. | malae merito de se. siquis | hoc monotum vendere aut | abalenare volet, inferet | aerario p. R. HS $\overline{X}$ m. n. aut is || qui emerit. | in f. p. IX, in ag. p. XII

1363 Chrysaspis | Agripinae supra veste

1364 L. Mimmius Terentianus, qui vi|xit annis XVIII di-ebus XXX et vi|xit supra matre sua mesibus VI | d. XXI. Sentinius pat. fil. dulcissimo

1365 d. m. s. | Victor supra | iumentis Caes. | pius vix. ann. LX, || h. s. e.

1366 (centuria) Silani a|cens su|pra ripa Hip|pone Re-c(io) ara

---

XI 1616 CE 1190 (Florenz) 1. 4 s. Di s. 99 f 3 vgl. Prop. 4, 7, 1 **1360** CIL VIII 9127 CE 517 (Auzia) 1 vgl. CE 518, 2 2 überl. *mnes mnemovetacra*: verb. Buech. 3 vgl. CIL VIII 9133 7 i. j. 259 n. Chr. **1361** CIL XII 682^{a} add. p. 817 (Arelate, III jh.) 6 s. Di s. 101 7 s. Thes. II 1988, 59 ff **1362** CIL VI 14930^{a} (der stein trägt auf der rückseite fast dieselbe inschrift ohne die starken vulgarismen) 5 vgl. CIL VI 15386 *excepto Eutycho* 7 vgl. CIL VI 36364 *hoc monitum* d. i. *monumentum* **1363** CIL VI 5206^{a} (columb.) 2 s. Di s. 106 **1364** CIL X 2729 (Puteoli) **1365** CIL VIII 12640 (Carthago) **1366** CIL VIII 17402 (Hippo regius)

1367 Grania Q. f. Patrona decurionu | vigilu locum et monumentum | aedificatum dedit et locum | ustrinae trans via

---

1368 Sanctinio Probino | mil. coh. IIII pr. p. v. (centuria) Patro|ili nat. Bataus, qui mil. | in castr. praet. usque || die qua exemptus est r[e]|bus humanis stipen[d . . .], | qui vix. ann. XXII m[. . .] | d. XVII. memoriam fecit | Sanctinius Genialis he||res et frater, cura agent. | Fl. Nobile et Verio Felice, | quos secundo her. instituit

1369 af specu|lu Diane | usq. f(undo) Cle|mentia||no P(. . .) Pro|clini pass. | p. m. ∞

1370 d. m. | Aureliae | Veneriae con|iugi, quam prae || tempore carui, | insigni forma, | castae pudicae | piae. Viselli|us Augendus || solo devo|tae sibi | b. m. f.

1371 d. m. | et memoriae aetern(ae) | Claudii Messoris et Fl. Dionysi|dis coniugis, quae sibi viva || posuit utrisque, quae vixit sine ulla quere|la,

quae felix fuerat | fato, si non plena dol|oris,
quae filios | duos caruit, cuius || unius nati mortem | non
interfuit lon|geque peregre|que.
mater orfana | viva sibi et suis || posuit et sub ascia |
dedicavit

1372 d. m. s. | C. Iulius Felix vix|it annis LXXXII mensi|bus VII.

non digne, Felix, || citto vitam caruisti, | miselle:
vivere debu|eras, annis fere c(entu) li|cebat.
si sunt Manes, | sit tibi terra levis. ||

h. s. e., uxsor carissima (fecit)

1373 d. m. b. m. | C. Arrius Victorinus | maritus | Uttedie Titiane.

tu dum esses || ad superos, nemo mihi fuit form|onsior ulla.
quae pro strata iaces | indigna circumdata terra,

1367 CIL VI 10346 add. p. 3504 2 *vigiliarium* **1368** CIL VI 2548 add. p. 3369 **1369** CIL XIV 2772 De 6001 (Latium) 1 zu *af* s. Thes. I 3, 42 ff 1 f *speculum Dianae* war namen des Nemisees (Serv. Aen. 7, 516), der jedoch, wie De bemerkt, von der fundstelle ca 10 km entfernt liegt 5 oder *p(edatura)* **1370** CIL XI 4446 (Ameria) 4 f zu *careo* usw. c. acc. vgl. Di s. 201 f Thes. III 454, 67 ff 10 *soli* **1371** CIL XIII 2103 CE 1593 (Lyon) 4 durch ⟨*nisi*⟩ *si*, ⟨*sed*⟩ *si* entsteht ein hexameter 11 ff Buech. vgl. Hor. sat. 1, 6, 102 **1372** CIL VIII 11594 CE 1328. vgl. 1329 (Ammaedara) 7 *centu* CE 1329, 2 **1373** CIL XI 6080 CE 1823 (Urbino)

quae | caruisti, viam luci secuta es.
sic me|rito tales versus descripserim in te ||
non studio sed mente data et cogente | dolore.
haec mihi Titiane primum | in conubio iuncta est,
haec prima doloris | dulcior in me fuit ut mente repellat,
et subito m|estum rapta reliquit in aevum.
quem frui || non licuit annis per ultimo fato.
acerva a | matre rapta es ut parvulus acnus,
sic ut | ille miser raptus vovitur aris,
et me tam | puerum cito fecisti dolentem.
paren|tes miseri meum patiuntur in aevo do||lorem.
ut rosa vere novo crata est | in tempore parvo,
sic fuit infelix haec | mihi cratissima coniunx. |
vixit anis XVII mesibus VIII dieb[...]. | felix lapid[em praeteri?]

1374 d. m. s. | memoriae Gargilioru[m] | Iuliae Roga|tae coniugi, || uno animo | uno consili|o semper | fruvita me|cum annis || XL, v. a. LV, | o. e. b. q. | L. Gargiliu[s] | L. f. Q. Venato[r] | se vivo hunc || tumulum co|nstituit et | at superos | remasit, ut | reliqua tempor[a] | fruatur bona

1375 Hic ego qui taceo, versibus mea vita demonstro:
Lucem clara frui|tus et tempora summa
Praecilius Cirtensi lare argentari|am exibui artem.
Fydes in me mira fuit semper et veritas omnis.
Om|nibus communis ego cui non misertus? ubique,
Risus, luxuria semper fruitus cun || caris amicis.
Talem post obitum dominae Valeriae non inveni pudicae
Vitam; cum potui, | gratam habui cun coniuge sanctam.
Natales honeste meos centum celebravi felices, |
At venit postrema dies, ut spiritus inania mempra reliquat.
Titulos quos legis, vivus mee | morti paravi,
Vt voluit Fortuna; nunquam me deseruit ipsa.
Sequimini tales, hic vos expecto, venitae

---

3 *caruisti* ⟨*vitam et*⟩ *viam lucis* erkl. Buech. 6 *primumum* der stein 7 *meite* der stein *prius fuit dulcis ita ut dolores repelleret* erkl. Buech. 9 *quem* fem., statt *cui*. s. CIL VI 26121 12 *puerum* beweist den fremden ursprung 13 *mecum*? statt *in aevum*. s. auch Di s. 14 f 14 f Buech. vgl. CE 967 **1374** CIL VIII 5798 add. p. 1826 De 8447 (Sigus Numidiae) 11 *o(ssa) e(ius) b(ene) q(uiescant)* **1375** CIL VIII 7156 add. p. 1848 CE 512 (Cirta) 1 *meam vitam* 2 ff das acrostichon *L. P(raecilius) Fortunatus* 2 *clara(m)*, wie *luxuria(m)* s. auch CE 980 CIL XI 987 5 *omnisbus* d. stein 7 oder *talem* (nämlich *amicum*) ... *pudicae*, 11 *titulos* zweisilbig wie CE 551, 3 (τίτλον) 13 *exopecto* d. stein

1376 feliciter sit | Genio loci. | Servule, utere | felix tabern||am aurefi|cinam

1377 d. m. | Anniae Eutychei|dis et Mascellio|nis, quos interfu||erunt dies XV [.] Co|ionius Eutyches ux|ori et sororio kariss.

1378 dís manibus | Claudiae Victorinae, | vixit annis VI | mensibus XI || diebus XVI. | parentes filiae | fecerunt. | quem non liquit nos | frunisci

1379 Q. Ragoniae Cyriaceti coniugi dulcissime | et incomparabili univiriae caste bone, | que vixit annis XXI mes. VIIII diaebus II, | Q. Iulius Donatianus optio (centurionis) coh. III. || cum quam bene vixi amn. VIII mesib. VIIII | dieb(us) XXIIII, quam nupsi annor. XII | mesum XI dierum XIIII. coniugí bene merenti. hic dormit

1380 d. m. | Aurelius Festus Furciae | Flaviae filiastrae bene | merenti et domine et pa||tronae. quamdius vivo, co|lo te, post morte nescio. parce | matrem tuam et patrem et soro|rem tuam Marinam, ut possint tibi facere | post me sollemnia

1381 L. Marius L. f. | Vitalis, | vixi ann. XVII d. LV,
consummatus litter. |
parentes suasi, artefic. || discerem,
discessi ab | urbe in praetorio | Hadriani Aug. Caesar., |
ubi dum studerem, fata | inviderunt mihi
raptum||que ab arte tradiderunt | hoc loco. |
Maria Malchis mater | infelicissima, filio sanctissimo

1381a deo Maonomio | adoravit vexillus | leg. II Traiane fortis | nonas Febr. anno XII imp. Traian. Hadr. || scripsit C. Coss[inius? . . .]

1382 d. m. | Q. Iulius Hermes pater et Iulia Diodo|ris mater Q. Iulio Cyrioni filio b. m., | qui vixit annis XVII m. VII d. XVII, || sibi suisque posterisque eorum omni|um sine dolo malo. quisquis hunc | titulum sive monumentu siive se|pulchrum est, deasciaverit at vio|laverit vendiderit, HS CC milia n. || aerario populi Romani damnas est|to dare, heredi aute necque ven|ditori hoc monumentu sive sepul|chrum non sequetur

---

1376 CIL VII 265 **1377** CIL XII 3405 (Nîmes, II jh.) **1378** CIL VI 15652/3 add. p. 3518 **1379** CIL VI 3604 **1380** CIL VI 13101 **1381** CIL VI 8991 CE 101 De 7741 2 vgl. Thes. IV 599, 48 f 3 zu *suasi* c. acc. vgl. Buech. Apul. met. 9, 25, zu *artefic.* vgl. CIL XI 4593 4 *d. ab u. in Caesaris praetorio* Buech. 6 *hoc* dat. **1381a** CIL III 79. 14147^{6} (Aegypten) **1382** CIL XIV 1153 De 8223 (aus Portus Romanus) 8 *aut*

1383 Valeria Mamia | C. Gellio Prisco veter. | viro suo bene m. f. | et sibi et lib. suis || [po]stersque aeorum. | hoc monimentum heredi | non sequitur

1384 d. m. | Sempronio Donato homin. | frugalissimo, qui vixit an|nis LXV mens. III dies V hor. VII. || cuius frugalitati heres ma|ximas gratias aget, amplius mere|nti heres honorabit

1385 memoriae | Caniniae Octa|venae rarissi|mae feminae. || pat. dol(ens) casui pos(uit). | v. a. XXVII m. III. h. s. e.

1385 a diís manib. | Camill. Augustillae, | quae víxit annis XXX | dieb. V, de qua nemo || suorum umquam | doluit nisi mortem. | Silenius Reginus | frater sorori | karissimae et sub || ascia dedicavit

1386 Amatia L. l. Calliste pia | it, ut e patria exít: suí eam | exsuperarunt. mater | Bathylli Caesaris ser(vi), qui || proxime manum Caesaris est

1387 Fortunae | primig. | M. Ulpius Strato, | Eutychia, || Maximilla, | Maximus | voto conpotes | d. d.

1388 d. m. | Fabiae Pyrallidí optimae | et sanctae patron(ae) | de se bene merit(ae) || Artemisius líbertus. |

a cunctorum haec suboli sedem | post morte reliquit,
ante | tamen nato, coníuge et ante suo. |
nondum secura dum flet maes||tissima mente,
occidit et | tristes decepit maesta fovendo. |
set nos soliciti memoresque | parentis amore
matrem | cum nato coníuge cumque suo ||
securos colimus memores de | nomine nostro,
et faciet | *b* suboles multos memorata per annos |
sacra deís patribusque suis, | memoresq. priorum
et memo||res nostri nostrorumq. alta | propago
aeterno servent | semper memorabile nomen. |
quísquís es aut olim nostra de | stirpe futurus,
sís memor || antiquí nominis et tituli,
ín | quorum titulo hic datur esse | locus,
et domus aeternae | tu tueare focos

1383 CIL X 3659 (Misenum) **1384** CIL VI 26158 **1385** CIL VIII 7271 (Cirta) 5 vgl. CIL VIII 5001 **1385** a CIL XIII 2087 (Lyon) **1386** CIL VI 8885 1 *ita ut*? oder *it* = *decessit* **1387** CIL XIV 2871 (Praeneste) 7 vgl. CIL IX 339 *contentus honorem* **1388** CIL VI 17622 CE 1216 überschr. vgl. CE 1215 ein epigramm der Pyrallis 2 *coniugi* 4 nämlich *morte sua*. vgl. CIL VI 27805. 29195 (Buech.) 7 vgl. CE 1519 *memor hoc munere nostro* 8 μεμνημένη, wie CE 596, 7 und CE 713, 5 *memorare* = *memento* 11 vgl. Verg. Aen. 2, 583 14 s. CE 1173 (nro 1166) 2 und zum hiat Di s. 152 15 *aeternaeque domus* Fabricius

1389 Lucius Aurelius Su|rus bul(euta) civitatis Ius( ) | L. Aur. Surum vet. ex | signif. patrem et Cl. || Gaillam matrem et | Domitiam Valentiam | coníugem secum ita | haec memoriae con|silio suo usus || de suo dignatus est

---

1390 d. m. | [Ul]pius Marcellus bonae | memoriae, qui integre | [v]ixit ann. LXVII cum suis, || [n]atus Viminacio. fecit | [Ur]sicinus patri beneme|renti

1391 d. m. | L. Calpurnio Rufo | scribae cl. pr. Mis. | hic Epheso in munere missus || defunctus est et ibi sarcophagó | marmoreo situs est. | M. Sittius Africanus municeps et | heres ad castra memoria fecit

1392 ( ) | domo Mursa vix. | an. XXXVI, stip. XVIII. Aurelia | Priscilla coiiux eiu, | Prisca et Probilla filias || et eredes posuerunt. qui | defunctus est Perento | et ossua eiius in unc locu | sunt

1393 Miscenius | Ampliatus | facit | Salonas

1394 [. . .] | pos hobitum let|us meriti memoria | posuit. de provinci|a Tracia civitatem || Ancialis. et mori|tor Doroleum. de | domnicomonta|nis. vale viator, tun|c leges et repausas

1395 M. Furius Herennus Papiri(a) | Astigitan(us)
veterani f(ilius) hic situs est. |
Baetica me genuit telus, cupidus | Libuae cognoscere || fines
Caesar(e)ae | veni cupidus. fata me rapuere mea |
et mε iacio eidus ignotis. vixsi an|nis L.
vivere dum liquit, carus me|is et pius vixsi et in omnia sollers. ||
ite mei, sine me ad meos ite.
dic, | rogo, praeteriens hospes:
sit t(ibi) t(erra) | lεvis et moliter ossa quiesc(a)nt

1389 CIL III 12422 (Moesia inferior) 2 zu *buleuta* vgl. Thes. II 2240 **1390** CIL VI 29235 **1391** Ephem. epigr. VIII 426 (Misenum) **1392** CIL III 13374 (Pannonia inferior) 1 anfang verloren 4 s. Di s. 204 f 6 *Perintho* 7 f s. Di s. 36 **1393** CIL III 8831 (Salonae) 4 = *Salonis*? *Salonitanus*? **1394** CIL III 14190 (Dorylaeum in Phrygien) 1 f *meriti laete memor* erkl. d. hrsg. wie *laetus animi* 5 vgl. CIL VI 32533^{b} 9 *catra Anciales* d. i. *Anchiale Ciliciae* 7 f kaiserliche bergknappen. über die kaiserl. bergwerke vgl. Hirschfeld Die kaiserl. Verwaltungsbeamten[2] s. 145 ff 8 f = *dunc* = *donique* vgl. CIL III 14406^{a} nro. 1128 **1395** CIL VIII 21031 CE 479 (Caesarea Maurorum) 1 s. Thes. II 950, 50 ff 5 *et*: oder *eí* oder *fi iaceo*? εἰδώς Buech.: *finibus* Io. Schmidt: *EIDΛIS* der stein 8 *hospηs* oder *hosphs* der steinmetz verb. in *hospehs* 9 vgl. Verg. ecl. 10, 33

1396 $\overline{\text{m. p.}}$ CLXIII. | imp. Caes. M. Iulius | Ph[i]lippus | pius felix Aug. || pontifex max. trib. | p. II, p. p. proc. cos. via | que adducet a Kara|libus Olvie sue vetus|tate corpupta res||tituit curante | [. . .] in[. . .] | [. . .]ius v. e.

1397 [h]ic sum posita Aurel[iana, vixi] ann. XXVIII me. II d. XXVII. nata in urbe sac[ra, | pe]regrinata Italiam et [provincias], debitum reddidi Nicomedia et hic transl[ata | ab] dulcissimo mihi coiu[ge Euarist]o Aug. lib. ut vos, viatores, legendo, sciantis, q[ua | pi]etate ac castitate cum eo [vivens tal]i merito hoc meruerim, in hoc sarcophag[o || cum] ammissus fuerit Euarist[us dulcissi]mus coiunx meus, nemini licere neque aperir[e neq. | tr]ansferre neque de con [. . . m]unimenti aliquit de marmoribus minus fa[cere. | c]ontra quae siquit [quis fecerit], dabit fisco 𐆖 $\overline{X}$, rei p. Firmanorum [𐆖 $\overline{V}$] | [et rei p. R]icinensium 𐆖 $\overline{V}$

1398 d. m. | Mellis Diogenis fi. | domi Alexandria. | P. Aelí Hermias aq. || leg. $\overline{\text{III}}$ Aug. | et Polianus fra(ter) | matri suae | píissimae bene | de se meren||ti posuerunt. | vixit | annis LXX

1399 dis man. Vigelliae | Successae agens octavo anno | rapta est

1400 d. m. | Aur. Marcellinus et Messorina fili|abus suabus Irineti carissime, | que bixxit mensibus duum, diebus XII, || et Messorine carissime, que vixxit | messibus quartuor et dies XX. | bene merentibus posuit

1401 d. m. | Rogatus Augg. lib. | fecit uxori sanctis|sime bene merenti || a me Eutychiae, que | et Gatis. quae mecum bixit an|nis VII m. III d. I. que fuit anor. XXV mes. | III dies IIII

1402 d. m. |

tu qui praeteries spectas | mortis monumentum meum,
aspice quam misere sit | data vita mihi.
annorum VIIII vixi dulcissima paren||tibus meis,

1396 Ephem. epigr. VIII 798 (meilenstein aus Sardinien) 1 *m(illia) p(assuum)* 2 ff gemeint *Philippus iunior* (i. j. 247/8) 6 ff *viam quae adducit a K. Olbiae sua v. corruptam* 8 vgl. CIL III 12309 *de sue pecunia* **1397** CIL IX 5860 De 8234 (Auximum) 2 *Nicomediae . . . huc* vgl. z. b. CIL VI 27627 *hic intulerit*, CE 513, 13 *venietis ibidem* 3 *sciatis* 4 *tale meritum* 5 *abmissus* **1398** CIL VIII 2782 (Lambaesis) 4 *aq(uilifer)* **1399** CIL VI 7853 (columb.) **1400** CIL VI 13146 **1401** CIL VI 25444 **1402** CIL VI 30118 CE 1541 vgl. CE 1539 f 1542. 1083 f 149 1 *praeteriens* hexameter ohne *meum*, senar ohne *mortis*

in (decimum) ascendens anima deposui meam. |
hoc tantum testor te, lapis, ossa requie|scas,
ne te velis esse graves

1403 d. m. s. | Iulius Sa|turninus vi|xit anis XL u||nus. Sextia | Fuscinila co(iugi)

1404 d. m. | M. Aurelius | Bales emerito A|ug. bene merenti || fecit Aurelia Beneri|a liberta, que et coi|ux. qui vixit annis | XXXVIII meses II diebus | VI. bene merenti fecit

1405 [. .]go cui pater addiderat nomenqu[e m]erebat, |
hic viridis gemmae | praetiosae nomen hab|ebat,
sed cito me rapuit, m||atrique dolore reliquit. |
vita fuit bis ternos men|ses et insuper unus |
et totidem anni, nec plus | fuit. hora supprema ||
ferst animo sortem | [placi]do [quam vo]ta ferebant

1406 multis anni[s vivas]

1407 d. m.
hic situs in tumulo genitus nomenque Valerius,
Antoniaes subules, vixi bis septenos in annis,
et patris ut nomen tuler(im) rogatus Aëtae,
set genitus brebiter, voluit me tollere Fatus

1408 d. m. s. | memorie | Clodi Proc|essi. multis || annis na|vigando | [e]t peregrinan|do hanc sede peti, | hanc quoque || [d]omum aeterna | mihi vius posi et | conigi, et hoc es|t, quod videtis. a|mici, valete. v. a. || LXXXV. o. t. b. q.

1409 Philologus | cellarius | ex conlegio | commorientes

1410 d. m. | Q. Caprií | Hermes

1411 d. m. | Atiliae Maximinae animae innocentissimae. | Caonius Vitalis uxori incomparabili, | quae vixit mecum sine ulla controversia || ann. XVIIII m. II d. VIIII, quae tulit secum ann. XXXXVI, | quae duxit secum honos et gloria. | aeternum meum vale solacium

---

4 vgl. Thes. II 758, 3 ff *animam* 5 *requiescas* = *facias requiescere.* vgl. Serv. Verg. ecl. 8, 4 5 f ʻetwa *super ossa quiescas, ne tenerae aetati tu gravis esse velis*ʼ Buech. nach CE 1542, 10 **1403** CIL VIII 3741 (Lambaesis) **1404** CIL VI 3490 **1405** CIL XIV 1821 CE 563 (Ostia) 1 *[vol]go*, *[Lin]go* o. ä. 2 *Smaragdus* 3 man erw. *cito mors rapuit* 5 oder *hora s.* als abl. zum vorigen? 6 *ferst*: wohl *fert* aus *fers* verb. oder *[fa]ta* **1406** CIL X 8072, 1 (auf e. goldnen ring) **1407** CE 646 (Sardinien) 1 also ein sohn des *Valerius* 2 *annos* oder *septenis* 4 *genitum* zu *Fatus* s. Di 196 f **1408** CIL VIII 5749. 19146 De 8151 (Sigus) 12 zu *conigi* vgl. nro 300 12 f vgl. De zu nro 8105 s. 873 **1409** CIL VI 6216 (columb.) **1410** CIL XII 987 (zw. Arles und Tarrascon) **1411** CIL V 3496 (Verona) 6 man erw. den acc.

1412 d. m. | M. Aur. Alexander | Aug. lib. ab epistulis | Graecis se vibus fecit || sibi et suisque | libertis libertabus | posterisque aeoru

1412a d. m. | L. Campylius Liberalis | se bibum fecit sibi et | Campylie Domitiae || et et libertis eorum | et beto ne qui extra|nius ponatur

1413 . . . .

[a]gitare iuvenilis amor | ullo magistro data. |
reliquis totidem annis vixi | bene, ut Fata scripsere mihi. ||
ferarum multo fuit potior | quem domui quadripedem freno. |
milibus, ut vili, vinti fuit sub | me si qui cecurrit ecus. |
metae, quot fuit optabile morí, || sum cornuo labsus. |
sicut fuit in voto, peri, licet | ob grave casus. |
nunc requiescunt reliquiae trig[a]|ri solo, per quo fui notus. ||

C. Iulius Camma[rius . . .] | [. . .]

1414 d. m. | et memoriae | aeternae Popillae | Affrae, cui fides, cas||titate probitatis in | diem obitum conste|tit, quae vixit annis | XXVI. Primitiva Augu|stina libertae idén||quae neptiae obsequentis|simae posuit et sub as|cia dedicavit

1415 in agr. p. XXXV | excipitur huic | sepulcro | M. Tulli Sperati || aditus ambitus funeris | sacrificio faciundi | causa

1416 Orfitus et Costantia in nomine Herculis | Acerent|ino fe|lices b||ibatis

1417 d. m. | Lenti Pude|nti. Coylia | Marcellina || marito pie|ntissimo f.

1418 d. m. | L. Taurini | Auréli | civi || Elusénsi | annór. XXIII. | parentes

---

1412 CIL VI 8606 4 zu *se vibus* u. verwandt. vgl. Di s. 205 f Prosk. s. 147 f 5 *que* viell. zu z. 6 zu ziehen **1412a** CIL X 2224 (Puteoli) **1413** CIL VIII 16566 CE 1332 (Theveste) 1 enthielt die negation 3 vgl. CE 1164, 5 4 statt *feris*, wie im griech. 5 *milibus passuum ut minimo viginti* erkl. Buech. zu *cecurrit* vgl. Gell. 6, 9 6 *metae . . . cornu* vg. CE 1279, 7 zu abl. *cornuo* s. Varro ling. 5, 91 Gloss. III 46, 45 7 s. Prosk. s. 94 Di s. 189 8 zu *trigarium* vgl. Jordan-Huelsen Topogr. 3, 600 f CIL VI 8461. 31645 Corp. Gloss. 2, 201 Not. reg. 9 usw. **1414** CIL XIII 2237 (Lyon) 3 f *Popiliae Afrae* 4 f man erw. *fides castitas probitas* wie CIL XIII 2244 6 *obitus constitit* 8 *Primitivia* vgl. 2244 10 *neptiae* wie CIL XIII 2191 **1415** CIL XIV 3525 (Castelmadama) **1416** CIL XV 7036 (auf e. schale) 2 *Acheruntini* **1417** CIL XII 345 (bei Riez) 2 vgl. CIL XII 1390. 5211 **1418** CIL XII 3361 (Nîmes, II jh.) 4 f vgl. CIL III 3335 (i. j. 310) *boni patri*

1419 Rhoci atriens. | de basilica | Asinia maritam | fecit

1420 d. m. | Libia Faustinam | ter vero iusto fi|lio dulcissimo, || qui vixit annis II | mensibus VIII dieb. | XV, fecit

1421 ollas Dromi inlata est | Ofania Sex. l. Alexandria

1422 Caeciliae Sex. f. Iustae | quae vixit an. XLVII m. III. |
cuius reliquias cinerum | hic ossa sepulta
pie nunc || blandae memoriae quiescit |
tute tecta Tiburtino | Lunense Lesbio lapillo. |
q. v. f. et f. o. isto

1423 G. Seius Vitalis | vixit annis XIIII | mensibus VI | diebus XXII. || quem non licuit | plus aetatem suam | frui. infelicissimam | matrem suam fecit, | Cattia Fortunata || fecit filio suo | pientissimo

1424 [. . .] | est membrorum duor. perti|nere deberet aput liberos | eorum. aquam uti de taber|na et itum ambitum uti || prestetur eis

1425 a summo columbaria dua | iuncta. L. Vibius Alcimu, quem | sequentur post me L. Cor|dium Euporum et Cordia || Tryphaena

1426 d. m. | Saturninae, | die Saturni | nata, diem Satur||ni diem functam, | vix. annis III | m. V d. XX

1427 d. m.
Arrius Callistus vix(it) XX per annis.
quen tumulant Arriae Chia et Crispinilla patronas.
b(ene) m(erenti) f(ecerunt)

1428 Potesta, | Acestiaes | delicias: | sita

1429 d. m. s. | Annia | C. f. p(osuit) | Restuto || ser(vo) suo | ob merita | eius. Ann(ia) Tro|fime Annia | Generosa || alumnas | patri | b. m. p.

1430 collegas ieis locaveeru

1419 CIL VI 4330 add. p. 3416 (columb.) 3 vgl. Di s. 296 f **1420** CIL VI 7577 (columb.) **1421** CIL VI 4802 (columb.) **1422** CIL VI 13830 CE 497 De 7990 2 acc. st. nom. s. Di s. 204 zu *rēl-* vgl. CE 906, 2. 1189, 1 3 *quiescunt* CE 1189, 1 4 vgl. CIL VI 3428 beachte die allitteration! vgl. z. b. CE 523, 6 und Enn. ann. 109 V. 5 *q(uae) v(iva) f(ructast) et f(ruetur) o(bita)* versucht Buech. **1423** CIL VI 26121 5 vgl. CIL XI 6080 **1424** CIL VI 29907 1 f vgl. CIL XIV 1661 (nro 1506) 2 'viell. *debebet*' Huelsen **1425** CIL VI 28778 **1426** CIL X 2933 De 8526 (Cumae) 4 f s. Di s. 203, 8. 202 **1427** CE 1599 (Cagliari, viell. christlich) 2 f zu *per annis* und *patronas* (statt nom.) s. Di s. 96. 204 3 oder *b(onae) m(emoriae)* **1428** CIL IX 959 (Troja) **1429** CIL IX 3105 (Sulmo) **1430** CIL IX 3387^{a} (zu Ofena, dem alten Aufinum, an einer sonnenuhr)

1431 d. m. M. Acutio | Faustino, miles cla. | pretoriae Misenati. | trierae Castorae. || vixit an. LVI, | militavit anis XXIII, | curatore fecit Ge|neium Epulanium | Pium

1432 d. m. s. | M(umia) L. filia Cu|pita ann. XXXXIIII. | Q. L( ) N( ) marite et || Antonia Fundana | et Mumia Rufina | filias matri pi|issime posue|runt. || h. s. e. s. t. t. l.

1433 d. m. s. | Iulia Libosa | vix. an. L. | filias mat. || fecer. mer.

1434 d. m. | Iulius Victor | C. Camurn. [f]i[l]io|s et ne-[p]ote[s] || salvos me[mo]|ria patri [dul]cissimo posu|erunt. v. a. | LXXI. h. s. e.

1435 d. m. s. | Romana | vix. an. LXXXXV. | Seiias sor||ors matri ca|rssime | fecern

1436 d. m. h(oc) m(onumentum) | s(i)v(e) l(ocus) | (heredem) n(on) s(e)q(uetur) | Regalem Silvini filius

1437 d. m. | Aurelie Gorsile | coniugi bene m|erenti, que semper || mecum bene vixit, | natione Acuicesem, | que vixit anos XXIIII | meses VI o meritis os|titatis eius, ei eilio ff || ficimo, quixit m r( ) | II, messibus VIII, diebu XXI|III. fecit Aurelius Iusti|nus veuteran. v. p. c. a.

1438 d. m. s. | M. Aureli Muciani | militis cohor. praeto|ries (centuria) Aquile stupen||diorum XVI anno. XXXX | nationem Trhacem. | frater Aurelius Silv[a]|nus evok., Claudius | lib. evok. faciendum || curavit

1439 d. m. | M. Cipius Hermes M. Cipio | Trepto filo pientissimo. | locum hui si qui manus || intulerit, virginebus Vestalibus | solvet poena HS n. v. | XX

1440 d. m. s. | L. Cornelio | Catoni (centurioni) leg. III Aug. | qui et Caligatus || stip. XIIII. M. Corneli(us) | Cato (qui) et Aurassius fili|atrum

1441 d. m. s. | Antiocho Q. | Volusius | Poebhus fecit || filio suo píissi|mo ben. mer. | et suis permisum | L. et Q. nostri

---

1431 CIL XI 3522 (Centum Cellae) 7 f = *Gnaeum.* vgl. nro 116 *Gineo* **1432** CIL II 38 (Salacia in Lusitanien) **1433** CIL VIII 3783. 18199 (Lambaesis) 4 vgl. 21071 *sodalas* nom. plur. **1434** CIL VIII 7467 add. p. 1848 (Cirta) **1435** CIL VIII 9156a (Auzia) **1436** CIL XIII 5554 (Dijon) 4 *Silvint* der cippus, zum doppelcasus vgl. CIL VIII 20536 *frater . . . maiorem,* III 2386 *liberti libertasque* **1437** CIL VI 3454 6 *Aquincensi* 8 ff *ob merita castitatis eius, et filio Felicissimo qui vixit* erkl. Mommsen. s. auch Di s. 88 13 *veteran(us) v(ir) p(erfectissimus) c(uram) a(gens)* Mommsen **1438** CIL IX 1424 (Aequum Tuticum) **1439** CIL VI 5175 De 8211 (columb.) 6 *nu(mmum?)* **1440** CIL VIII 2848 (Lambaesis) 6 f man erw. *filiatro = filiastro* **1441** CIL VI 7375 (columb.) 7 vgl. 31912 III 7573

1442 dís manibus | C. Signio C. f. Zoilo | permissum | Iuliorum ‖ Orientis | Theophili | Peculiaris. | vix. ann. I m. V. | Signia íde mater fecit ‖ sibi et suis post[e]risq. eo.

1443 Cornelius Meponius iun. | se vibum quod promiserat | classi font(anorum) pavimentum | ariae straturam exhibuit ‖ per Cornelium Meponium | et Vibiam Victorinam paren|tibus et Cornelium Probi|anum fratrem ipsius

1444 Veratius Capriu|s cum coniuge | sua Viciria My|rinene se vibos m‖emoria sibi fece|runt et suis

1445 L. Leli Silvane, sace|rdos Saturni | votum solvit | [li]bens animum

1446 d. m. — v(ivus) f(eci)— | Cassi Hya|cinthi. du|os nutricavi, ‖ unum cum tor|mento animi | amisi ann. XVIII, | alium supersti|tem in diem vitae ‖ florui

1447 Iuliaè Renatae | omnium feminarum | sanctissimae, seniles | annos inpletos Iuli‖um Sarnianum suum ma|ritum secuta est. v. a. LXX

1448 d. m. s. | L. Cae(cilius) Clodi|anus Clodi | filius v. a. ‖ LXXV curan|tes filios | eius. o. t. b. q. *daneben* m(onumentum) v(ivus) f(ecit). v(ivus) f(ecit)

1449 d. m. s. |

C. digno innocenti viro qui impleta tem|pora cessit,
Iulius pater erat, qui vixit an|nis LXXX,
Rufulus cognomine, cuius ut na( )

1450 in praeteritu ita locus sorori fue|rat conlocatus, ut, cum tempus aliis ve|nisset, loca pararentur ita, ut, destructo | loco et receptis tam marito quam uxo‖re, locus, qui fuerat solutus rursus con|cluderetur. plurimo tempore transac|to factum non est: nunc superveniente Fl. | Honorato filio, primi loci sesq(uiplicario) off(icii) prov. Sitifens., | Honorio patri et Saturninae matri aman‖tissimis fecit. (anno) prov. CCCIII

1442 CIL VI 26551 10 *postfrisq.* der cippus **1443** CIL VI 9422 2 s. Di s. 205 f 6 f *parentirus* der stein **1444** CIL X 8364 (Abellinum) **1445** CIL VIII 2182 add. p. 1597 (bei Theveste) **1446** CIL V 5337 (Como) **1447** CIL VIII 7517 (Cirta) **1448** CIL VIII 132[a] add. p. 925 (Capsa in Byzacena) **1449** CIL VIII 4551 CE 626 (Zarai in Numidien) 2 f acc. absolut. 2—4 beachte d. acrostichon *C. Iulius Rufulus* **1450** CIL VIII 21014 (Caesarea) 7 f man erw. den nominativ 8 zu *sesq.* s. d. anm. d. hrsg. 10 i. j. 342 n. Chr.

1451 d. m. | Claudie Tihyceni | coniugi pintissime, | qui vixit anis XXXVIIII diebus V, || Valerius Sudius coniux | benemeriti fecit

1452 P. Apicati | P. l. Philerotis | olla, quem dedit | C. Sestius C. l. Felix

1453 d. m. | Antonia Magn|a castissima virg|o, que vixx. an. XVIII m. || IIII di. XIII. aeam domum | eternam, quem compa|rarunt agentes Epigon|us et Adonus s(ub) d̄(ispositione) patr|one benemerenti

1454 d. m. s. | Blattius | Dexter co|iugi Grece, || cum que vix. | annis XII, b|enemerenti

1455 d. m. s. | Flavia Secure, | q. vixit annis XVIII | h. situs

1456 d. m. s. | Gargilia Faus|ta viva annorum | LVI. obitus eius || memoriam factu | est. fili fecerunt

1457 Pantheo | aedem et | aram vo|tum || C. Iulius C. f. | Fab. Rufus

1458 d. m. | Titieniae A. f., | q. v. a. vix. an. XIII, m. V | die XXVIII, || et A. Titieno Attal., | q. v. a. XI m. XI die XI. | rogat vnive aetas | sc nulli vestroru | contigat tale dolor. || experisci, quod nos | infelicissi. parent. ex|perti sumus. Titienus Troi[l]us | pater et Titienia Rodine mat.

1459 Baebia Victoria fecit sibi et | Antonio Timocrati eq. R. mari|to suo libertis libertabusque | utrorumque posterisque eo||rum concessam sibi partem | monumenti a Corneliis Zotico | et Epictetiano et Corneliam Drau|cen porticum cum aediculis su|is et cubiculum quod est supra || memoriam

1460 Helviae | Laeonide | domne et coniu|gi karissimae || C. Petranius | Asclepiade[s] | ab utrisquae numinibus deceptus

1461 Licinia | Eutuche | ossa be[ne] | quescat

1462 d. m. C. Vettieno | Luperco fecit | Vettien. Dicae|osyne et sib. ita, ut || ne pos morte mea cuiusquam ossua | ibi adiciatur

---

1451 CIL VI 15628 add. p. 3518 2 *Tycheni* 6 *benemerenti* **1452** CIL VI 33500 (columb.) **1453** CIL VI 12055 7 ff verbinde *agentes . . . s. d. p.* **1454** CIL IX 2492 (Saepinum) **1455** CIL VIII 371 (Ammaedara) 4 vgl. CIL VIII 584 VI 16393 u. Prosk. s. 130 f **1456** CIL VIII 4391 add. p. 1774 (Numidien) **1457** CIL III 7058 (Pisidien) **1458** CIL VI 27458 7 f viell. *r. v(os) ni v[iol]et[i]s s(i)c* 12 *Troiius* der stein **1459** CIL XIV 158/9 (Ostia) 4 vgl. 2121 und 2215 *utraque* = *utrumque* **1460** CIL V 4612 (Brixia) 6 vgl. u. a. CE 444 **1461** CIL VI 21322 **1462** CIL X 649 (Salernum)

1463 imp. Caes. M. | Aur. Probo pio | felici invicto Aug. | numini maiesta||tique eius devo|tus ordo Iliber(ritanus) | dedicatissimi | d. d.

1464 I. o. m. Ar(ubiano?) | posuerunt | Gemellinus | et Vitalis || libiens | voto suo

---

1464a d. m. | Aurelius Flavinus | optio leg. XI Claudiae | annorum XXXX, qui || militavit ann. XIIII et | optio ann. X. posuit | titulum de suo astan|te civibus suis | impensi X̶ X̄

1464b *a* Victoriae | Augg. nn. | et leg. I | adi. p. f. || Antoniniana(e) | P. Marcius | P. filius | Sextianus | Epheso || p. p. d. d. *b* dedicante | Egnatio | Victore | leg. Augg. || pr. pr. | et Cl. | Pisone | legato | leg. || V idus | Iunias | Apro et | Maximo | cos.

1465 d. m. | Val. Tertius militi | corti | X pretorie. qui || vixit annis XXXVI, mes. III, | dies XV. militabit legi|one Mesiaca anns V, in|ter lanciarios annis XI, | in pretoria ann[is . . .] || (centuria) Salbi. Zipe[. . .] | eres et cete[ris commanu]|culis pr[. . .] | cuit [. . .] | [. . .]

1466 [d]edic. | XII kal. Augus[t.] | Gordiano Aug. et | Aviola cos. || curantibus Adiab. Pudentem | et Argium Lupum

1467 d. m. | Aur. Candida sibi fecit | et Aur. Sofroni marito aream | puram cum triclinio concessis || a Fanio Oceano et filior. eius | exceptis cubuculis II, quae sunt | in arae ss. in usu eiusdem Oceani | et filiorum eius. lib. libertabusc. | posterisq. eor.

1468 dis manibu(s), | Abascantus Cae|sar. n. ser. vilic. | Fortunatae co||niugi bene me|renti fecit. vix. | annis XXX. |
quisque meum tit|ulum stat
legerit et || dicit 'sit tibi terra levis'

1463 CIL II 2071 (Iliberris in Baetica) 1 ff i. j. 276—282 7 vgl. CIL II 2131 *ordo . . . decrevere.* 2344 III 5790 *contubernium posuerunt* **1464** CIL III 10202 (col. Bassiana in Pannonia inferior) 2 ff vgl. CIL III 3545 *maritus et coniux posuit.* 3989 **1464**a CIL V 895 (Aquileia) **1464**b CIL III 11082 (Arrabona in Pannonia superior) b 1 statt *dedicantibus* 10 ff 9 juni 207 **1465** CIL VI 2759 add. p. 3370 De 2045 2 f *miles cohortis* 6 *Moesiaca* 7 die *lanciarii* wurden durch Diocletian formiert 8 gemeint das *praetorium*, die praetorianer, die Constantin aufhob 10 f gleichsam *cum ceteris commanuculis* **1466** CIL VI 2841. 32547 1 ff i. j. 239 5 f gleichsam *per*, s. u. a. CIL III 3534 u. Di s. 205 **1467** CIL XIV 671 (Ostia) **1468** CE 1463 (beim Albanersee)

1469 Laeliae Clementine | uxori incomparabili | Q. Furius Secundus mari|tus et sibi vivus fecit. ||

functa iaces hic, set vivis vivesque Secun|do
Laelia tuo, debe(n)t nec benefacta | mori. |
te, Tellus, sanctosque precor pro | coniugis Manes,
vos ite placidi, || tu levis ossua tegas.

vixit ann. XXVII

1470 d. m. s. | Fortunata | pia vixit ann. XV, | h. s. e. cura patr||is pientisimus f.

1471 dis M[au]|ris sac. | L. Purtisi|us Firmus || hast. cum | Popilia Mar|ciane con|iuge fecer(unt) | l(ibentes) a(nimis)

1472 d. m. | P. Cornelius | Eutychus fe|cit sibi se viv||o et hic locu|s pertenebit | at libertos | libertabus|que posteri[s]||que eorum

1473 [e]x edictu P. Cor|neli Dolabele leg(ati) | pro pr(aetore) determin|ati fines Geminus || pri(nceps) posterior leg. | VII inter Neditas | et Corinienses, | restituti iussu A. | Duceni Gemini || leg. Augusti pr. p[r.] | per A. Resium [M]a|ximum Ↄ· leg. XI | C(laudiae) p(iae) f(idelis) pr(incipem) posterior. | et Q. Aebutium || liberalem astat(um) | posteriore(m) leg. | eiusdem

---

1474 d. m. | Augustalis | L. Arunti Myris|mi ser. Suncra||sis conserva su|a fecit | bene merenti

1475 Hygia [f(aciendum)] c(uravit) sibi et Alexandro marit. suo ita, | ut post morte Hygiae nemo in hoc sarcofagos | ponantur, nisi ipsa et maritus suus. quod si qui | a[l]ium posuerit, det collegio pontificum pena[m H]S || dec(em) m(ilia) n(ummum) s. in̄(?) *zur seite* d. m.

1476 d. m. s. | Ulpiae Valentinae | coiugi suae b. m., | quae vixit annis || XXX. fecit | Aurelius Afrodisius | coiuncxs suus

1477 d. m. | Gl. Pr|naistin(ai) | Ql. et Aɛlpis || nona sua | et Aur. Clt. | pater | fecer|unt

---

1469 CIL V 3653 CE 1043 2 *tuo* einsilbig, Buech. vgl. *tis*, *so* 3 entweder *pro coniuge* oder *coniugis manes* **1470** CIL VIII 12745 (Carthago) **1471** CIL VIII 2640 add. p. 1739 (Lambaesis) 8 vgl. CIL VIII 2762 IX 5412 **1472** CIL VIII 9998 **1473** CIL III 9973 add. p. 2273 vgl. 2883 (Corinium in Dalmatien) 4 f man erw. *per Geminum principem posteriorem* 11 f vgl. CIL XI 1741 14 f einem Q. Aebutius Liberalis widmete Seneca seine bücher 'de beneficiis' **1474** CIL VI 7770 (columb.) **1475** CIL VI 19596 **1476** CIL VI 29403 **1477** CIL VI 15549 2 f oder *Gl.* (d. i. *Claudio*) *Pr(ai)naistin(o)* 4 viell. *Cl(audia) Haɛlpis* 5 = *nonna eius* 6 *Cl(i)t(us)*?

1478 Rufus Tabusi f. | Valentinus ann. | XXX stip. XI ex | cho. Aquit. h. s. e. || faciendum qura|vit Spedius | frater | sus

1479 [. . .] | qui ut ego meritis | suis gratias referr[e] | volui, huic libertas || parata fuit

---

1480 d. m. | Fulvius Charisius in hypogeo [ollas?] | instruxit n. XIII sibi et suis lib[ertis]. | Charisi, habe. et tu qui leges, be[ne valeas.] || ego omnibus meis bene feci et qu[os con-tem]||psi per errore, ignoscetis. de cet[eris hoc] | isciatis, amici: tres uxores h[abui: eas] | quidem dolui, set non sunt qua[lis quam] | modo quartaria sortem ductam su[perstitem relinquo]

1481 [. . .] v. a. LI h. s. | Nevia Iulia | [s]ororio fecit | eo, quod Amb||ibolus fr[a]ter | negligendus | facere no[lu]|erit

1482 d. m. | Aurel. Dizo milex | leg. XI Claud. vixit | ann. XXVII, milit. ann. || quinque. obitus in | Mauretania. bene | merenti cives et | commanipuli de suo | fecerunt

1483 [Fe]lix exercita|tor liber(orum) Augu|sti ex viso pone|re ara Hercu||li

1484 d. m. s. | Catilius | se vibum | fecisse. || vix. an|nis n̄. ( )

1485 d. m. s. | M. Vitullio [N]ovian[o] | edili, filio cari|s-simo, q. vita fun(ctus) || est an. XVII mes. | VI. laboribus tuis | curarum par(entes) tui | titulum tibi fa|cere. Vitulius No||vianus et Ae|lia Florida fi|lio bene mere|nti fecerunt

1486 d. m. | Petron[i]us | Diadum[en]us | IIIIII vir. Aug. || aras duas | Priscianae | coniugi | carissimae | [. . .] || poni curavit

1487 d(eo) i(nvicto) M(ithrae) templum vetusta(te) | con-labsum, quot fuit | per annos amplius | L desertum, Aur. || Hermodorus v. p. p(raeses) p(rovinciae) N(orici) | m(edi)-t(erranei) anovo restitui fecit. | quot edificatum est divo | Maximiano VIII et Maximino itr(um) | Agg. con(sulibus), Quart(inio) Ursiniano cur.

1488 Demetrus | amicos m|onet bene | facere cum || bivimus *darunter* bivo annis LX

1478 CIL X 7596 (Cagliari) 7 *suus* **1479** CIL IX 5417 (Firmum Picenum) **1480** CIL VI 18659 De 8145 7 zu *isciatis* s. Lindsay-Nohl 116. 120 ff 9 *sorte* **1481** CIL VIII 6023 (Subzuar in Numidien) **1482** CIL V 893 (Aquileia) 2 vgl. CIL V 900 **1483** CIL VI 30894 (ende des II jh.) **1484** CIL VIII 292 (prov. Byzac.) **1485** CIL X 5589 (Fabrateria nova) 2 *vioviat[.]* der stein **1486** CIL XII 2674 (Alba Helvorum) **1487** CIL III 4796 (Virunum) 6 vgl. CIL III 9532. 3653. 14458[1] 7 f i. j. 311 **1488** CIL VI 16803 add. p. 3520 (unter einer marmorbüste des ausgehenden II jh.)

1489 C. Egnatio | C. f. Serg. | Marcello dec. | Iulia Tertulla mater || Iulium Philinum et | Iulium Crescentem | libertos testamento | ponere iussit. | l. d. d. d.

1490 C. Vibius Firmus C. | Vibio Ampliato patrono | suo benem. titulum | posuit. quod iussit et ro||gavit, cum patrona sua | poni, ita factum est

1491 huic | monumento | ustrinum apli|cari non licet

1492 d. m. | Agriae Severae | C. Agrius Successus | fecit, et ic ne||mine liceat | poni nesi de | meis

---

1493 C. Iul. Mygdonius | generi Parthus, | natus íngenuus, capt(us) | pubis aetate, dat(us) ín terra || Romana. qui dum factus | cives R. iuvente fato co|locavi arkam, dum esse(m) | annor(um) L, pet(i)i usq(ue) a pub|ertate senectae meae perveni||re

nunc recipe me, saxe, libens; | tecum cura solutus ero

1494 Alexander Maraidi Sex. s(ervi)

quot par parenti dequs facer(et) filius,
mors imatura ademit ut faceret mate[r] filio

Alexandro

1495 d. m. s. v. LXXXV | Saturninus | s(acerdos) A(esculapi). si quis posit ob|servare vinu non bibe||re annos XXXVIII meses septe, | ipse posit sacerdos esse

1496 d. m. | L. Terentio | Mnesteri Teren|tia Cypare l. || idem coniux. | quicum vixit an|nis XXV, de cuo ni|hil queri habui. | cum Cara filia || benemerenti patrono | titulum posuit

1497 Britto an. | XXXXV. | siquis es | praeteries, lege. || sit tibi tera levis

---

1498 d. m. s. | L. Fenius Filinus | homo inconparabilis, | q. vicsit annos p(lus) m(inus) XXV m. duobus || diebus XXIIII. qui in die mortis sue | nunquan nemine lesit. se vivo | fecit sibi et suis libertis libertab. | posterisque eorum

1499 d. m. s. | Eutyches Ursulae conse[r.] | karissimae,

1489 CIL III 1738. 8403 (Risinium) **1490** CIL VI 5154 add. p. 3416 (columb.) **1491** CIL VI 4410 add. p. 3416 CE 201 (columb.) **1492** CIL XIV 553 (Ostia) **1493** CIL XI 137 CE 1580 De 1980 (Ravenna, I jh.) 3 *iubente* 4 *usque ad pubertatem* 6 wie CE 415 *saxsus*, 848 *saxsolus* **1494** Ephem. epigr. VIII 126 CE 170 (Teate Marrucinorum) 2 verquickung von *quot par parenti fuerat faceret filius* und *q. decus erat parenti facere filium* **1495** CIL VIII 16752 (bei Theveste) 1 erg. (*annos*) 5 zu *septe* s. Di s. 191 **1496** CIL VI 27196 **1497** CIL II 952 (im conventus Hispalensis) **1498** CIL VI 17677 **1499** CIL

cum qua vix. annis | XXII, mense VII, dies XXI. de || qua numqua nihil quaestus | sum. et Asiane mater b. m. f.

1500 d. m. | molestari noli, | sic tuis non moleste|tur alter. || Urbana a b(?)

1501 rogo per deos Stygios, oss(a) nostr(a), quisquis es homo, non violes, non tras(ieris) h(unc) l(ocum)

1502 T. Flavio T. f. Pal. Vero | equiti Romano aedem fecit | Vibussia L. f. Sabina mater, | quae iubet, se quandone inea aede poni et Gn. Ost(iensem) Hermete || maritum suum, neque heres meus neque heredive meor. neque | cuiquam licevit inea aede ponere neque corpus neque ossa, quod | siquis ad versus ea fecerit, ínferet aerario p. R. HS L m. n., item rei pub. | Ost. HS L m. n. is autem, qui detulerit, accipere debebit sum(mae) s(upra) s(criptae) quartas. | ypogaeu et cetera libertis libertabq. meís post(erisque) eor(um). || hic monimentus exteru herede non sequitur, sei nec donatione facere. | ín f. p. XXVI, ín a. p. XXXV

1503 d. m. | M. Seio Severo | fecit Seia Doris | mater pientis. || ad anos vixit | XXVIIII

1504 Ducenia | posuit | Dydymu | at se in suo. || ideo posibi, | ne quis pos | me iuriam | faciat

1505 T. Publílius Gorgus | T. l. idem pater | fui amicis meis | carissimus, || defrudavi me | numquam ad | quod habui. | vixi annos LX

1506 hoc praediolum perti|net aput | T. Terentium Secundum | et Terentiam Amplia||[ta]m filiam eius

1507 Sex. Pompeius Mode|ratus pro salutem | sua et suorum voluit | ara domino Silvano || aput gratias referen|das, quot se et suos in|columes habet. votum | solvi et ara dedicavi

1508 M. Verrius M. l. Epagatus | emit ollas superiores II, | infriores II. se contra | I donavit l(iberto) suo || M. Verrio M. l. Philoxen[o]

VI 17408 **1500** CIL VI 29579 **1501** CE 198 (Rom) 2 Buech. vgl. Petron. 74 *suadeo non patiaris* oder *non tras(eas)*, näml. um die inschrift zu lesen **1502** CIL XIV 166 add. p. 481 (Ostia) **1503** CIL VI 26119 **1504** CIL VI 17072 7 *iniuriam* **1505** CIL VI 25175 **1506** CIL XIV 1661 (Ostia) 1 f desgl. VI 29907 (nro 1424) **1507** CIL IX 2164 add. p. 673 (Caudium III jh.) 3 *voluit* statt *vovit* 5 *apui* oder *aput* der stein, statt *ad* **1508** CIL VI 28598 3 = *e regione suarum*

1509 Hermion[e] | C. Minucí Galli | Philadelpho | avonculo suo ob || pietatem erga inse

1510 d. m. | Asidonius | Agatopus | et Aur. Luxuria || qui in se bene | lavoraverunt, | quae vixit ann|is XXII. vivi sibi | fecerunt l(oco) c(oncesso) || a Iul. Clemen|tiano *links* Asidonius | ceriola|rius

1511 L. Licinius | M. f. Pol(lia) Nepos, |
cuius de vita merito | pote nemo queri. ||
qui negotiando locupletem | se speravit esse futurum, |
spe deceptus erat, et a mult|is bene meritus amicis. |
hanc casulam in parv||o fecit supremi temporis |
sedem maiori cura | quam inpensa potuit. |
diís parentibus suis | hunc lapidem posuit || supremum semoto loco, |
suptus quem factum est | ut remanerent ossa | et cineres C. fratris et | sua ube requiescerent, ||
et per quem testari posset | quam laboriose et non | secure vixserit.
qui vivos | multis in futurum su(p)rem|a hospitia donavit amicis, ||
cuius in hospitio requiesc(e)|nt, multis gratis | et amicis,
quos roga|t ut quod eis superat, suis | donent gratis,
ne vendan||t, vitent homines avaros,
auda|ces monumentorum | sacrilogos,
per quos | decessis numquam | requiescere licet. ||
diís manibus sacrum. |
homo, violare noli si te | moriturum putas. |
p(edes) q(uadrati) XII

1512 [. . .] | Valeriae [. . .] | C. Albucius Ortrus | uxori a se meren|tissimae fecit, cum || qua vixit annos XXX | sine ulla querella

1513 d. m. | Stercoriae | filiae dulcissi|mae ab omnibu||s amantissime, | que vixit annis | XVI et m. II d. XXVII. | bene merenti | fecerunt Ce[. . .]l||[. . .]se | parentes

---

1509 CIL VI 6469 (columb.) 6 vgl. CIL VI 8543 add. p. 3459 *erga de se bene merenti* **1510** CIL III 2112. 2113. 8591 (Salonae) **1511** CIL VI 9659. 33814 CE 1583 zur metr. analyse vgl. die anm. Buech. 2 *potis est* 5 vgl. Petron. 111, 5 10 *surema* der stein 11 im gegs. zu 4 14 Buech. vgl. CIL IV 5182 *sortilogus*. s. auch CIL VIII 6181 Porph. Hor. sat. 1, 114 (cod. Mon.) und *inanilogus* **1512** CIL XII 194 (Antipolis) 3 f vgl. CIL XII 197 **1513** CIL VI 26850

1514 d. m. parentes filiabusque dulcis|simis. voluistis nobis esse inimicas: Atino|dore, que vixit annos septe die minus, et Severa, que et ipsa vixit de | annos septe, minus dies XI. sic fuerunt sibi dulces sorores

1515 d. m. | Sexti Avií | Capelliani | Licinia Faus||tina marito | sibi merentis|simo sub ascia | posuit

1516 d. m. | Salaminus Aug. | ser. sib. et Eufro|sino et Gemellin||ae filis et Cal[l]iop|eni coniugi | Silvinus Aug. ser. | curavit eis aram | ut poneretur

1517 quisque misericordia abes, ne quis | belit manes inquetare. hic ex uno ventre | infelicissimi duo fratres et soror | positi sun

1518 Roscia [. .] | l. Secunda pọ[st] | Sphaeri obitum | v. a. VIII. hic. sitast. ||
siquod sapiunt | inferi, have, valete | superi

1519 dis m. | Aurunceiaes | Magnaes. emit | sibi et suis et post||erisq. eor. excessit | annis emeritis suis

---

1520 d. m. | Q. Valerio Felici | veterano cohor. | X pr. pater fecit || b. m. sed is mihi | debuit facere, quam | senectae meae dolum | relinquere

1521 d. m. | V(alerius) Max(imus) et C(laudius) Vera(tius), | cum dolum tantum | haberent de Valerio || delicato, quam ut fi|lio infelicissimo iu|veni d(efuncto) ann(orum) XXIIII, | dunc dolum habe|rit, C(laudia) Vende||mia de marito Vale|rio et socero p(uero) p(ientissimo) | titulum posuit

1522 [. . .]i paucum per tempus filia | cuius supprema | [. . .]ti composui dolose | [. . .]tius [B]ellator pater || [et sub a]scia ded.

1523 d. m. | Baebiae Aman|da nepos dulcis|sima, que vix. an||nis III men. V dib. | X. abia fecit

1524 Donata que | vixit an. LXI. | Iul(ia) Berect | nepos an. III. || Muṭṭun Gudu|dus [. . .]

1514 CIL VI 12607/8 2 f *Athenodora* **1515** CIL XII 3453 (Nîmes, II jh.) **1516** CIL V 222 (Pola) 5 f *Caliiopeni* der stein **1517** CIL VI 27498ᵃ **1518** CIL VI 25489 **1519** CIL VI 4530 (columb.) 4 *et* abundiert, wie sehr häufig in derselben phrase **1520** CIL X 1760 (Puteoli) **1521** CIL III 1903 add. p. 1499 (Dalmatien) zur sacherkl. s. d. anm. Mommsens 9 desgl. CIL XII 2033 (christl.?) **1522** CIL XII 1939 (Vienne) 3 *dolenter*. vgl. *dolus* = *dolor* **1523** CIL VI 6156 (columb.) 6 *abia* wie CIL X 3646 **1524** CIL VIII 8732. 20499 (Maur. Sitif.) 4 *nepos* = *neptis*. desgl. 2507 XII 344 u. o. vgl. CIL VIII 4050 *nepotis* = *neptis* (nom.), dahingegen *nepti* = *nepoti* CIL XI 1224

1525 dís man. | P. Fufius Dexter | Lolliae Iucun|de coiugi beneme||renti et incompa|rabili, que mecu vi|xit annis sex, men|sebus seppte, die. XV, | hor. III. que in diem m||ortis sue omne omine | bene monuit

1526 d. m. | C. Sornoio[nis] | Maioris. vix[it] | m. sex d. XXII || oras VIIII. Montanus et | Sortita patres

1527 d. m. | M. Advetínio | Fruendo M. Pud. | Adventus mil. || leg. XXX U(lpiae) v(indicis) p(iae) f(idelis) | et Patavinia | Romana pat|res p(ientissimi) fil(io) men|sium XI f. c.

1528 M. Coelius | M. l. Onesimus | sibi et | Primigeniae || contubernali l. | et Cerviae | Fuscae matri | tonsori

1529 d. m. | Ernuleiae Gazae. | vix. ann. XXXII men. VIII | dies XXII loco conces||so ab Atilia Fyrmina | ex voluptate eius | amicae carissimae

1530 d. m. | aeterna do|mum | L. Domitius Se||cundus ubi reli|qua corporis sui | sint se vivo | instituit

1531 d. m. et | memoriae aeternae. | Maspetia Silvina Vale|rio Messori coniugi || incomparabili, qui | plus merebatur, quam | facio, cum quem vixi | annis XXIIII. quod ille | mi debuit facere, si fata || bona fuissent, idem as|tat memoriam poni. | Valerius Silvicola et | filia fluentis lacri|mis orfanitatem, qua || perdiderunt patrem | incomparabilem. ei | posita est ara, qui ges|sit in canabis sine | ulla macula. sic scri||psit Maspetia Silvina. | si fati condicionem | reddidero, ut lice[at] | aram mereri et m[e]mo|riam meam poni. || ppp. ccc. sss. aaa. ddd.

1532 Zoticus Ienarinus Erculi | Capanum botu redii

1533 d. m. | Cl. Vincentio, qui vi|xit ann. XVII mensi|b. VI plenis, ipso die decessit. || Caecilia Crescentia uxor | marito innocentissim[o] | fecit V kal. Aug. | Caecilio Vincentio patri | Cl. Vincenti, qui mox || vidit filium suum valde | defectum esse animo | spondit ante dies XXIIII | mortis fili sui rebus hu|manis exemptus est. || Cecilia Crescentia cog|nata benemerenti | fecit

---

1525 CIL XIV 3344 (Praeneste) 10 f *omni nomine b. meruit* **1526** CIL XI 516 (Rimini) **1527** CIL XIII 1196 (Avaricum Biturigum) 7 f vgl. CIL XIII 5840 **1528** CIL XII 4514 (Narbonne) 8 man erw. *tonstrici* **1529** CIL XIV 966 (Ostia) 6 *voluntate*, sehr häufige nebenform, z. b. CIL VI 26240 **1530** CIL VIII 3582 (Lambaesis) **1531** CIL XIII 2016 (Lyon) 10 f *astat* = *instat*? *accidit*? 11 näml. *illi a me* 13 f d. i. *lacrimis conquerentes* 25 *(tres) p(onendum) c(uraverunt) (et) s(ub) a(scia) d(edicaverunt)*: nämlich die gattin und die beiden kinder **1532** CIL VI 303 add. p. 833. 30732 **1533** CIL VI 15316 (viell. chr.) 4 nämlich *mensis quo natus erat* 12 statt *despondit* 15 f = *nurus*

1534 d. m. v. f. | Vinicia Tertullina | sibi et C. Novellio Vict. | VI vir. íun. dendrophoro mar(ito) suo || et Novelliae Tertullinae filiae, | quae vixit ann. XXI menses VIIII et | Maximo Comagio Vero Marsiano | filio suo VI vir. íuniori et Co|magiae Verinae filiae suae || et avviaticis suis

1535 d. m. | Aurelius | Crescen|tio ex pre||positis, | et Vincen|tia coniun|x eius Au|relie Vericie || bruti suae q|ui vixit ann|is XXIIII bene | merite titu|lo posuerunt

1536 P. Aelio Pamph[ilo] | Calpurnia Pam|phile patri | merentissimo || posuit. | ad quod opus | collign(ium) iuvenu[m] | Nemesiorum | inpendium dedi[t]

1537 d. m. | Ulpia Celerina, dulces habe | Gorgonio tuo castissima | senper.
cuius simplicitas et || obsequentia laudatur et ama|tur ubique, et
cuius [c]onsil(i)is | nulla decepta a(ni)mo
aeternam|que domu, ut fecit superstes | maritus,
sic meret virginia voti||ssima mihi uno marito. et
vos be||[n]e vivendo [h]ec saltem sperare | depetis.
Ulpius Gorgonius | piissimus Celerine conpari | pientissime, cum qua concor||diter vicxit ann. XXIIII m. V dies | XXV, vibi sibi posuerunt posteris|q. suis

1538 Iunia Cocceía puerae sanc. | an. XX hic sita e[s]t. Gallus pat. | filiae pientis[s]imae sibi et | coniugi vivi [p]osierunt

1559 d. m. | Aurelio | Aureliano | eq. R. socerioni || Aur. Septiminus | tribun(us) gener | piissimo, | qui vixit ann. XXII | et Rosu[l]ae || neptiae eius ann. III

1540 d. m. | Lupus vi|licus fecit | Probino || actori so|cerioni et | Proba soror | fratri o(bito) an. XL. | et Urse coni||ugi vive fae|caerunt

1541 pro salut[e] | imperator[is] | Augusti M[a]|ter Magnae || consacrani | l. m.

1542 d. m. s. | Antonius sive Sinus | sive Oniacus cum om|nibus concordius || me vivo feci cum | Rusti[cill]a coniuge | Vener[ia.] v. a. XL. con|iux prior Mustulus | v. a. XX

1534 CIL V 5902 (Mailand) **1535** CIL III 12377 add. p. 2316[46] De 8558 (Moesien) 10 'braut'. vgl. CIL III 12666 und die anm. bei De **1536** CIL XII 22 (in den Seealpen) 7 vgl. CIL VII 1069f **1537** CIL III 14292 (Salonae) 2 *dulcis have* 5 *obsequium* 6 *oonsilis* der sarkophag 11 *iec* der sark. **1538** CIL III 14359[20] (Pannonia superior) **1539** CIL V 8273 De 8558[a] (Aquileia) 3 *socero*. vgl. *suecerioni* nro 258 **1540** CIL III 5622 (zw. Salzburg und Wels) 5 f = *socero* **1541** CIL XIII 7865 (bei Jülich) **1542** CIL VIII 8530 (Sétif) 4 vgl. CE 461, 3

1543 Spude pusinna | miserina v. an. $\overline{\mathrm{II}}$ | m. III d. XX

1544 Nicephorus | pitinnus, | qui vixsit | annus duo

1545 dis manibus | A. Fabio Stefano | Fabia Agathangelis | patrono suo bene || merenti fecit liber|tis libertabusquae | suis posterisquae | eorum. quot ets in|trantibus parte senex||tra ollaria pilaria | contra alis alio n̄. $\overline{\mathrm{IIII}}$ | et pariens medius P. VSL (?)

1546 dis m. | emit P. Granius Amandus | sibi et suis posterisque eoru | aedicla parti senexteriosum || olaru n. VIII. emit P. Granius Vitalis | lib. P. Granio Amando et P. Granio Onesimo | posterisque eorum

1546 a d. m. | Valeriae Se|verine Sex|tilianus et || Valeria Vin|centia amtri | obmerentis|sime et coiu|gi inconpa||rabili posu|erunt

1547 d. m. s. | Huagelo, qui b|ixit an. XXXVI (m.) X | (d.) XXV[.] Tecusa m(arita?) || mar(ito) [q]u(i) atbixi|t mecum an. X|I fec.

1548 d. m. | Annia Crestina et | C. Sextilius Marius | v. sibi p. || petimus, ne quis nos | inquietet ex arca nostra, | neque ab ante aliam | ponat | nec commutet v(el?) id quo(tiens?) f(iet?) d(abit) f(isco) ~~HS~~ $\overline{\mathrm{C}}$

1549 d. m. [s.] | ob memoriam Sulpiciae L. l. Vic|toriae Gaius Iulius Felix mari|tus eius sepulcrum fecit || quasi amantissimae ac rarissimae | et dulcissimae quondam con|iugi suae, depost cuius mor|te fili superstites n̄. V et | nepotes X tener(i) si(ti) sunt. haec de||cessit die VII idus Ianuarias (anno) p(rovinciae) CLXXX|VIII. vixit anis L n. votum solvit

1550 rusticulus hic, | Fufio Iustino homini bono | Tullonia Lea coniugi incomparabili, | qui insimul viximus || annis sexaginta

1551 [. . .] iata ann. XX men. | VIII dies VIIII. |
abstulit una dies | anima corpusq. || sim[it]ur
arsit et in | cineres iacet hic | ⟨uersum⟩ adque favilla.
su|premum munus mi|sero posuere || sodales
Fortunes[e]s

1543 CIL VI 26704 **1544** CIL VI 35915 2 *pisinnus*? **1545** CIL VI 17565 8 *est* **1546** CIL VI 19075 **1546 a** CIL XII 1466 (Vasio) 6 statt *matri* **1547** CIL VI 17297 2 *Euangelo* **1548** CIL XI 147 (Ravenna) 8 *v. id. quo. e. d. f.* der stein **1549** CIL VIII 9162 add. p. 974 (Auzia) 8 *superstites* näml. *matri* 10 f i. j. 227 n. Chr. **1550** CIL IX 1826 add. p. 695 De 8458 (Benevent) 4 vgl. französ. *ensemble*, ital. *insieme* **1551** CIL X 174 CE 405 (Potentia) 1 vgl. Ov. Pont. 1, 2, 4 und Thes. II 1337, 31 ff zu *simitur* vgl. CE 365. 422, 7 2 *versum* erg. Ritschl. s. CE 960

1552 d. m. s. | Valerius Marcellinus | eques de subcura Valeri | [p]rae[f.] equitum Sta[bl]e||sianorum. Valerius | Valerianus memori|am fecit parentis | bene meriti

---

1553 Velius Fidus Iubentio Celso col|legae suo salutem. Desideri fra|ter, Arrii Alphii Arriae Fadillae, domi|ni n. imp. Antonini Aug. matris, liberti || libellum tibi misi, cogniti mihi ex | longo tempore primae iubentutis. | etiam miratus, cum ab aedibus es|sem, quot eo lo. se contulisset, a quo | didici causa se requitionis set et re||ligionis magnope. a domino n. imp. | impetrasse. ita ne qua mora videa|tur ei per nos fieri, libellum subscrip|tum per eudem publicum sine mora | mihi remittas. opto te salvon et fel[i]cem es. ||

exeplu libelli dati. |

cum ante hos dies coiugem et filium ami|serim et pressus necessitate corpora eorum | fictili sarcofago commendaverim, doni|que is locus, quem emeram, aedificaretur vi||a Flaminia inter miliar. II et III euntibus a|b urbe parte laeva custodia monumenti | Fla. Thumeles, maesolaeo M. S[i]li Orcili: | rogo, domin., permittas mihi in eodem lo|co in marmoreo sarcofago, quem mihi mo||do comparavi, ea corpora colligere, ut cuan|done ego esse desier., pariter cum eis ponar. |

[d]ecretum: fieri placet. Iubentius Celsus | promagister subscripsi III nonas Noemb. | Antio Polione et Opimiano kos., ordina[r]is Severo et Sabiniano cos.

1554 b. f. |. ex praecepto I. o. m. D. aeterni, conservatori totius poli et numini pra|estantisso exibitori invicto, L. Tettius Hermes eq. R. et | kandidatus et patronus huius loci, pro salute sua et Aur||eliae Restitutae coniugis et Tettiae Pannuchiae filiae suae | et suorum et Aureli Lampadi fratris carissimi, et pro saloute | sacerdotium et kandidatorum et colitorum huius

---

1552 CIL VIII 8490 (Sétif) **1553** CIL VI 2120 vgl. 32398a De 8380 1 zu *D. Velius Fidus* vgl. CIL III 14387e *P. Iuventius Celsus* cos. ord. i. j. 164 1 f *collegae* im pontificalcollegium 2 *Desideri* signum. zu *frater* vgl. De Friedländer Sittengesch. I[6] 445 3 zu *Arria Fadilla* vgl. Prosopogr. I 143, 921 7 ff Mo erklärt: *e. m. c. ab aed. meis abessem, Alphium me persecutum ad eundem locum se contulisse, ab eo didici ipsum ob causam requietionis, sed et religionis magnopere a domino nostro impetrare quid velle* 8 zur construction vgl. Di s. 72 f 15 näml. von Arrius Alphius 22 oder *a mesolaeo* 27 *fecretum* der stein 29 i. j. 155. vgl. Liebenam s. 23. zur doppelten datierung verw. De auf Mommsen Staatsr. II[3] 92, 3 p. VIII not. 1 **1554** CIL VI 406. 30758 De 4316 1 *b(ona) f(ortuna)* oder *b(onum) f(actum)* 6 *saloute* wie griech. ου 7 *cultorum* 7 f acc.

loci, tabula | marmorea cum proscaenio et columnis d. d. quos elexit | I. o. m. D. sibi servire, M. Aurel. Oenopione Onesimum signum Acaci || notarium, et Septimium Antonium signum Olympi patre, kandid., | patronos, fratres carissimos et collegas hon., Aur. Magnesium, | Aur. Serapiacum, Antonium Marianum, M. Iul. Florentinum principe | huius loci, et Aur. Severum veteranum curatorem tempuli et | Aur. Antiochum sacerdote, Gemi. Felix et Vibius Eutychianus || lecticari dei, Co[. . .]centianus

1555 Anicio Achilio Glabri|oni Fausto claris|simo viro, quaestori | candidato, praetori || tutilari, comitis in|tra consistorium, | tertio praefecto ur|bi utriusque inpe|rii iudicii sublimita||to, praefecto praeto|rio Italiae Africe et | Inlyrici, quod et prae|sentibus gloriae et | futuris intcitamen||to ad virtutem fore, ro|gantibus Aricinis, | qui beneficiis et re|mediis eiusdem ampl|issimi viri ab intora||bilibus necessitati|bus fuerant vindica|ti, ob praestita circa | se beneficia, ordo | et cives statuam || conlocaverunt

1556 *a* Iulianii v. [c.] | Postumio Iuliano c(larissimae) m(emoriae) v(iro) ob meritum amorem et religi|onem quam erga cibes universus habere satis dig|natus est; quiquae testamento suo memor. || honorificentiae n[ostr]ae memoriae reti|nes testamentoque [suo ka]sa cui vocabulum | est Fulgeritam ter[r. Prae]nestino nobis uni|versis cibibus, quos magna adfectione di|ligebat, reliquit. cuique ob eadem contempla||tione dignissimo patrono, cuius omnes requi|mus defensionem et vindicium, statuam promp|to animo erigendam censuimus, adq. ob nimio | amore civico secundum in anno vel amplius universi | civves Prae(nestini) aepulum celebraturi. expl. tesm. partis. || 'Pos. Iulianus v. c. sanus salbus, sana quoq. mente in|tegroq. consilio, memor condicionis omane, testamentu | feci'. inter cetera 'civibus Prae. omnibus dari bolo ex | massa Prae. kasam cui vocabulum est Fulgerita | regione Camp. terr. Prae., ita ut ad memorim || meam per singulos annos sine dubio colant | spiritum meum, ita tam. ut conlocent statua nomin. |

---

9 *Oenopionem* 9 f zweimal statt *signo*. dieselben namen CIL VI 31759; ebda *Antonii Mariani* (z. 12). zur sache s. nro 508 11 *hon(estissimos)* 12 *principe(s)* **1555** CIL XIV 2165 De 1283 (Aricia) 1 cons. d. j. 438, vgl. PW VI 2092, 13 5 *comiti* 7 f vor d. j. 438, nach 425 (s. PW a. o.) 9 *iudiciis* vgl. d. anm. von De 10 f i. j. 437—442 15 *foret* 19 f *intolerabilibus* **1556** CIL XIV 2934 De 8375 (Praeneste) a 3 *universos* 10 f *requirimus*, *requisivimus* 13 = *bis* 14 erg. *sumus ex(em)pl(um) tes(ta)m(enti)* 16 *humanae* 19 *memoriam*

mei in foro et hoc ipsu expl. tèstam. ascribant ibi et non | habt. potest. dextraendi; ut si quado alienari boluerint, | fiscus possideat' *zur seite b* defuntus XVI kal. Dec. | dn. Arcadio Aug. et Bautoni | v. c. conss. | d(e)d(icatum) die IV nonas Mar. || coss. s(upra) s(criptis)

1557 Helpidi homo felix, | deus te servet. | Flaviis Leontio et Bonoso conss., | VI idus Apriles. || cum cibes frequentes coloniae Paestano|rum coegissent, berba fecerunt: | non aliunde aestimamus statum cibitatis | altiorem cultioremque reddi, nisi indus|trium virorum patrocinio fulciantur || optimi cibes. igitur Helpidio honestis|simo viro pro dignitate sua patronatum | offeramus. credimus, quod in omnibus nos | patriamque nostram fobere dignetur. | Helpidio. || placet. placet Helpidio honestissimo | viro, cuius tanta aequitas tranquilli|tas dignitas iustitia innocentia huma|nitas ex origine propa[g]ata monstra|tur, cuiusque proles sanctissimi et eius || veneravilis flos decusque est, tabulam | patronatus sic, uti parentibus eius op|tulimus, offeramus. quem si accipe|re fuerit dignatus, speramus quod | pro honestate nominis sui in omnibus || nos aequo sinceraeque animo aspi|cere ac fobere dignetur

1558 pro beatitudine temporum | felicitatemque publici status imp. | ddd. nnn. Theodosi Arcadi et Honori | perennium Augustorum, || ripam macelli dextra lebaque | ad gratiam splendoremque | civitatis Puteolanae instructum | dedicavit Fabius Pasiphilus v. c. | agis vicem praefectorum praetorio || et urbi

1559 *a* industriae ac sapientiae praeclaro | M. Sentio Redempto v(iro) l(audabili) primario civitatis | nostrae, omnibus honoribus et honeribus cu|riae suae perfuncto, ex origine patronatus || venientem, que populum suum pro sua be|nivolentia ab indictione auri argentiq. pop[u]|lum suum liberum reddidit. termas extivas | in sordentibus ac ruina conlabsas ex prop[rio] | ad summam manum revocavit. cuius tantis || be[ne]ficiis circa nos comulatis ad perpetuam fa|mam statuam eidem erigendam universus | populus Interamnatium censuerunt *daneben b* d(edicata) prid. non. Iulias | Basso et Filippo vvcc. cons.

---

23 *distrahendi* b 2 f i. j. 385 **1557** CIL X 477 De 6114 (Paestum, erztafel) 3 i. j. 344 9 f *inlustrium* 19 verb. *civisque* 25 man erw. *animo sincereque* **1558** CIL X 1692 De 792 (Puteoli) 3 f zw. 6. Sept. 394 und 17. Jan. 395 s. De anm. 5 *laevaque* 7 *instructam* 9 *agens* **1559** CIL X 5349 (Interamna Lirenas) 5 *veniente qui* 6 Mommsen erkl.: *chrysargyrum* oder *lustralis collatio* 6 f tilge *populum suum* 7 *aestivas.* vgl. *extibal(ia)* Ephem. epigr. VIII 721 (Sardin., i. j. 582) 8 erkl. *in sordentes ruinas* 9 Mo vgl. CIL III 3653. 5670a *b* i. j. 408

1560 dd. nn. Valentiniano et Valente senper Augg. | Lol(lius ?) Cyrius princ(ipalis) cur(iae) et eritor duodena de propio suo | vetustatem conlapsum at statum pristinum red[u]c(sit) | amphiteatrum, cum portis, posticiis et omnem fabric[am] || arene. nepus Lol. Cyri princ. cur. et ante eretoris, filius Lol. | Claudi princ. et patroni curiae, pronepos Messi Gorgotis | princ. filiciter

1561 florente imperio ddd. Aaaggg. q. nnn. Grattiani, | Valentiniani et Theodosi principum maximorum, | thermarum speciem ruinae deformitatem sordentem | et periculosis ponderibus inminentem, quae labantem || populum metu sollicitudinis deterrebat, exclusa totius | scarie vetustatis ad firmam stabilitate usumq. tectorum | Anicius Auchenius Bassus v. c., pro consule Campaniae | vice sacra iudicans, r[e]paravi in meliorem civitatis effigiem

1562 [. . . homo] | felix. | post conss. dd. nn. Arcadi III et Onori II | Augg. ς ka. Apríl. Genusiae. | referentibus Val. Fortunato et Aur. || Silvano q(uin)q(uennalibus) verva fa[c]ta sunt de cooptan|do patrono Fl. Sucesso hornato et ex|plendido viro, quod t[ant]a fa|miliaritate et [indu]stri|a sua singulos u[ni]bersos||que tueatur et fobeat. pla|cet igitur huic tabula[m] | aere incisum per viros [p]ri[n]cipales | offerri et aput [P]enates domus | huius dedicari. censuerunt

1562a impp. Licinio Valeriano | Aug. IIII Licinio Gallieno Aug. III | cos. idibus Martis | quod coeptum studi iuvenum || cultorum dei Herculis maiores | retulerunt patronum cooptandum (*nämlich* Rutilium Viatorem): | plus speramus beneficia uberiora | pos se consequituros, cuius in praete|rito summa dignationem sensimus, et ide||o cooptamus Rutilium Viatorem pa|tronum cum iís, qui infra s(cripti) s(unt) Nonium Gra|tilianum c. v. et Egnatium Sattianum c. v. | (et) plerosque splendidos equites Romanos | et concuriales eiusdem Viatoris, qui nos || dignatione sua et merita provocave|runt. offerre per Numerium Numeria|num Attic. et maiores eorum

---

1560 CIL X 6565 De 5632 (Velitrae) 1 zw. 364—375 2 *erogator munerum duodecim*? Mo 2 f *proprio . . . vetustate* 4 = *posterulis* Mo 5 *erogatoris*? **1561** CIL X 6656 De 5702 (Antium) 1 *(trium) dominorum Augustorumque nostrorum* 3 *deformitate* 4 *lavantem* 6 *carie*, nach *scabies* **1562** CIL IX 259 (Genosa, erztafel) 2 i. j. 395 5 *faota* d. erz 11 *tabula a* d. erz 12. 13 *friacipales*, *oenates* d. erz 12 verb. *incisam* **1562a** CIL IX 1681 (Benevent, erztafel) 1 ff i. j. 257 8 man erw. *post nos* 13 *plerosque* gleichsam *et pleros* 15 *meritis* oder *per d. s. et m.* 16 erg. *placuit decretum iis* 17 man erw. *nostros*

1563 imp. Gallieno Aug. IIII et Volusiano cos. | XV kal. Septembres | Sentini in triclini(o) domus c(ollegii) c(entonariorum), numerum habenti|bus sequella eiusdem colleg., ibi referentibus Casidio || Severo patre n(umeri) n(ostri) et Heldio Peregrino parente: cum sit | oportunum crebris beneficiis et adfectionem amoris | [erg]a n. n. exibentibus adsistere et munificentia | [eo]rum sicut oportunitas testimonium perhiberet, | [re]munerare, igitur si cunctis videtur Coretium Fuscum, || [sp]lendidum decurione patriae n(ostrae) sed et patronum trium | coll. principalium et Vesia Martinam coniugem eius | patronam, sed et Coretiu Sa[b]inum filium eorum iam prid[e]m | patronos per duplomum a numero n. cooptatos, nunc tabulam | aeream patronatus eis offerri, ut merito honore pro meri||tis innotescat, q(uod) f(ieri) p(lacet), d(ea) e(a) r(e) i(ta) c(uncti) c(ensuerunt): quod in praeteritum Coreti Fusci patroni Vpsiaesiae Martine | patrone et Coreti Sabini fili eorum erga amore beneficia praes|tita susceperimus, nunc etiam in futurum non dissimilia, quae | nunc sentimus, perpetuo ex domum eorum processura pari adfec|tionem speramus atque ideo consentiri relationi b. b. v. v. Casidi || Severi patris n. n. et Heldi Peregrini parentis et ad remunerandam | eorum benevolentia, quo lautius adque pulchrius digne honorem | sibi oblatum suscipere dignentur, decretum et in tabula aerea | perscriptum eis, qua et a nobis profectum est legatosque | fieri placuit, qui hanc tabulam digne prosequi || Satrius Achilles, Satrius Clemens, | Voesidenus Marcellinus, Vassidenus Verinus, | Casidius Severus, Aeldius Primus, Heldius Peregrinus, | Brittius Maximus, Aelius Honoratus, Appolulus Hilarianus, Aetrius | Terminalis, Gavius Felicissimus, Satrius Ianuarius, Casidius Romu||lus, Aetrius Verna, Satrius Ursus

1564 votivitate et tota mente d|evota genium curiae dedi-|catum in istatuam in | curia Aug(usta) positum perpe||tue lucis posuit adme|nestrationis suae Ve|senus Frontinianus | curator r(ei) p(ublicae) huiusce pat|riae. posita sub diae XIII k. || Octobris post consulatu | d. n. Gratiani Augusti III et Eq|uitio c. consulibus

1565 e(xemplum) s(acri) r(escripti). |
imp. Caes. Fl. Constantinus | max. Germ. Sarm. Got. victor |

1563 CIL XI 5749 De 7221 (Sentinum) 1 f i. j. 261 10 f nämlich der *fabri*, *centonarii* und *dendrophori* 13 *diploma* 15 verb. *Vesiae* 18 d. i. *bonorum virorum* 23 man erw. *prosequantur* 27 statt *Appoleius*? **1564** CIL XI 5996 (Sestinum) 10 ff i. j. 375 12 tilge *c* **1565** CIL XI 5265 De 705 (Hispellum in Umbrien) 2 ff i. j. 333/7 triump. Aug. et Fl. Constantinus || et Fl. Iul. Constantius et Fl. | Constans. | omnia quidem, quae humani gene|ris societate tuentur, pervigilium cu|rae cogitatione complectimur. sed pro||visionum nostrarum opus maximus | est, ut universae urbes, quas in luminibus provin|ciarum hac regionum omnium species et forma dis|tinguitur, non modo dignitate pristinam teneant, | sed etiam ad meliorem statum beneficentiae nos||trae munere probeantur. cum igitur ita vos Tusci|ae adsereretis esse coniunctos, ut instituto | consuetudinis priscae per singulos annorum vi|ces a vobis [a]dque praedictis sacerdotes creentur, | qui aput Vulsinios Tusciae civitate ludos || schenicos et gladiatorum munus exhibeant, | sed propter ardua montium et difficultates iti|nerum saltuosa inpendio posceretis, ut indulto | remedio sacerdoti vestro ob editiones cele|brandas Vulsinios pergere necesse non esset, || scilicet ut civitati, cui nunc Hispellum nomen | est quamque Flaminiae viae confinem adque con|tinuam esse memoratis, de nostro cognomine | nomen daremus, in qua templum Flaviae gentis | opere magnifico nimirum pro amplitudinem || nuncupationis exsurgere, ibidemque his | sacerdos, quem anniversaria vice Umbria de-|disset, spectaculum tam scenicorum ludorum | quam gladiatorii muneris exhibere, manente | per Tuscia ea consuetudine, ut indidem cre||atus sacerdos aput Vulsinios ut solebat | editionum antedictarum spectacula fre|quentare: precationi hac desiderio vestro | facilis accessit noster adsensus. nam civi-|tati Hispello aeternum vocabulum nomenq. || venerandum de nostra nuncupatione conces|simus, scilicet ut in posterum praedicta urbs | Flavia Constans vocetur; in cuius gremio | aedem quoque Flaviae, hoc est nostrae gen|tis, ut desideratis, magnifico opere perfici || volumus, ea observatione perscripta, ne ae|dis nostro nomini dedicata cuiusquam con|tagiose superstitionis fraudibus polluatur; | consequenter etiam editionum in prae|dicta civitate exhibendorum vobis || licentiam dedimus; scilicet ut, sicuti | dictum est, per vices temporis sollem|nitas editionum Vulsinios quoque non de|serat, ubi creati[s] e Tuscia sacerdotibus memo|rata celebritas exhibenda est. ita quippe nec || veteribus institutis plurimum videbitur | derogatum, et vos, qui ob praedictas causas | nobis supplices extitistis, ea quae inpen|dio postulastis, impetrata esse gaude|bitis

---

8 f man erw. *curarum* 12 f statt *distinguit* 15 *provehantur* 21 f entweder *difficultates itinerum* oder *itinerum saltuosa* 30 *exsurgeret is* 33 *exhiberet* 35 f *frequentaret*

1566 Magnílianorum. | Q. Vetulenius Urbanus Herennianus | fl. pp., cur. r. p., apodyterium novum | in dextera cellis exeuntibus || a solo constructum et scalas [n]ova[s], | cetera restaurata adq. statuis | marmoribus tabulis pictis | columnis [al]v[ib]us cellarum | cathedrebus ornata, sumptu proprio || cum Magniliano filio suo | florentissimo adq. prudentissimo | adulescenti voto omnium [ci]viu[m] | perfecit adq. dedicavit et univer|se plevi epulum per tridum dedit nec || non et ludos scenicos exibuit

1567 *a* curia Iovis: acta | V k. Decembres, | Materno et [A]ttico cos., | natale civi[t]atis. quot || bonum faus[t]um felicem: | placuit inter eis et conve|nit secundum [d]ecretum | publicum [o]b[s]ervare: | si quis flam[en e]sse volue[rit] || d(are) d(ebebit) vini amp(horas) III, p[raeterea] | pane et sale et ci[baria]; | si quis magister [. . . d. d.] | vini amp. II, [si quis quaestor | d.] d. X II [. . .] *zur rechten b* si quis flamini male dixerit | aut manus iniecerit, d. d. X I[II]; | si magister questori imp[e]|raverit et non fecerit, d. d. || vini amp.; si in concilium | presens non venerit, d. d. c(ongium?); | si questor alicui non n[u]|ntiaverit, d. d. X I; si a[liquis] | de ordine decess[erit et alicui non nuntiaverit (*scil.* quaestor), d. d. . . .] *zur linken c* si qis at vinu inferend. ierit | et abalienaverit, d. d. duplu.; | si quis silentio questoris | aliquit donaverit et ne[g||ave]rit, d. d. duplum; | [s]i quis de propinquis deces|serit at miliarium VI et cui | nuntiatur non ierit, d. d. X II; | si quis pro patre et || matre pro socrum [pr]|o socra[m, d.] d. X V, i[t]em qu[i] | propin[q]us decesserit, | d. d. X IIII; questor [. . .] | maioribus at fe[. . .] || [. . . P]ompeius tu [. . .] | [. . .] id [. . .]

1566 CIL VIII 828 De 5713 (in der prov. proconsularis) **1567** CIL VIII 14683 De 6824 (Simitthu) a 3 i. j. 185 5 *felicem* neutr. vgl. nro 999 f c 3 f sinn: wer den quaestor durch schweigegeld bestochen hat und dies ableugnet

Die verschiedenen indices buchen wenigstens grundsätzlich nur die vulgarismen, deren auffindung sich nicht aus der anlage der sammlung selbst ergibt. die beschaffenheit der inschriften bringt es mit sich, daß nur in seltenen fällen e i n vulgarismus die aufnahme unter eine bestimmte rubrik forderte, während meist eine besonders prägnante lautschiebung oder syntaktische abweichung für die rubrizierung ausschlaggebend sein mußte, vielfach also eine nur relative bewertung. eine übersicht zu bieten über die wichtigsten sprachlichen erscheinungen sämtlicher texte zur vervollständigung und bereicherung des in den einzelnen kapiteln gebotenen materials ist der zweck der nachstehenden indices.

I NAMENVERZEICHNIS

II WORTVERZEICHNIS

conversans = conversas = conversaris 859
cusit = coxit 1193
cornuo *(abl.)* 1413
quibiclo = cubiculo 465
colitorum = cultorum 1554
co = cum 288 f. *u. ö.*
cecurri 1413
qustor 477

dehe = deae 396
deasciare 1382
defenicionis 565
detes = dentes 851
depost 1549
descidisse = decendisse 1204
daeo = deo 484 devo 455 dibus 99. 852. 915 des 228
diens = dies 748 des 196 ies 540 in ie 539 dibus = diebus 1019. 1107 f 1146 ibus 538 zebus 543 f de(bus) 527 z(etam) 546
duplomum = diploma [1563
discossor 276
dextraendi = distrahendi 1556
dolio 711. 1168 f *u. ö.* doleri 1166. 1220
dolose = dolenter 1522
dolus = dolor 1520. 1521
domnus 28. 195 *u. ö.* domae = dominae 1076 domnicus 686
dubitor *(dep.)* 1211
dilcissima 294
dunc = dum 1521 tunc = dunc = donec 1394
duobus *(fem.)* 1152 duovus 406 dobus 315

edidit = ēdit 1189
eregrio 596
elexit 1554
ecus 1413
eritor (eretor) duodena = erogator munerum duodecim 1560
eruperit = ruperit 19
het = et 255
excidat = excedat 19
exigere = degere 493
experet = expedit (-diet) 558
experisci 1129. 1458

facivt 1191 fecuit 1192 fegit 982 feit = fecit 495
fatus 631. 1031. 1407
femus 851
figel(us) = figulus 292
filus, -a = filius, -a 29. 337. 516. 921. 1439 *u. ö.* fius 1186 filibus 1196. 1261 felia 227. 997
faras = foras 237
fotsa 821
fotr(icem) 855
frate = frater 592
frunte 246 frute 852
fruitus 1086. 1375 fruvita frunitus 282 [1374
fustis = fuistis 1194
funxit 1218

generes = generi 1059
genoris (*von* genu) 1106

aveo = habeo 154 abis = habes 337 abias 860
avetat = habitat 154
heris = haeres 373
statu posteriore = hastati posterioris 86
haustrum 595
aeres = heres 114 *u. ö.*
hui = huic 492 f 1101. 1439 huhic 399. 1129 henc 1203 ho 494
hinc = hic *(adv.)* 753 hi 491
elares = hilares 162
oze = hodie 545
ospitio 280
omo 350
ortus 349 *u. ö.*
hoste = expeditione 257 ostes = hostis 384
omane *st.* humanae (*nach* omo) 1556

iacio = iaceo 1128. 1164. 1395
iendem = eundem 1129
iocur 852
ilae (= ilia ?) 851
ilic = ille 373
hilic = illic 373
impraeco 1216 *vgl.* 493
inbenignus 662
inconpabilis *(u. ä.)* 252. 549. 1098. 1199
inferevit 1181
iuria = iniuria 1504
industris = inlustris 578. 1557
inodiari 662
inquitare 1168
insignia *subst.* 145
insimul 1550
isula 703
intaminata 640
interdianas 850
interbelare 411
itestinas 852
intorabilibus 1555
invito = invicto 16
ipsaius 155
his = is 1565 ium 1129 iorum 443 evos = eos iubis 785 [454

lexerit 1203
lebiens, levens = libens 1172 libiens 1464 lebηs 270
liciat 1201
lugunt 1166

mado = mando 853
manere = *wohnen* 850
dis madib. = dis manib. 673
mano = manu 1094
maesolaeo 1553 mesoleum 505 mesoleus 1016 menseleu 40 moesoleum 41 misolio
megum 457 [42
en emmimoriam 155 mimoran 89
memorata = μεμνημένη 1388
menten habae = memento 119
mese = mensae 673

III SPRACHLICHES

A) zur lautlehre und orthographie: **1.** der vokale:

ā vortonig zu *e*: 601. 1532 zu *o*: 584 fällt bet.: 840

ă betont zu *o*: 105 fällt nacht.: 1556

ae zu *e*: 2. 11. 17. 18. 38. 43. 46. 53. 54. 57. 59. 64. 91. 98. 101. 111. 116. 118f 136. 141. 143 u. s. oft, insb. im gen. u. dat.

au zu *a*: 33. 1382

ĕ zu *ee*: bet.: 1329 zu *ae*: vort.: 19. 110. 208. 340. 399. 407. 472. 485. 500. 536. 610. 646. 748. 807. 920. 951. 957f 989. 1004. 1019. 1041. 1056 1075. 1094. 1116. 1137. 1145. 1208. 1211. 1214. 1280. 1383. 1405. 1412. 1460 bet.: 110. 133f 153. 209. 407. 425. 470. 484. 602. 610. 797. 904. 920. 964. 1137. 1453. 1477. 1499. 1556 nacht.: 110. 119. 121. 148. 265. 344. 358. 425. 509. 527. 1004. 1075. 1195. 1209. 1216. 1227. 1304. 1314. 1361f 1375. 1414. 1431. 1460. 1545. 1556 zu *i*: vort.: 13. 16. 43. 130. 348. 443. 525. 829. 899. 1043. 1225. 1330. 1559. bet.: 101. 192. 221. 564. 582. 859. 1187. 1301. 1310. 1364 nacht.: 84. 154. 237. 429. 454. 472. 635. 662. 711. 761. 785. 860. 1040. 1195. 1201. 1205. 1210. 1276. 1412a. 1443. 1493. 1521 zu *ŏ*: bet.: 401. 856 zu *ŭ*: vort.: 95. 264 zu *ei*: 86 (*eiqus*) fällt aus: vort.: 110. 194. 754. 1183. 1291. 1451. 1508 bet.: 101. 688. 822. 1154. 1303 nacht.: 86. 224. 1154 eingeschoben: 1431. s. *Aestercoria*, *explendidus*

ē zu *ee*: 1430 zu *ae*: vort.: 430. 892. 1312. 1540 bet.: 37. 39. 347. 647. 680. 891. 957. 1067. 1154. 1379. 1540. 1557 nacht.: 251. 610. 919. 1022. 1146. 1243. 1262. 1564 zu *i*: vort.: 64. 84. 205. 318. 323. 802. 852. 1400. 1514. 1555. 1560 bet.: 19. 42. 86. 154. 538. 559. 766. 962. 1291 nacht.: 337. 373. 1186f. 1307. 1314. 1558 fällt aus: vort.: 248. 454. 1079. 1168. 1553 bet.: 105. 808. 992. 1112. 1352 nacht.: 1435

ei zu η: 318

eu zu *ey*: 942 zu *aev*: 1011

ĭ zu *ii*: 122. 1392 zu *ĕ*: vort.: 85. 87. 133. 454. 1323. 1376. 1381. 1521. 1556. 1564 bet.: 36. 92. 182 (718. 1492) 188 (407. 819. 1361) 270. 383. 455. 636. 1034. 1129. 1268. 1392 nacht.: 30. 63. 188. 226. 249. 262. 270. 278. 314. 373. 381. 384. 411. 418. 455. 505. 645. 686. 851f 922. 1032. 1051. 1055. 1064. 1076. 1164. 1201. 1209. 1307. 1394. 1396. 1402. 1439. 1493. 1525. 1537 zu *ŭ*: vort.: 1154. 1438 bet.: 1467 zu *y*: vort.: 1529 bet.: 610. 642. 689. 890. 1087. 1211. 1237. 1375. 1504 zu *g* nach *n* und intervok. s. u. *coniuga* ind. II fällt aus: vort.: vor *ē*: in *quiesco*, *Quietus* u. a.: 98. 122. 189. 476. 509. 630. 675. 820. 985. 1030. 1305. 1358. 1461. 1517. vor der endung *-ensis*: 689. 694. 759. 819. 1324 ausserdem: 527. 1362 vor *ō*: 1258. 1298 vor *ŭ*: 619 zw. *l* und *c*: 255 bet.: 164. 196. 720. 1182. 1194. 1267. 1435 nacht.: 9. 28f. 73. 75. 88f 100. 105. 284 (427. 1183) 298. 337. 373. 494. 516. 529. 561. 816. 837. 882. 921. 951. 1088. 1298. 1439 vorschlag vor *s* imp.: 46. 372. 561. 988. 1064. 1480. 1564 eingeschoben: 45. 116. 909. 1009. 1451 ī zu ii: 233. 438. 1204. 1243. 1382 zu ĕ: vort.: 424. 455. 565. 1036. 1262 bet.: 227. 228. 862. 997. 1559 (*que* = *qui*) nacht.: 73. 143. 154. 163. 361. 1206 fällt aus: vort.: 190 bet.: 99. 858. 1383 nacht.: 832

ŏ zu *u*: vort.: 141. 252. 1206 bet.: 19 (*qut*) und s. *frunte* nacht.: 117. 154. 377. 852. 1407 (vgl. 154) zu *i*: bet.: 1319 (*stilibatam*) fällt aus: nacht.: 1034

ō zu *u*: vort.: 43. 1079. 1225 bet.: 84 nacht.: 155. 281. 288. 342. 430. 540. 558. 860. 1088. 1135. 1504. 1544. 1556. 1560 zu *-um*: nacht.: 1277. 1439. 1532. 1554 fällt aus: bet.: 920

oe zu *e*: 682. 1465. 1475 zu *oy*: 1417

ōu (ōv) zu ū: 1129

ŭ zu *ou*: vort.: 291 (griech.) nacht.: 882 zu *o*: vort.: 391. 933 a. 1197. 1394. 1559 bet.: *con* häufig und: 682. 1066. 1135. 1509 nacht.: 89. 154. 159. 348. 856. 1394 zu *i*: vort.: 1206. 1227 nacht.: 455 zu *e*: vort.: 777 fällt aus: unbet.: zw. *c* und *l*: 301. 465. 582. 661. 851. 1125. 1305 zw. *g* und *l*: 470. 798 zw. *b* und *l*: 1251 zw. *p* und *l*: 851 vor *a*: 1532 vor ŏ s. *quattor* u. ä. vor ō: 111. 488. 557 nach *i* (*j*): 537. 977. 1324 1435 *fecern* eingeschoben zw. *p* und *l*: 1554

um zu *o* im auslaut: 86. 226. 280 ff. 540. 561. 604. 850. 1054. 1088. 1128. 1205. 1209. 1228. 1315. 1535. 1555

uu zu *u*: 334. 845. 1201. 1262. 1270. 1303. 1478. 1566

ū zu *o*: vort.: 1137. 1556 bet.: 1079. 1554 zu *y*: vort.: 819

y zu *yi*: 1258 zu *u*: 58. 69. 74. 153. 172. 192. 214. 285. 326. 329. 359 f 394. 401. 459. 497. 663. 702. 706. 882. 884. 933 a. 952. 969. 1162. 1258. 1362. 1389. 1395. 1461. 1474. 1553 f zu *i*: 19. 81. 150. 182. 220. 332. 358. 395. 620. 681. 852. 859. 886. 890 f 897. 911. 943. 1087. 1319

2. der aspirata:

metathesis aspirationis: *chors*: 98. 294. 1165. 1191. 1346 u. ö. ausserdem 129. 322. 456. 465. 642. 732. 859. 944. 980. 1208. 1441. 1451

h fällt im anlaut: 7. 30. 83. 107. 114. 116. 124. 134. 154. 162. 164. 176. 181. 194. 196. 230. 242. 248. 270. 280. 294. 301. 313. 325. 337. 340 ff 343 f 348. 373. 384. 397. 401. 407. 413. 418. 424. 426. 430. 456. 474. 481. 508. 513 f 536. 571. 584. 606. 611. 630. 635. 647. 661 f 667. 706. 708. 744. 745. 781. 785. 791. 803. 811. 819 u. s. oft zw. 2 vok.: *cortis* u. ä.: 86. 141. 195. 1088. 1268. 1465 u. ö. ferner: 1556. 1565

ch zu *c*: 3. 11. 106. 113. 150. 165. 169. 172. 214. 241. 261. 299. 320. 394 f 425. 484. 487. 497. 688. 796. 806. 850 ff 882. 886. 943. 952 969. 973. 1036. 1110. 1112. 1319. 1329. 1394. 1548

ch zu *g*: 459

th zu *t*: 17. 48. 49. 77. 92. 116. 132. 141. 144. 167. 203. 257. 464. 503. 532. 534. 630. 648. 679. 795. 806. 814. 850. 893. 1029. 1054. 1122. 1142. 1157. 1162. 1194. 1197. 1237. 1239. 1247. 1268. 1392. 1394. 1439. 1508. 1510. 1512. 1514. 1559. 1560

ph zu *p*: 1. 308. 319. 554. 607. 620. 663. 803. 891. 1157. 1258

xh zu *x*: 1375. 1566 u. ö.

h im anlaut statt psilose: 54. 98. 107. 255. 407. 636. 643. 662. 745. 802. 1011. 1394. 1559. 1562. 1565.

c zu *ch*: 204. 775. 1272. 1555. 1565

c zu *cch*: 631

t zu *th*: 10. 795. 902. 1131

p zu *ph*: 131. 192

3. der consonanten:

a) der labialen:

b zu *v*: 6. 51. 60(?) 63. 86. 154. 221. 239. 245. 249. 404. 419. 486. 498. 507. 551. 646. 835. 850.

920. 936. 1056. 1064. 1079. 1241 f 1272. 1373. 1396. 1493. 1502. 1510. 1562. 1566 zu *p*: 55. 403. 1336. 1375. 1537 u. ö. zu *m*: s. *comurat*, *o(m)meritis*, *ommutuerun*, *sumiacente* fällt aus: zw. *m* und *r*: 244. 852

p zu *pp*: 588. 1211. 1295. 1405. 1522. 1525 zu *b*: im anlaut: 1188 im wortinnern: 258. 586. 662. 974. 1002 zu *c*: 419 fällt aus: im anlaut vor *t*: 1131 zw. *m* und *s*: 63 zw. *m* und *t*: 17. 480. 1100. 1258 zw. *l* und *t*: 792 vor *t*: 19

ph zu *f*: 1429. 1467. 1498. 1516 u. o.

pp zu *p*: 185. 664. 859. 1491

pph zu *ff*: 421

p zu *ph*, *ph* zu *p* s. u. *h*

v zu *vv*: 1556 zu *b*: 20. 25. 28. 46. 96. 118. 122. 141. 144. 146. 149. 166. 170. 182. 183. 184. 208. 212. 214. 221. 227. 229. 255. 270. 281. 312. 341. 351. 378. 391. 401. 403. 407. 412. 415. 419. 421. 442. 454. 459. 470. 480. 498. 522. 526. 527. 539. 543. 576. 579. 594. 600. 603. 617. 628. u. sehr o. zu *f*: 457. 562 fällt aus; vor *u*: s. *aunculus* u. a. *-avu* zu *-au*: 530. 1037. 1368 *-avo* zu *-ao*: 1084. 1208 *vius*, *-a*: 105. 253. 443. 518. 844. 1287. 1408. *-īvus* zu *-īus*: 119. 297. 785. 1140. 1147. *-iva* zu *-ia*: 920 *-avi* zu *-ai*: 1021 vgl. *paimentarius*, *pementu* u. ä. *-ove* zu *-oe*: 1553 *-uvi* zu *-ui*: 133 *serus* = *servus* 911 eingeschoben: nach *u*: 469. 485. 505. 1110

b) des labiodentalen *f*:

f zu *ff*: 60. 139. 1414

ff zu *f*: 760. 785. 1211. 1247. 1341

c) der dentalen:

d zu *t*: im auslaut: 46. 54. 119. 154. 373. (428. 1016. 119) 494. 782. 920. 1060. 1106. 1205 f 1211. 1216. 1272. 1286. 1342. 1350. 1359 f 1388. 1397. 1407. 1469. 1472. 1487. 1494. 1502. 1504. 1507. 1553. 1567 *dj* zu *z*: 541 ff zu *i(j)*: 481. 537 zu *n* nach *n*: 532

dd zu *d*: 373. 1176

t zu *tt*: 1372. 1561 zu *d* intervok.: 882 im auslaut: 19. 40. 176. 411. 559. 610. 701. 1197. 1275 zu *c*: vor *l*: 561 nach *p*: 562 vor *i* (lautwert *z*): 565 fällt aus: im inlaut: zw. *s* und *r*: 92. 103. 841 nach *ps*: 573 nach *p*: 760 nach *c*: 701 nach *n*: 1188 im auslaut: nach *n*: 3. pl. perf.: 155. 248. 297. 494. 856. 1043. 1059. 1137. 1180. 1435 ausserdem 3. pl. praes.: 856. 1137. 1274. 1517 vgl. auch *egerum* 27 *curarum* 1485 u. verw. nach *s*: 44. 337. 373. 635. 792. 816 ferner: *pos*: 70. 430. 636. 1094. 1361. 1394. 1462 eingeschoben: zw. *nn*: 576 zw. *nc*: 1555 *obitorunt* 575

t zu *th*, *th* zu *t*: s. u. *h*

tt zu *t*: 251. 522. 859

d) der gutturalen:

c zu *cc*: 610 zu *k*: 784 zu *qu* (*q*): 189. 194. 260. 377. 635. 820. 825. 1142. 1201. 1243. 1249. 1279. 1361. 1395. 1467. 1478. 1494 zu *g*: 143. 456. 729. 982. 1241. 1477 zu *t*: 480 vgl. *Artlaus* und *sartofagus* fällt aus: nach vok. vor *t*: 16. 185. 1112 zw. *n* und *t*: 237. 376. 424. 483 ff 807. 815. 936. 992. 1015. 1064. 1339. 1556

cy zu *qui*: 261. 453. 467. 597. 975

cc zu *c*: 230. 373. 384. 539. 640. 663. 851 f 861. 1288

c zu *ch*, *ch* zu *c* s. u. *h*

g zu *c*: 16. 17. 75. 84. 133. 149. 220. 234. 322. 324. 373. 475. 477. 544. 561. 564. 673. 691. 830. 851 f 885. 888. 982. 1029. 1106. 1126. 1137. 1195. 1202. 1267. 1302. 1345. 1366. 1373

qu zu *q*: 105. 184. 370. 508 ff 594. 711. 837. 890. 1145. 1150. 1362. 1567 zu *cu*: 377. 711. 1128. 1437. 1496. 1553 zu *c*: 15. 189. 228. 287. 494. 579. 751. 820. 1137. 1283. 1413. 1553

e) der liquiden *l* und *r*:

l zu *ll*: 455. 490. 631. 1095. 1168. 1207 umgestellt: 1064 vgl. *bibyliotece* vertauscht mit *r*: 861 zu *d*: 1557 zu *i*: 1154(?) fällt aus: 581 ff

li zu *ll*: 606. 1414

ll zu *l*: 2. 32. 44. 57. 63. 75. 87. 99. 129. 140. 160. 195. 251. 253. 373. 387. 411. 594. 599. 606 u. sehr oft

r zu *rr*: 248. 472 umgestellt: 173. 850. 852 vertauscht mit *l*: 861 fällt aus: vor *s*: 522. 588 ff. 819 *propius* im auslaut: 592. 993. 1209 eingeschoben: 594 ff. 662. 1400

rr zu *r*: 144. 192. 521. 732. 1150. 1474. 1497

f) der nasalen:

m zu *mm*: 1129. 1397 zu *n*: im anlaut: 406 im inlaut: vor *n*: 1135 (751 *Solleni*) vor *b*: 707 im auslaut: vor *n*: 707. 1498 vor *t*: 1183. 1427 vor *c*, *q*: 74. 252. 297. 525. 600. 751. 785. 957. 1003. 1097. 1243. 1375 vor *v*: 21. 1243 vor *l*: 270 vor *f*: 777. 1219 vor *p*: 89 vor *b*: 600. 1242 vor *m*: 249 vor vok., *h*, satzschluß: 424. 888. 1217. 1303. 1553

m fällt aus: im inlaut (s. 622 ff): vor *p*: 372. 717. 726. 776. 884. 1532. 1553 vor *d*: 1202 im auslaut: nach *a*: 18. 27. 55. 58. 71. 162. 168. 176. 180. 192. 194. 232. 261. 279. 291. 325. 337. 385. 388. 411. 439. 475. 503. 508. 512. 555. 561. 613 f usw. nach *ĕ*: 54. 148. 168. 181. 235. 337. 509. 546. 598. 630. 687. 707. 915. 936. 1018 usw. *ae(m)*: 54 nach *i*: 662 nach *u*: 1. 32(?). 37. 40. 43. 44. 46. 54. 88. 92. 97 f 136. 144. 147. 182. 216. 229. 235. 251. 261. 301. 305. 344. 411. 424. 429. 431. 441. 444. 448. 470. 503. 508. 521. 528. 536. 540. 561. 579. 582. 622. 630. 635 usw. *-um* zu *o* s. unter *ŭ*

m zugefügt: im inlaut: 9 im auslaut: *am* statt *a*: 19 (bis) 242. 1079. 1104. 1234 *em* statt *e*: 1054. 1207. 1211. 1375. 1480. 1556. 1559 ff 1563 *um* statt *ō* s. unter *ō*

mm zu *m*: 181. 261. 499. 688. 732. 775. 852. 1132. 1281. 1494

n zu *m*: im inlaut: nach *m*: 1078 vor *f*: 494. 1199. 1313 vor *d*: 47. 408 vor *t*: 883 vor *q*: 1006 vor *n*: 1379 intervokal.: 412 im auslaut: 27. 802. 805. 1051. 1202. 1275. 1485 zu *d* vor *d*: 1279 zu *t* vor *t*: 686 vor *n*: 527 fällt aus vor *s*: 6. 7. 52. 53. 54. 75. 116 ff 133. 143. 146. 151. 181 f 195. 216. 236. 249 f 261. 271. 310. 417. 420. 430. 477. 565. 598. 644. 649. 656. 673. 677. 689 ff 707. 747. 818 f. 837. 891. 915. 999. 1021 f 1026 f 1070. 1073 usw. vor *f*: 439. 493. 852. 1153 vor *d*: 87. 261. 802. 819. 852 f 859. 1040. 1064. 1553. 1556 vor *t*: 184. 186. 282. 288. 325. 400. 426. 635. 670. 688. 711. 851 f 858. 882. 950. 985. 1143. 1527 vor *c*: 45. 224. 261. 351. 571. 613. 628. 787. 852. 1437 vor *g*: 512. 994. 1458. 1547 vor *q*: 154. 1155. 1375 im auslaut: 182. 373 s. *no* eingeschoben: vor *s*: 40. 281. 540. 662. 850. 1039. 1106. 1545 vor *gn*: 759 vor *c*: 861 vor *p*: 1138 vor *t*: 989. 1397 vor *m*: 575

nn zu *n*: 4. 8. 21. 40. 52. 64. 88 f 95. 114. 127. 137. 149. 155. 183. 185. 571. 809. 994. 1113 f 1117. 1119. 1132. 1141. 1145 f u. sehr oft

g) des sibilanten *s*[1]:

ps zu *sp*: s. *Spyche*

s zu *ss*: 12. 84. 781. 791. 797 vgl. *Isspes* zu *x*: im anlaut: s. *xantissimus* im inlaut: 1556. 1559

[1] leider konnten die eben vorliegenden wertvollen untersuchungen von C. Proskauer über 'Das auslautende *-s* auf lateinischen inschriften', Straßburg 1910, nur zum teil (kap. I und IV) für die sammlung benutzt werden.

im auslaut: s. *milex* zu *z*: im anlaut: 218 f 1024 im auslaut: 766 fällt aus: im inlaut: 235. 802. 1202. 1440 im ausl.: nach *ā*: 861 nach *ē*: 248. 545. 628. 651. 1145. 1204. 1413. 1499 nach *ĭ*: 628. 1060. 1373. 1465 nach *ī*: 425. 1197 (?) 1555 nach *ŏ*: 102 nach *ō*: 594. 1244 nach *ŭ*: 29. 64. 86. 103. 107. 320. 481. 545. 775 ff 892. 922. 933 a. 1051. 1059. 1098. 1137. 1392. 1425. 1437 zugefügt: nach *ĭ*: 154. 1555 nach *ī*: 486. 1086

ss zu *s*: 227. 230. 387. 530. 539. 545. 651. 657. 663. 679. 818. 936. 1036. 1145. 1202. 1361. 1441. 1495 vgl. unter superlativ

h) der doppelconsonanten: *x* zu *xx*: 87. 235. 279. 485. 540. 603. 679. 729. 1153. 1400. 1453 zu *xs*: 3. 40. 128. 155. 197. 251. 363. 749. 819. 1116. 1139. 1157. 1218. 1372. 1395. 1544 u. o. zu *xss*: 680 zu *cx*: 65. 1124. 1537 zu *cxs*: 1476 zu *cs*: 337. 700. 951. 994. 1060. 1114. 1116. 1498. 1560 zu *s*: im inlaut: s. *visit*, *vist* u. ä. ferner: 62 im auslaut: s. *conius*: z. b. 175. 378

xs zu *x*: 1281

z zu *sz*: im inlaut: 550 zu *s*: im anlaut: 592. 1079

B) zur formenlehre:

a) des nomen:

I dekl.: sing. nom.: *-anē* statt *-ana*: 944. 1092. 1373. 1499 *Secure*: 1455 *-ae* statt *e*: 1243 u. ö.

gen.: *-a*: 44. 891: *Iuba* *-ais*: 834 *-aes*: 631. 741. 1035. 1277. 1305. 1330. 1407. 1428. 1519 *-ēs*: 143. 294. 348. 622. 649. 850. 1140. 1180. 1216. 1305. 1438. *-ēns*: 540 *ēnis*: 100. 1183

dat.: *-ē* statt *-ae* sehr häufig *-ēti*: 301. 1379. 1400 *ēni*: 17. 66. 75. 80. 96. 454. 498. 541. 847. 1208. 1451. 1516 *-īni*: 592. 774. 849 *-ei*: 203 (*Partenopei*) *-i* statt *-ē*: 1260

acc.: *-enem* statt *-en*: 100

abl.: *-ane*: 1471 *-ēne*: 1444

II dekl.: nom. sing.: *-is* statt *-ius*: 334

gen.: *-ū*: 176

gen. plur.: *-um*: 381. 659. 1400 (*duum*) 1339 (*dum* = *duum*) 1026 (*alteritrum*)

III dekl.: nom. acc. sing. neutr. auf *-em*: 1567 (*felicem*) 1295 (*in omnem*)

gen.: *-es* statt *-is*: 142. 851

dat.: *-e* statt *ī*: 154. 163. 220 ff 573. 750. 811. 883. 959. 1050. 1388 *-īni*: 1143

acc.: *-im* statt *-em*: 83. 662 *-inem*: 933

voc. *-e*: 855 (*Dite*)

abl.: *-i* statt *e*: 182. 242. 536. 1205. 1493. 1546 (*parti*) 1556. 1566 comparat. *-ori*: 1014. 1235. 1511 *-e* statt *-i*: 203 (*forte*) *-one* statt *-ote*: 933

nom. plur. *-is*: 1065

gen.: *-ium* statt *-um*: 198. 1214. 1527. 1554 *-um* statt *-ium*: 83

acc. *-is* statt *-ēs*: 858

IV dekl.: abl. sing.: *domu* 340. 654. 1315

V dekl.: gen. sing.: *-ē*: 642 (*fide*)

wechsel der genera: *fatus* 631. 1031. 1407 *monumentus* (u. ä.) 63. 154. 1181 *saxus* 1493 *sepulcrus* 1209 *titulum* 1035 *opus* masc. 1565 *dolor* fem. 1205 neutr. (?) 1211 *cinis* fem. 402 u. ö. *finis* fem. 119 *manes* fem. 936. 1030 f. *vices* masc. 1565

wechsel der deklinationen: *parsimonium* 630 *Dalmatorum* 87 *cathedrebus* 1566 *alvibus* 1566 *dibus* 99. 852. 915 *filibus* 1196. 1261 *principis* (abl. plur.) 532 *parentaliorum*, *rosaliorum* 1262 *rito* 662 *trasito* 1154 *nuri* s. ind. II *dibus* = *diebus* s. ind. II

superlativ auf *-isimus*: 22. 99. 189. 203. 222. 230. 278. 483. 553. 570. 670. 712. 714. 729. 736. 806. 984. 1111. 1197. 1202. 1241. 1262. 1295. 1336. 1470

fürwörter (vgl. ind. II): *subus* = *suis* 401 *sivi* 405 *hi* = *hic* adv. *hui*, *huhic* *hoc* (dat.?) 1381 *henc* (statt *hanc*) *ho* 494 *ilic* *illo* (dat.) 1203 *illae* (dat.) 1216 *eeus* statt *eius* 163 *eaedem* (gen. oder fem.?) 1202 *iendem* *ipsaius* *si* (*ne*) *qui* 73. 411. 439. 1095. 1413. 1439 *qui* (= *quae*) 1128. 1535 *que* (abl. masc.) 140 *qun* 1142 *quem* (fem.) 862. 922. 1140. 1373 dative: *uno* 1537, *ullo* 923, *altero* 1151, *solo* 1370, *solae* 1025 *quisque* = *quisquis* 90. 105. 168. 493. 632. 683. 1030. 1148. 1203. 1287. 1313. 1468. 1517 *cuiusque* = *cuiusquam* 1034 *utrisque* statt *utrique* 1371

zahlwörter (vgl. ind. II): *duobus* (fem.), *duovus*, *dobus* *quattor*, *quator*, *quartuor* *quique*, *cinque* *septe* 262. 281 (dsgl. *dece*, *sedece*) 1161. 1349. 1495. 1514; *seppte* 1525 *nove* 1163 *dece* 1024 *tredeci* 307 *vinti* *trigitta* 686

b) des verbum (vgl. ind. II): *commando* 188 *deteneo* 859 *perteneo* 1472 *condedi*, *tradedi* 1022. 1019 u. ö. *consteti* 1414 *exiat* 1005. 1131. 1254 *transias* 121 *simus* = *sumus* 119 *vellim* = *velim* *nollim* = *nolim* *dolio* *iacio* *iubio* *libiens* u. ä.

futurum: *inferiet* 19 *lugea* 1180

perf.: *abit* 1357 *posi* 1408 *posibi* 1504 *posit* 239. 487. 531. 759. 985. 1128. 1329. 1335 *possuit* 1148 *poserunt* 1073 (vgl. 1119) *cecurrit* 1413 *vixti* = *vixisti*? *vixit*? 192 *consequituros* 1562 a *impraeco* *fungo* deponentia: *alienari* 1556 *distingui* 1565 *doleri* *dubitari* 1211 *vetari* 1013

obitus sum und *obitus*: 1041. 642 f. 654. 1050. 1205. 1359. 1540 *decessus*, *-i*: 1511

C) zur syntax:

a) der praepositionen:

acc. statt abl.: *a*: 32. 910. 1019 1096. 1459 *cum*: 21. 38. 154. 252. 259. 261. 347. 412. 600 ff 884. 1235. 1247. 1287. 1305. 1379. 1531. 1560 *de*: 561 *ex*: 273. 1266. 1563 *in*: 26. 242. 632. 993. 1106. 1392 *pro*: 132. 1507. 1558. 1565. 1567 cum gen.: 1265 *sine*: 1026. 1034 acc. statt gen.: *causa*: 1235 *causa* vorangestellt: 1306. 1319. 1553 abl. statt acc.: *ante*: 1305 f *aput*: 662 *contra*: 1287 (?) *erga*: 1563 *in*: 119. 423. 491. 644. 1026. 1095. 1320. 1381. 1493. 1498. 1559 *inter*: 455. 1002. 1567 *ob*: 92. 233. 557. 618. 663. 1247. 1318. 1343. 1437. 1556 *per*: 136. 565. 1373. 1413. 1427. 1565 *post*: 1005. 1380. 1462. 1475. 1564

der verba und adjektiva:

acc. statt abl. nach: *careo* 1371 *fruor*, *fruniscor* 1375. 1378. 1423 *fungor*, *fungo* 1218. 1426 *doleo* 1220

acc. statt dat. nach: *intersum* 1371 *licet* 1373. 1423 *suadeo* 1381 vgl. *noceberis* 1168

acc. statt gen. nach: *ignarus* 1025

abl. statt acc. nach: *habito* 1320

abl. statt gen. nach: *memor* 1388

gen. statt abl. nach: *potior* (adi.) 1413

doleatur c. gen. 1166 *mihi dolet* 1228

se vibum 1484 *se bibos* 454. 1253 *se vivi* 46. 170

meritus a: 1511 *pertinere apud*: 1424

b) der casus:

acc. statt nom.: 1422. 1427 statt dat.: 1040 statt abl.: 1070. 1172. 1191. 1426. 1438. 1554

gen. statt acc.: *vixit annorum* u. ä. ö.: 1402

dat. statt acc.: 1295 statt *in* c. abl.: 1148

abl. loci st. *in* c. abl.: 261 (bezw. gen.). 1122. 1320 (?) statt *in* c. acc.: 1175. 1553

abl. temp. statt acc.: *vixit annis*, *annos*, *menses*, *mensibus*, *dies*, *diebus* usw. passim: 102. 127. 138. 142. 1160. 1162 f 1178 f 1211.

IV ABKÜRZUNGEN

a. l. p. = animo libens posuit
b. m. = bene merenti
b. m. f. = bene merenti fecit
c. v. = clarissimus vir
d. = denarius
d. m. = dis manibus
d. m. s. = dis manibus sacrum
e. m. v. = egregiae memoriae vir
f. = filius, -a fecit
h. e. s. = hic est situs
h. m. d. m. a. = huic monumento dolus malus abesto
h. m. (e.) h. n. s. = hoc monumentum (exterum) heredem non sequitur
h. s. = hic situs
h. s. e. = hic situs est
h. s. s. = hic siti sunt
l. = libertus
l. m. v. s. = lubens merito votum solvit
m. = mille, milia
n. = nummus, numerus
o. h. s. s. = ossa hic sita sunt
o. t. b. q. = ossa tibi bene quiescant
p. = posuit
p. c. = ponendum curavit (curaverunt)
s. = sestertia
s. t. t. l. = sit tibi terra levis
v. = vivit viva
v. a. = vixit annis
v. c. = vir clarissimus
v. e. = vir egregius
v. f. = vivus fecit
v. l. p. = voto libens posuit
v. p. = vir perfectissimus
v. s. l. a. = votum solvit libens animo
v. s. l. m. = votum solvit libens merito

V INHALTSVERZEICHNIS

Für den inhalt der einzelnen corpusbände — die sammlung musste sich in anbetracht des reichen materials entgegen dem ursprünglichen plan vornehmlich auf diese beschränken — verweise ich auf das literaturverzeichnis in den 'Altlateinischen inschriften' s. 55 ff.

CIL II		CIL II		CIL III		CIL III	
38	1432	5035	723	1895	234	2880	585
89	1141	5044	392	1903	1521	3107a	993
376	61	5144	42	1922	849	3174b	552
405	1245	5227	501	1931	254	3182	314
425	848	5265	1081	1966	90	3381	516
488	385	5342	243	2007	239	3399	477
554	588	5393	922	2008	134	3402	467
952	1497	5416	789	2044	940	3447	839
1019	357	5535	306	2063	597	3474	132
1110	599	5698	468	2098	1150	3493	173
1126	88	5713	447	2112f	1510	3498	339
1222	658	5720	1044	2126	702	3499	1077
1228	764	5728	1172	2130	28	3620	560
1240	700	5742	144	2147	116	3800	384
1329	320	5821	380	2156	817	3914	416
1818	692	5910	698	2162	305	4185	381
1876	790	6153	524	2225	540	4282	313
2071	1463	6265	746	2234	504	4314	1339
2094	300	6267a	1282	2240	1135	4441	1093
2679	570	6299	1116	2263	953	4466	747
2996	951	6302	89	2267	1179	4480	1122
2997	159	p. 1025	879	2284	621	4570	668
3015	26	CIL III		2296	666	4603	717
3125	5	44	937	2326	95	4766	10
3214	225	70	1219	2348	571	4796	1487
3244	491	79	1381a	2370	682	4850a	403
3347	699	108	1291	2377	1138	4908	108
3565	620	188	437	2406	469	5061	909
3670	515	371	1040	2427	589	5277	277
3762	365	387	793	2434	972	5295	325
4173	715	387	812	2467	593	5482	724
4174	1016	410	1039	2564	833	5622	1540
4291	275	917	568	2567	948	5839	745
4331	1161	925	757	2583	932	5967	29
4332	530	981	537	2602	1091	5968, 137	160
4386	753	1041	1286	2627	495	6010	1192
4405	120	1194	691	2696	271	6122	1267
4442	195	1537	1283	2702	288	6137	297
4512	145	1738	1489	2811	478	6147	1062
4963	657	1743	1348	2817	137	6380	1320

VERBESSERUNGEN

197 anm. 3 ϑ: oder *o(biit)*, *o(bitae)* **423** lies: (*sestertium*)

545 lies: (nach add. p. 970): *bene laves: oze a(ssem) des, cras gratis: res tuta. salvu lave(s) e(t) bono (eius), qi fieri iusit ex s[uo parcimonio ?].* vgl. CIL V 4500 und CIL a. a. o.

981 lies: *Marinius* **1037** anm. 'vgl. nro 1149'

Frommannsche Hofbuchdruckerei (Hermann Pohle) in Jena. — 3759

Kolibri 360 GmbH
Ferdinand-Jühlke-Straße 7
99095 Erfurt, Deutschland
produktsicherheit@kolibri360.de